Informatik Fachberichte 111

Herausgegeben von W. Brauer
Im Auftrag der Gesellschaft für Informatik (GI)

Kommunikation in Verteilten Systemen II

Anwendungen, Betrieb, Grundlagen
GI/NTG-Fachtagung
Karlsruhe, 13.-15. März 1985
Proceedings

Herausgegeben von
D. Heger, G. Krüger, O. Spaniol und W. Zorn

Springer-Verlag
Berlin Heidelberg New York Tokyo

Herausgeber

Dirk Heger
Fraunhofer-Institut für Informations- und Datenverarbeitung (IITB)
Sebastian-Kneipp-Str. 12-14, 7500 Karlsruhe 1

Gerhard Krüger
Universität Karlsruhe, Institut für Informatik III
Kaiserstr. 12, 7500 Karlsruhe 1

Otto Spaniol
RWTH Aachen, Lehrstuhl Informatik IV
Templergraben 64, 5100 Aachen

Werner Zorn
Universität Karlsruhe, Institut für Informatik III
Kaiserstr. 12, 7500 Karlsruhe 1

CR Subject Classifications (1982): C.2, B.4, H.4, K.6, C.3

ISBN-13:978-3-540-15971-1   e-ISBN-13:978-3-642-70836-7
DOI: 10.1007/978-3-642-70836-7

2145/3140–543210

VORWORT

Aufgrund der der Tagung nachfolgenden Herausgabe des vorliegenden Bandes II gerät das Vor- zum Nachwort und die Erwartung
der Beteiligten verwandelt sich in die Erinnerung an das Gehör-
te und Gesehene.

Die erstmals in Karlsruhe mit der Universität und dem FhG-IITB
als lokalen Organisatoren veranstaltete GI/NTG- Tagung wies
gegenüber der Berliner Tagung 1983 mit 54 Vorträgen ein um ca.
20% erweitertes Angebot aus, während die Teilnehmerzahl mit
rund 500 in etwa gleich geblieben war. Erfreulich war die aus-
ländische Beteiligung mit 8 Vorträgen und Teilnehmern aus 7
weiteren Ländern. Der zunehmende Umfang des Veranstaltungspro-
gramms schlägt sich nicht zuletzt im Volumen der Tagungsbände
nieder, welches von anfänglich 338 Seiten(1979) unaufhaltsam
auf jetzt 927 Seiten(1985) angewachsen ist. Dies war der ver-
lagstechnische Grund für die Aufteilung in zwei Bände, was jedoch die Chance eröffnete, aktuellste Beiträge für die Tagung
zu gewinnen und zu publizieren.

Die Veranstaltung wurde traditionell eingeleitet mit einem
1 1/2 tägigen Tutorium. Dieses wurde von acht Referenten aus
Hochschule und Industrie bestritten, welche praxisnah über den
Stand der Normung, Weitverkehrsnetze ebenso wie lokale Netze,
Message- Handling- Systeme und Netz- Management vortrugen. Die
ca. 250 Teilnehmer erhielten einen aktuellen Überblick, welcher
überdies in gedruckter Form als Tutoriumsband verfügbar ist.

Die Beurteilung der Tagung durch die Teilnehmer war insgesamt
gut bis sehr gut. Aus dem Rahmen schienen zunächst nur die
Schweizer Noten mit "5" bis "6" zu fallen, was sich jedoch
schnell als Codierungsproblem herausstellte. Soweit Kritik ge-
äußert wurde, wird diese dem Veranstalter der Tagung ´87
zur gefälligen Beachtung weitergereicht. Guten Anklang fand
ebenfalls das Rahmenprogramm mit Arbeitskreisen, Vorführungen,
Tag der offenen Tür u.a., wobei insbesondere der Badische Abend
(mit "d´Gälfiäßler") dazu angetan war, ohne Protokoll offen miteinander zu kommunizieren, was offenbar auch gut funktioniert.

Karlsruhe, Juli 1985   Werner Zorn
                        (für die Herausgeber)

INHALTSVERZEICHNIS

Vortragsreihe 5.2: Industrielle Netze

Vortragsreihe 6.1: Netzadministration, Betrieb

A. Warnking, H. Santo, GMD, Birlinghoven   Band I
"Der Directory-Dienst im
Message Handling System des
Deutschen Forschungsnetzes"

Vortragsreihe 7.3: Entwurfstechniken

H. Rudin, IBM, Rüschlikon, Schweiz   Band I
"Time in Formal Protocol Specifications"

C. Andres, A. Fleischmann, P. Holleczek,   Band I
U. Hillmer, R. Kummer
Universität Erlangen-Nürnberg
"Eine Methode zur Beschreibung
von Kommunikationsprotokollen"

H.J. Burkhardt, H. Eckert, R. Prinoth   Band I
GMD, Darmstadt
"Modellierung von OSI-Kommunikations-
diensten und Protokollen mit Hilfe von
Prädikat-Transitionsnetzen"

O. Drobnik, M. Mühlhäuser   Band I
Universität Karlsruhe
"DESIGN - eine verteilte Umgebung zur
integrierten Entwicklung und Leistungs-
bewertung von Netzwerkanwendungen"

Schlußveranstaltung

H. Stegmeier, SIEMENS, München   Band I
"Einfluß der VLSI auf Kommunikationssysteme"

H.-J. Bullinger, K.-P. Fähnrich,   Band I
FhG-IAO, Stuttgart
"Perspektiven des Einsatzes und der
Entwicklung Integrierter Bürosysteme"

STRUKTURWANDEL DURCH NEUE TECHNOLOGIEN

Prof. Dr. Johann Löhn

Regierungsbeauftragter für Technologietransfer
Baden-Württemberg

Vorstandsvorsitzender der Steinbeis-Stiftung
für Wirtschaftsförderung

Schloßstraße 25, 7000 Stuttgart 1

Wir müssen uns fragen, ob durch die neuen Technologien tatsächlich ein Strukturwandel herbeigeführt wird, oder ob diese Aussage übertrieben ist. Meine Behauptung ist, und diese wird von vielen geteilt, daß die neuen Technologien in der Tat erheblichen Einfluß auf unsere Wirtschaftsstruktur haben. Dies will ich versuchen darzulegen und jeweils anmerken, welcher Strukturwandel hier erfolgt und ob Risiken oder Chancen für insbesondere mittelständische Firmen bestehen.

Nun zur Gliederung meines Beitrags. Ich möchte 3 Abschnitte nennen: Technologien, Strategien, Maßnahmen.

1. Technologien

Unter neuen Technologien oder Schlüsseltechnologien verstehen wir solche, die entweder selber einen erheblichen Markt haben, wie etwa der Computer, oder den Schlüssel zum Markt bilden, wie etwa die Steuerung einer Werkzeugmaschine. Vier dieser Technologien nenne ich im Folgenden.

2. Mikroelektronik: Die Mikroelektronik ist ein Zusammenwachsen der beiden Bereiche Elektronik und Informationsverarbeitung. Aus der Elektronik kennen wir die Elemente Messen, Steuern, Regeln, aus der Informationsverarbeitung kennen wir Speichern und Verarbeiten. Diese fünf Elemente wurden nun Wettbewerber zu allen anderen Produkten oder Verfahren, und, wie wir wissen, konnte mit riesigen Investitionen die Fertigung in den Griff bekommen werden, so daß für die mittelständische Industrie zunächst einmal festzustellen ist, daß ein Rückgang der Fertigungstiefe erfolgt ist, weil die mikroelektronischen Teile eingekauft werden mußten.

3. Informationstechnik: Die Informationstechnik hat ihren wesentlichen technologischen Schub durch die Digitalisierung und durch die Lichtwellenleiter erhalten.
Eine gute Politik wird nun dafür sorgen, daß die Infrastruktur in einem Land geschaffen wird, wie dies früher durch Flughäfen bzw. Autobahnen geschah. Diese
Marktöffnung muß nicht durch die mittelständischen Firmen erfolgen. Die mittelständischen Firmen haben jedoch in drei Bereichen Erfolgschancen, und dies geschieht zunächst einmal darin, daß sie Industrieprodukte im Bereich der Informationstechnik bauen und verkaufen. Dies kann bedeuten ein Datenendgerät. Zum anderen wird die Infrastruktur Informationstechnik allein nicht leben können. Sie
bedarf Inhalte, und Inhalte werden geschaffen durch Dienstleistungen und Software. Hier gibt es viele Chancen für neue Firmengründungen, und schließlich kann
die mittelständische Industrie die Informationstechnik als Hilfsmittel nutzen,
um selbst wettbewerbsfähiger zu werden. Bei der Informationstechnik haben wir
wieder ein Zusammenwachsen von zwei Bereichen, nämlich der Kommunikationstechnik
und des Computers.

4. Fertigungstechnik: Bei der Fertigungstechnik zeigt sich der Strukturwandel vor
allem dadurch, daß etwa im Beispiel der Werkzeugmaschine zu den bereits bekannten numerischen Steuerungen nunmehr in verstärktem Maße Meßwertaufnehmer, also
Sensoren auftauchen. Dies führt dazu, daß die Umrüstzeiten zurückgehen. Die Folge
ist, daß diejenigen, die sich diese riesigen flexiblen Fertigungszentren leisten
können, auch kleinere Stückzahlen produzieren können und damit in den Markt des
Mittelstandes, der vor allem kleinere Stückzahlen produziert hat, eindringen.
Bei der Fertigungstechnik haben wir wiederum ein Zusammenwachsen, und zwar jetzt
von Roboter und Computer.

5. Biotechnologie: Die Biotechnologie ist gekennzeichnet durch die beiden Bereiche
Mikrobiologie und Verfahrenstechnik. Es gibt in diesem Bereich durchaus Chancen,
auch für mittelständische Unternehmen, mit ihrem verfahrenstechnischen Know-how
im Bereich der Biotechnologie wettbewerbsfähige Produkte zu erstellen. Die Biotechnologie ist nicht ausschließlich auf Großunternehmen ausgerichtet.

6. Alte Technologien: Im Zusammenhang der neuen Technologien muß man unbedingt auch
alte Technologien nennen, z.B. die Feinwerktechnik. Dies hat durchaus Zukunft.
Nur man muß dann sehen, daß Feinwerktechnik bedeutet etwa die Bearbeitung mit
Laserstrahlen.

Strategien

1. High Tech: Unter High Tech im engeren Sinne verstehe ich nun wirklich den letzten Stand der Technik, also etwa hochverdichtete Chips. Hier darf man feststellen, daß zunächst einmal in der Welt zwei außerordentlich starke Wettbewerber, nämlich die USA und Japan, die besten Chancen haben, während Europa abgeschlagen am dritten Platz liegt. Auch dann, wenn mit High Tech heute noch nicht allzuviel Umsatz gemacht wird, ist dieses jedoch ein wichtiger Faktor für die nahe Zukunft, der für die verschiedenen Nationen außerordentlich Bedeutung hat. Mittelständische Unternehmen werden hier auch in Zukunft kaum eine Rolle spielen, sofern es um die Herstellung dieser Technologien geht.

2. Massenware und reife Produkte: Unter Massenware verstehe ich etwa Textilindustrie, unter reifen Produkten etwa ein Farbfernsehgerät. Hier sind viele Waren in die Länder gegangen, die wir Schwellenländer nennen, weil hier ein Verhältnis niedrige Lohnkosten zu Technologie eine bessere Wettbewerbsfähigkeit ermöglicht hat. Da wir jedenfalls hier in Hochlohnländern leben, haben mittelständische Firmen nur eine Chance über die Automatisierung, allerdings gehen auch alle sogenannten Schwellenländer voll in die Automatisierung, und dies bedeutet, daß sie vielfach auch dann noch wettbewerbsfähiger sind, weil die Komponenten zum Einkauf mit niedrigeren Lohnanteilen wiederum Preisvorteile bieten.

3. Anwendung und Dienstleistungen: In diesem Bereich sehe ich eher wieder Chancen für den Mittelstand. Dies kann eben bedeuten, den Einstieg in die neuen Technologien durch Anwendung. Sei es, daß ein mittelständisches Unternehmen den Markt mit bestimmten Geräten beherrscht, dann beherrscht dieses Unternehmen die Schaltung und kann sich auf diese Weise stückweise in Richtung High Tech bewegen. Andererseits sind viele mikroelektronische Produkte in der Bilanz durchlaufender Posten, weil hieran nichts verdient werden kann. Eine Wertschöpfung läßt sich jedoch wieder erreichen, wenn diese neuen Technologien mit einer Dienstleistung verbunden werden, um eine Problemlösung anzubieten. Das kann heißen, daß hier Auswertungen und Gesamtkonzepte um eine Hardware herum angeboten werden.

Maßnahmen

1. Personaltransfer: Der Personaltransfer ist der beste Technologietransfer, den man sich denken kann. Die Empfehlung an die Hochschulen ist diese, daß sie den Strukturwandel vom Produkt zum System bewältigen müssen. Man kann heute keine Werkzeugmaschine mehr verkaufen, man muß das System Werkzeugmaschine verkaufen. Außerdem ist den Hochschulen zu empfehlen, eine gesunde Mischung zwischen methodischer Ausbildung und Praxis zu machen.

2. Beratung und Vermittlung: Wir haben in Baden-Württemberg ein flächendeckendes Netz von sogenannten Innovationsberatern an den Industrie- und Handelskammern, den Handwerkskammern, den Verbänden, und auch Anlaufstellen an allen Hochschulen. Diese Berater können Auskunft geben über Institute, die Technologien bearbeiten, und über Fördermöglichkeiten.

3. Spezialberatung, Forschung und Entwicklung: Dies ist eine Aufgabe, die von den Hochschulen und Forschungseinrichtungen unseres Landes wahrgenommen wird. Im letzten Jahr wurden etwa 6000 solcher Vorhaben für die mittelständische Industrie durchgeführt.

4. Großeinrichtungen des Transfers: Um auch für den Mittelstand ein Stück weiter an die Technologien heranzukommen, haben wir aus den Universitäten heraus zwei große Institute gegründet, die nach den Prinzipien des Transfers arbeiten, d.h. sie müssen abgesehen von Investitionen einen Teil ihrer Personal- und Sachaufwendungen durch Forschungs- und Entwicklungsaufträge, vor allem für die Industrie, selbst aufbringen. Dies ist ein gutes Kriterium und zeigt, ob die Maßnahme Erfolg hat. Das ist einmal das Institut für Mikroelektronik in Stuttgart mit einem Finanzierungsaufwand von zunächst 100 Millionen DM und zum anderen das Forschungszentrum Informatik an der Universität Karlsruhe. Beide Institutionen sind eigene Körperschaften und werden geleitet von Professoren der Universität.

5. Transferzentren: Wir haben ein flächendeckendes Netzt von Innovationsberatern. Ein Innovationsberater kann naturgemäß nur den Einstieg ermöglichen aber selbst nicht die Probleme lösen. Daher sind wir hergegangen und haben ein zweites flächendeckendes Netz geschaffen. Ein Netz, welches zunächst einmal 30 Institute der Steinbeis-Stiftung beinhaltet, die an verschiedenen Hochschulstandorten im Lande tätig sind. Auch diese Institute arbeiten nach dem Transferprinzip, d.h. sie müssen einen Teil ihrer Sach- und Personalaufwendungen aufbringen. Es sind relativ kleine Institute, jeweils mit 5 - 10 Mitarbeitern besetzt, die alle auf Zeitbasis arbeiten. Dieses System ist vor allem in den letzten zwei Jahren ausgebaut worden und funktioniert hervorragend, weil in der jeweiligen Region ein direkter Kontakt zu den mittelständischen Unternehmen besteht und somit konkrete Forschungs- und Entwicklungsvorhaben gemeinsam durchgeführt werden können.

6. Technologiefabriken: Die Technologiefabriken oder Technologieparks sind ein Spezialbereich der Existenzgründungen, weil man hier im Umfeld der Hochschulen auf technologischem Gebiet Existenzgründungen forcieren will. Der Vorteil für diese Gründer besteht darin, daß ihnen in der Regel Gebäude zu ermäßigten Preisen zur Verfügung gestellt werden und vor allem eine kostengünstige Nutzung der Geräte der Hochschulen ermöglicht wird. Gelegentlich gibt es auch noch spezielle

Finanzierungsprogramme für die Einzelfirmen. Es wurden in Baden-Württemberg 3 solcher Technologiefabriken gegründet in Heidelberg, Karlsruhe und Stuttgart. Jeweils wird man etwa zwischen 4000 und 8000 m^2 zur Verfügung stellen und 15 bis 20 Einzelfirmen beheimaten. Alle diese drei Fabriken sind jetzt angelaufen. Es mangelt nicht an Gründungswilligen, wenngleich die kritische Phase des Bestehens am Markt noch vor uns liegt. Bei der Konzeption solcher Fabriken muß man darauf achten, daß man technologischen Sachverstand aus den Hochschulen geschickt verbindet mit unternehmerischem Sachverstand aus mittelständischen Firmen. In den letzten Wochen wurde durch einen Kabinettsbeschluß eine stärkere Regionalisierung der Technologiefabriken in die Wege geleitet. Etwa 5 - 10 weitere solcher Technologiefabriken werden entstehen.

7. Förderprogramme: Selbstverständlich wird kein Land ohne eine finanzielle Förderung vom Staat für die Wirtschaft auskommen. Allerdings sind wir der Meinung, daß nur Basissubventionen gegeben werden sollen, weil eine Förderung zu weit in den Markt die Unternehmermentalität sehr stark zurückdrängen würde.

8. Risikokapital: Es ist völlig klar, daß für neue Technologien Kapital benötigt wird. Bei allen Firmengründungen, die wir im Rahmen der Technologiefabriken initiiert haben, kam man sehr rasch auf einen Betrag von 3 - 4 Millionen DM, ohne daß deutliche Einnahmen zu verzeichnen wären. Es wäre nicht klug, wenn man nun den Staat darum bittet, hier Subventionen zu tätigen. Die Banken geben Darlehen. Solche Darlehen sind aber kein Risikokapital. Deshalb ist es unerläßlich, daß es einen privaten Risikokapitalmarkt gibt, der nicht gekennzeichnet ist von der Mentalität der Steuerabschreibung. Der Staat sollte, und diese Überlegungen werden derzeit durchgeführt, allerdings für Investitionen in technologieorientierte Unternehmen steuerliche Anreize bieten. Letztlich kann aber nur der langfristige Profit einer Investition in ein Technologieunternehmen die Entscheidung für einen Geldgeber sein.

<u>WELTWEITE ENTWICKLUNG DER TELEKOMMUNIKATIONS-SYSTEME</u>

H. Ohnsorge
Forschungszentrum der
Standard Elektrik Lorenz AG
Stuttgart / BRD

<u>Kurzfassung</u>

Einleitend wird die Telekommunikation in unserem sozialen und wirtschaftlichen Umfeld betrachtet; die technischen Problembereiche werden skizziert.

Stand und Bedeutung der Telekommunikations-Systeme veranschaulichen Graphiken über weltweite Besiedelungs- und Teilnehmerdichten für unterschiedliche Tele-Dienste und als Beispiel dient die Telekommunikations-System-Infrastruktur der Bundesrepublik.

Die nächsten Schritte in die Zukunft der Telekommunikation werden - neben dem weiteren Ausbau von Satellitensystemen sowie der Digitalisierung der Übertragung und Vermittlung - die Integration der Schmalbanddienste

- <u>im ISDN</u> (Integrated Services Digital Network)
  und danach die Zusammenfassung aller Telekommunikationsdienste
  in dem

- <u>B-ISDN</u> (Broadband Integrated Services Digital Network)
  sein. Entsprechende Konzeptionen werden erläutert.

Die Basis dieser Entwicklung sind die zu diskutierenden Schlüsseltechnologien:

- Mikroelektronik und
- Optische Nachrichtenübertragung.

Eine Voraussetzung für die wirtschaftliche Nutzung des B-ISDN mit all seinen Möglichkeiten für "Neue Dienste" ist eine ausserordentliche Weiterentwicklung und Effizienzsteigerung der

- Software-Technologie.

Trends und Ausblicke werden gegeben.

1. Einleitung

Es sei mir bitte gestattet, den wirtschaftlich-technischen Ausführungen einige allgemeine Betrachtungen voranzustellen.

- Kultur als Ausdruck unserer geistigen und moralischen Entwicklung ist Bestandteil unserer Zivilisation - und wird durch diese überhaupt erst möglich.

- Zivilisation setzt ein Mindestmass an materieller Grundlage voraus; als Basisbereiche unserer Zivilisation gelten: Energie, Produktion, Gütertransport sowie Information/Kommunikation - wobei diese vier Bereiche untrennbar miteinander verkettet sind. In diesem Vortrag wird jedoch nur der letztere diskutiert.

- Leistungswillen als geistig-moralische Haltung ist neben den technologischen Basisbereichen eine ebenso wichtige Grundlage für die Erhaltung und Weiterentwicklung unseres Wohlstandes, unserer Zivilisation und damit auch unserer Kultur. Daher ist es notwendig, der Technikfeindlichkeit und der Leistungsablehnung entgegenzutreten.

Diese drei Thesen sind in Bild 1 veranschaulicht.

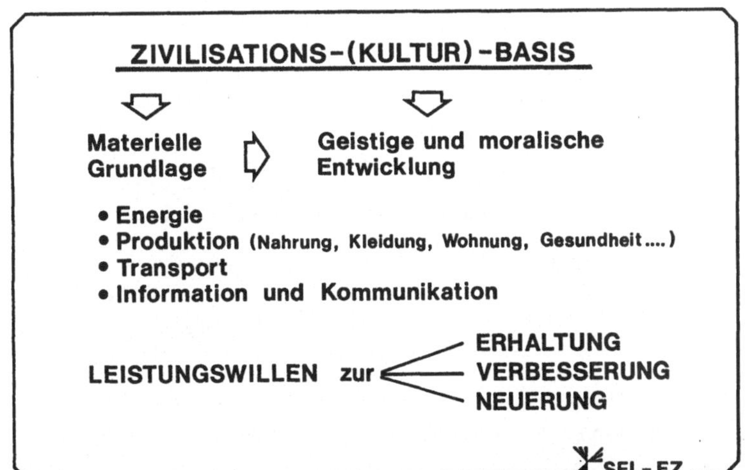

Bild 1

Die Bedeutung der Telekommunikation geht aus der vergleichenden Darstellung der Hauptwachstumsbereiche deutlich hervor (Bild 2).

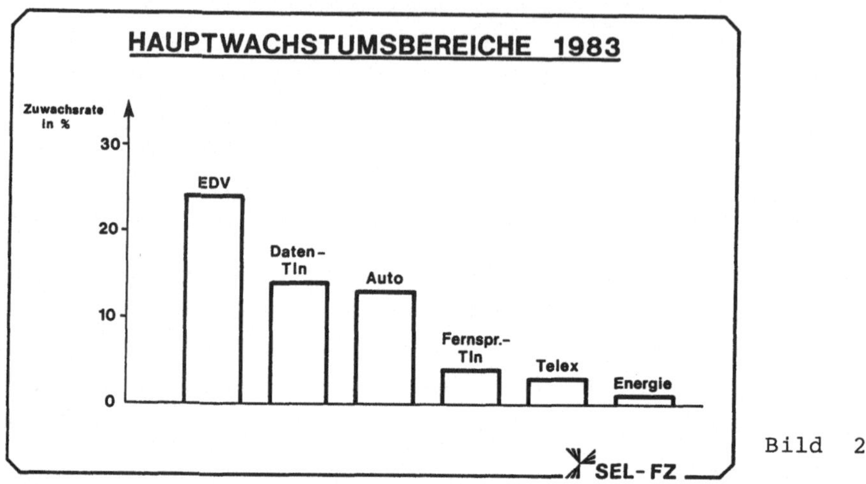

Bild 2

Datentechnik und Telekommunikation sind die absoluten Spitzenreiter der Wachstumsbereiche. Nur die Autoindustrie findet noch einen Platz in dieser Spitzengruppe.

● Information ist ein wesentlicher "Rohstoff" der industriellen Gesellschaft geworden. Die Telekommunikationssysteme bilden die Hilfsmittel für die Vermehrung und Nutzung dieses "Rohstoffes"; die Bedeutung dieses Prozesses ist vergleichbar mit der Energiegewinnung und -nutzung.

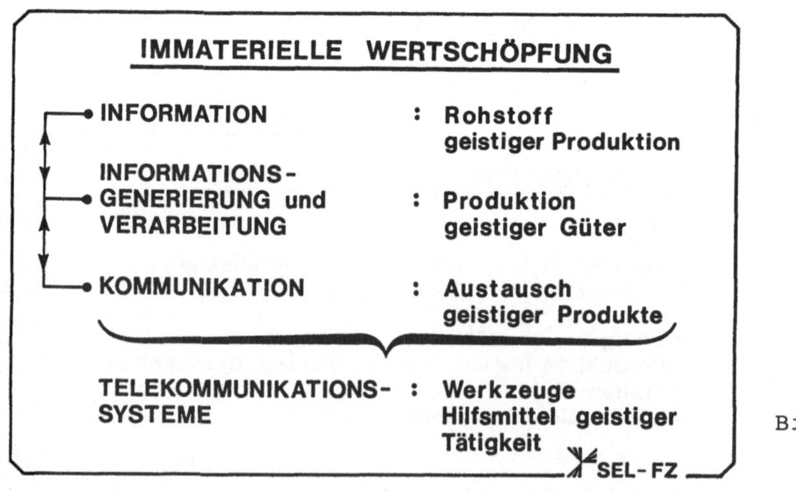

Bild 3

Telekommunikation umfasst eine Vielzahl von Problembereichen, die wichtigsten davon sind schlagwortartig in Bild 4 zusammengestellt. Alle Bereiche sollten zumindest in diesem Vortrag gestreift, einige auch etwas vertieft behandelt werden.

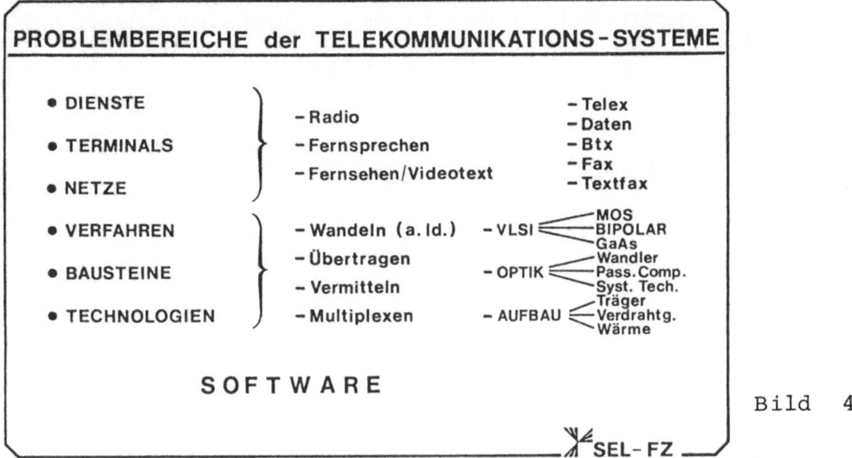

Bild 4

2. Tele-Dienste und Besiedlung

Gegenüber dem Fernsprechen treten alle anderen Individual-Kommunikationsdienste in den westlichen Industrieländern (siehe Beispiel Bundesrepublik) heute noch völlig in den Hintergrund - Verteildienste wie Rundfunk und Fernsehen weisen jedoch etwa die gleiche Teilnehmerdichte wie Fernsprechen auf (Bilder 5 und 6).

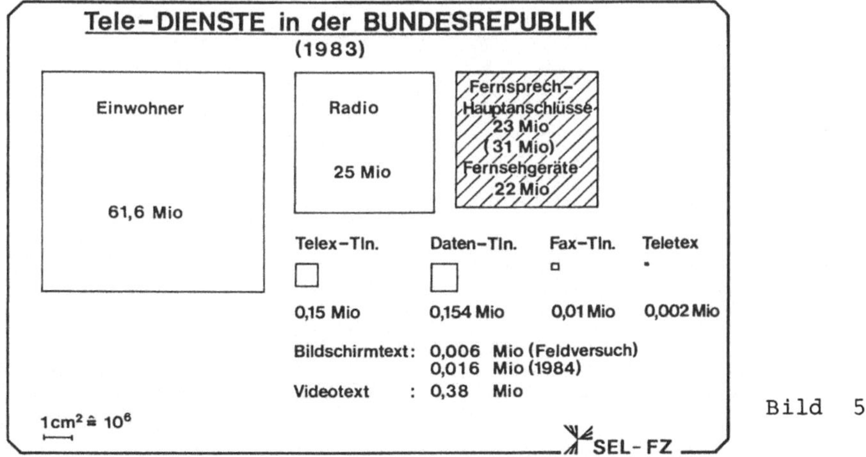

Bild 5

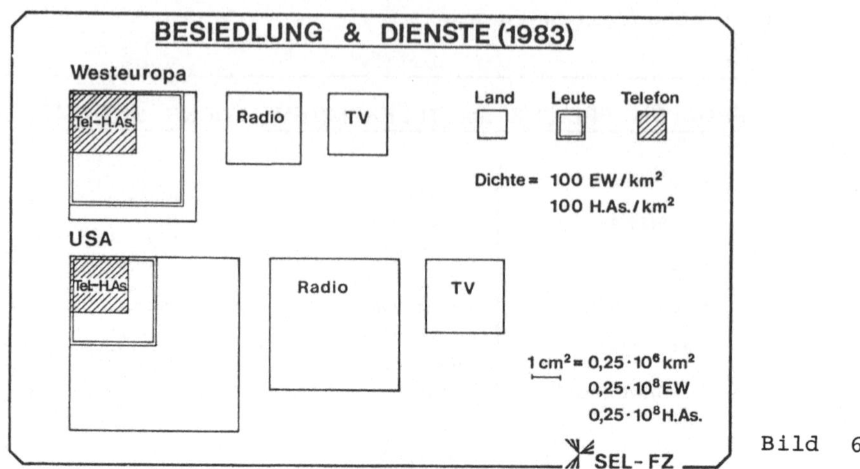

Bild 6

Das Beispiel USA zeigt, dass wir in Europa offenbar die Sättigung bezüglich der Radios pro Einwohner noch lange nicht erreicht haben - oder gibt es in Europa mehr Schwarzhörer?

"Wer telefoniert, hört auch Radio und sieht fern", könnte man aus diesen Bildern ableiten. Dies liegt allerdings für den Ostblock und China noch in ferner Zukunft. Dort hört zwar auch fast jedermann Radio und fast jedermann empfängt Fernsehen, aber einen Fernsprechapparat können sich dort die wenigsten leisten, wie aus den Bildern 7, 8 und 9 hervorgeht.

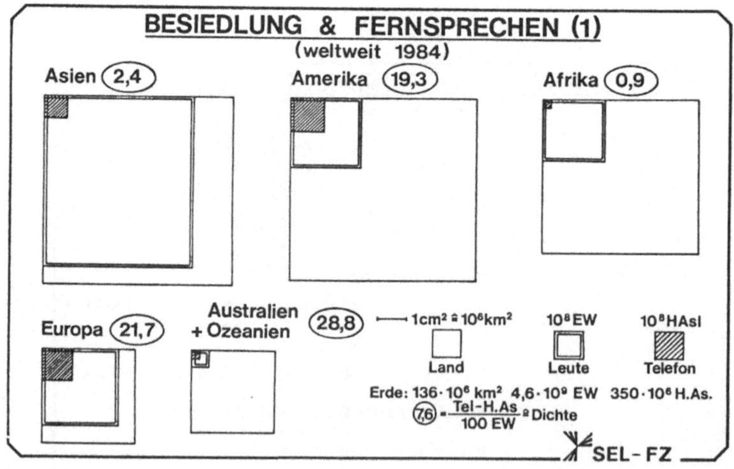

Bild 7

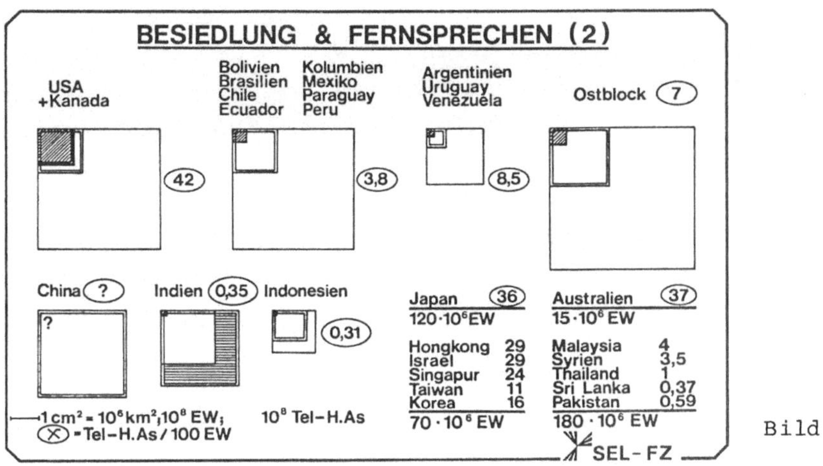

Bild 8

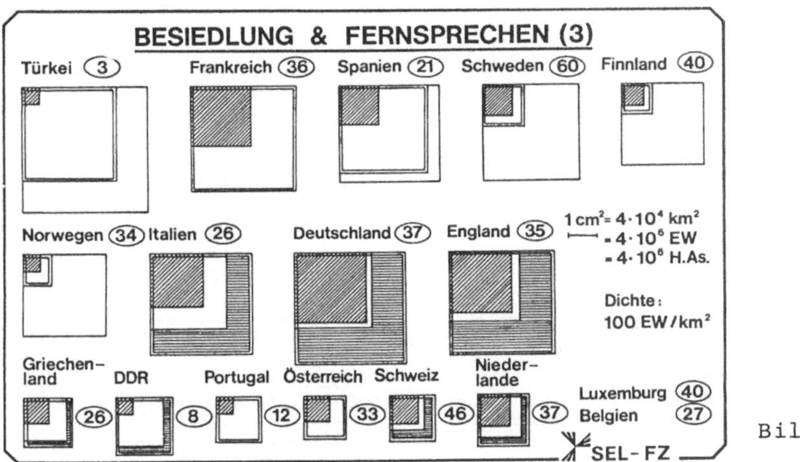

Bild 9

Zwischen <u>Telekommunikation (Fernsprechdichte) und Wohlstand</u> besteht
offenbar eine sehr starke Korrelation. Offen bleibt die Frage, ob die
Individualkommunikation den Wohlstand gefördert hat oder umgekehrt;
eine starke Wechselwirkung ist aber sicherlich gegeben. Sollte man China eventuell eine "Telekommunikationsrevolution" empfehlen?

Die Bilder 6 bis 9 veranschaulichen auch das Verhältnis von Fernsprechdichte und Besiedlung. Hier ist eine Korrelation schwer feststellbar:
Ausnahmen bilden Skandinavien und USA + Kanada; dort könnte die dünne
Besiedlung die Ausbreitung der technischen Individualkommunikation besonders gefördert haben. Im wesentlichen dürfte jedoch ein gewisser
Wohlstand die Hauptvoraussetzung für die Entwicklung der Individual-
kommunikations-Dienste und -Netze sein.

Interessant ist auch die Frage, ob Wohlstand und Besiedelungsdichte stark korrelieren. Überbevölkerung - wie in Deutschland - bei gleichzeitigem Rohstoffmangel, war dem Wohlstand offenbar sogar förderlich - Indien konnte jedoch bei vergleichbarer Bevölkerungsdichte die Not bis heute nur wenig lindern.

Die totale Unterentwicklung des Ostblocks und Chinas bezüglich der Fernsprechdichte ist 40 Jahre nach dem zweiten Weltkrieg ein bemerkenswertes Faktum. Selbst die DDR liegt nur knapp über dem Durchschnitt des Ostblocks.

Die Bilder 5 bis 9 sind sicherlich eine besinnliche Betrachtung wert.

3. Telekommunikations-Netze

Deutschland ist von einem Netz für Fernsprechen, Fernsehen und Tonrundfunk überzogen, das jedem Vergleich mit anderen hochentwickelten Ländern standhält. Die verlegten Kupferleitungen hintereinandergekettet ergäben eine Spule mit ca. 3.000 Windungen um den Äquator.

FERNSPRECHNETZ der BUNDESREPUBLIK

Ortsnetz:

Tln. - Asl.	42 Mio km
Ovl.	68 Mio km
gesamt	110 Mio km

Fernnetz:
630 Mio Sprechkreis - km
davon
190 Mio überregional (ab HVst)

Vermittlungen:

Z - Vst	8
H - Vst	64
K - Vst	473
E - Vst	3750
O - Vst	6135

10430 Vermittlungsstellen

FERNSEH - NETZ
23 000 km Leitung
42 50 Fernseh(+ Füll-) Sender

RUNDFUNK - NETZ
23 000 km ARD - Tonstern
100 000 km Senderversorgung
450 Ton - Rundfunksender

SEL - FZ

Bild 10

Die Telekommunikation mit unseren Nachbarn lässt sich sehr schön aus Bild 11 ablesen. Den Einfluss der Sprachbarriere erkennt man sehr gut aus dem Verkehr zu den nichtdeutschsprachigen Ländern; den Einfluss der politischen Barriere kennzeichnet unsere Sprechkreis-Bündelstärke zur DDR im Vergleich zu Österreich und der Schweiz.

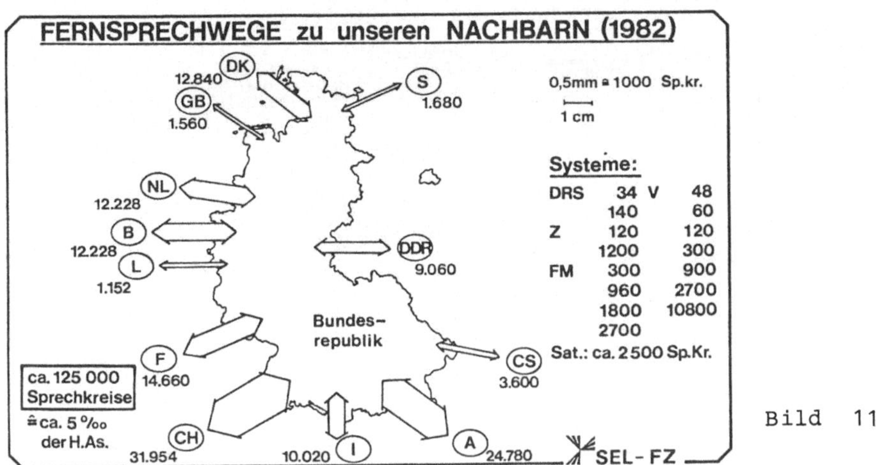

Bild   11

Die Bedeutung der Satelliten für den Weitverkehr und für schnelle, flächendeckende Versorgung ist unbestritten und wird unterstrichen sowohl durch die Nutzung und Ausbauplanungen für Deutschland als auch ganz besonders durch den internationalen Stand (Bild 12/13).

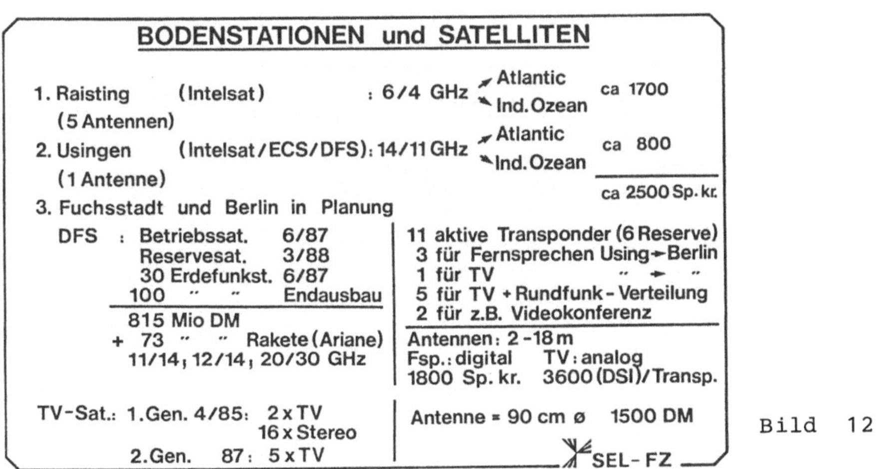

Bild   12

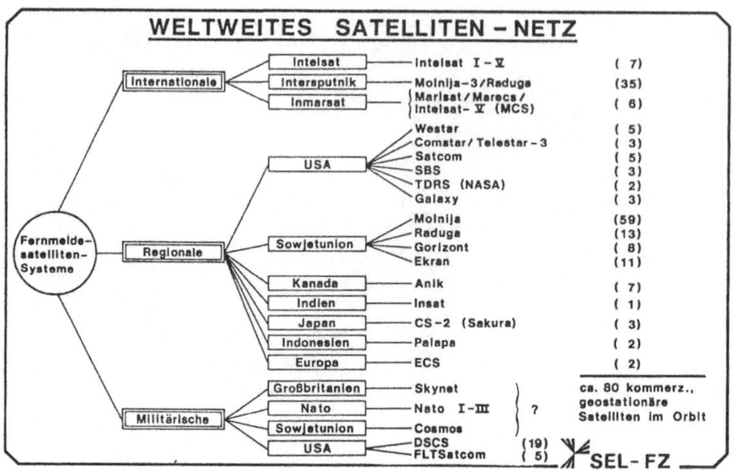

Bild 13

Obgleich die Datenübertragung gegenüber dem Fernsprechen völlig in den Hintergrund tritt, ist sie doch von grosser Bedeutung für das Wirtschaftsleben und gehört zu den Hauptwachstumsgebieten (siehe Bild 2). Der Stand in Deutschland und das Wachstum europaweit sind detailliert in Bild 14 und 15.1 dargestellt.

DATENÜBERTRAGUNG in der BUNDESREPUBLIK

Es gibt 154 000 Datenstationen.
Davon sind angeschlossen an das

• Fernsprechnetz	58 300	oder	37,8 %
• Datex-L-Netz	10 000	oder	6,5 %
• Datex-P-Netz	1 700	oder	1,1 %
– d.h. an öff. Wählnetze :	70 000	oder	45,4 %
– an das öff. Direktrufnetz :	82 000	oder	53,3 %
– an überlassene Stromwege :	2 000	oder	1,3 %

SEL-FZ

Bild 14

DATENSTATIONEN in EUROPA (CEPT−BEREICH)

| Bitrate | 1979 | | 1983 | | 1987 | |
Bit/s	%	Anzahl	%	Anzahl	%	Anzahl
50	4	15 700	1,9	16 000	1	16 200
300	27	106 100	15	128 100	11,5	186 300
1 200	33,3	130 900	27,3	233 100	24,5	396 900
2 400	18	70 700	28,2	240 800	30	486 000
4 800	10	39 300	10,5	89 700	11	178 200
9 600	5,5	21 600	15	128 100	20	324 000
Sonstige	2,2	8 700	2,1	18 200	2	32 400
Summe	100	393 000	100	854 000	100	1 620 000

(nach Eurodata−Studie)

SEL−FZ

Bild 15.1

4. Der Weg zum integrierten Universalnetz

Die heutige Situation der Telekommunikationslandschaft ist gekennzeichnet durch eine Vielzahl existierender, entstehender und geplanter separater Netze für die verschiedenen Teledienste. Für Fernsehen haben wir
sogar drei mehr oder weniger separate Netze: terrestrischer Funk, Sa-
tellitenfunk und Koaxkabel (ca. 8 Mio. Anschlüsse in Deutschland, davon ca. 7 Mio. an GGA).

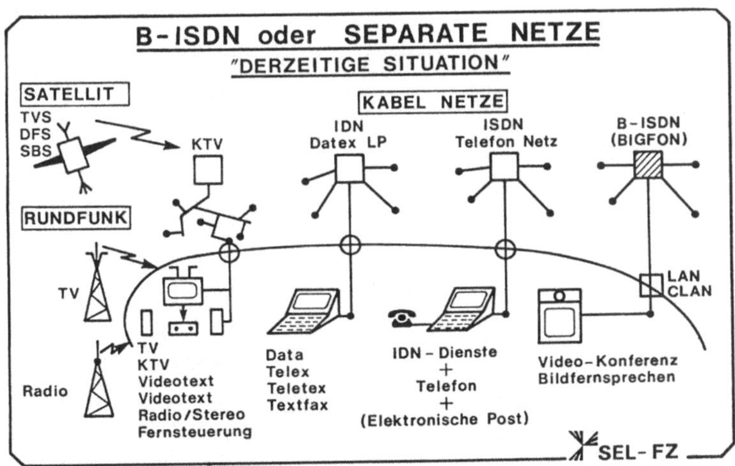

Bild 15.2

Es bedarf kaum einer weiteren Erläuterung, dass die Integration aller
Dienste in einem Netz (B-ISDN = Broadband Integrated Services Digital
Network oder IBFN = Integriertes Breitband-Fernmelde-Netz) weitaus
wirtschaftlicher sein muss als die separaten Netze, wenn man Bild
15.3 im Vergleich zu Bild 15.2 betrachtet.

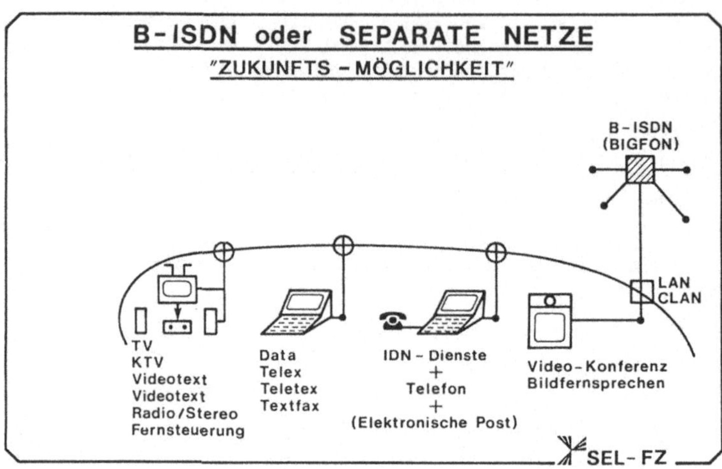

Bild 15.3

Ermöglicht wird ein integriertes Universalnetz für Individual- und Verteildienste durch die Optische Nachrichtenübertragung und die Mikroelektronik.

Die Deutsche Bundespost hat eine klare Strategie für den weiteren Ausbau der Telekommunikationsnetze bis hin zum Integrierten Universalnetz
vorgelegt [1], die durch die Bilder 16, 17 und 18 veranschaulicht wird.

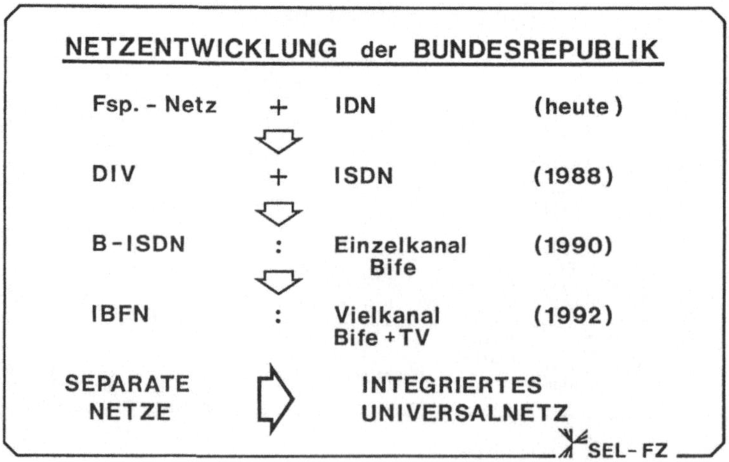

Bild 16

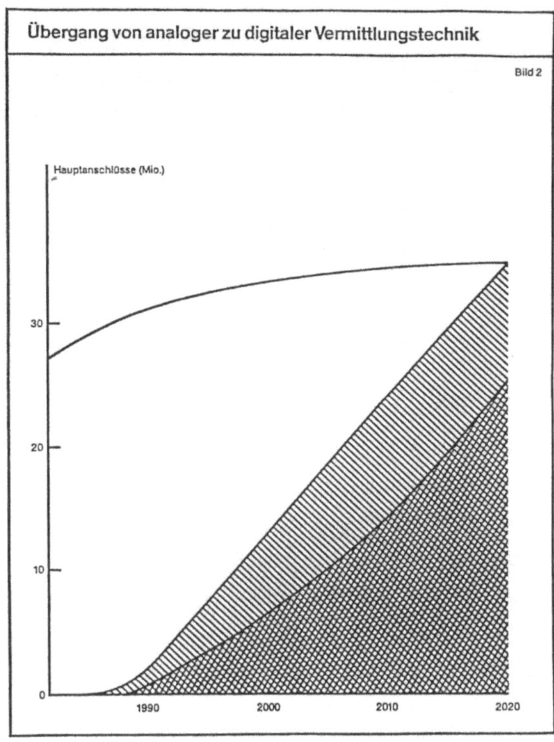

Bild   17

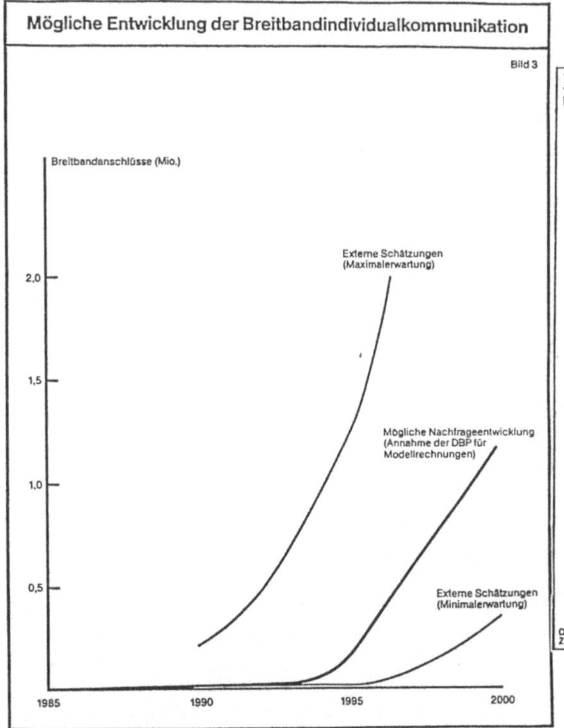

Bild   18

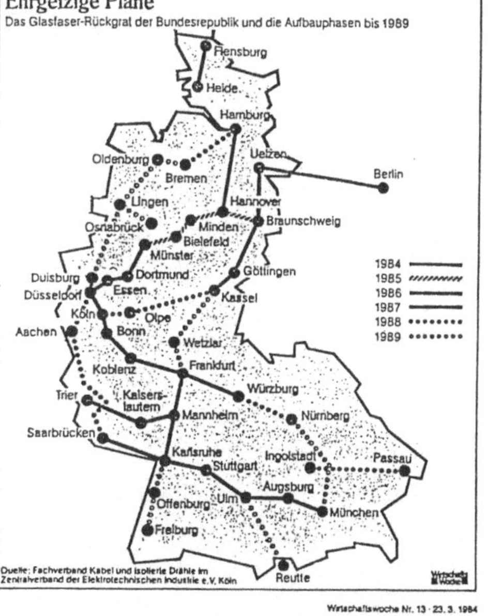

Bild   19

Diese Bilder kennzeichnen speziell den Teilnehmeranschlussbereich der Netze. Die derzeitigen Pläne für die Einführung der Glasfaser im Fernnetz wurden ebenfalls veröffentlicht und sind in Bild 19 wiedergegeben. Der Weg von der Vielzahl separater Netze für die unterschiedlichen Telekommunikations-Dienste hin zu einem Integrierten Universalnetz mit optischer Nachrichtenübertragung ist damit für die Bundesrepublik vorgezeichnet.

Nahezu alle westeuropäischen Postverwaltungen diskutieren und planen einen ähnlichen Ausbau ihrer Netze.

Das ISDN mit zwei Kanälen à 64 Kbit/s und einem Signalisierkanal mit 16 Kbit/s (B+B+D-Kanal) pro Tln-Anschluss bietet für Datenübertragung eine erhebliche Leistungsteigerung gegenüber den heutigen Datennetzen (vergl. Bild 15) und wird auf einem vorhandenen Netz aufbauen, da das Fernsprechteilnehmer-Anschlussnetz dafür verwendet werden kann. Neben der "klassischen" Datenübertragung wird das ISDN sicherlich die Nutzung von Faksimile, Teletex und Bildschirmtext positiv beeinflussen, da Qualität und Geschwindigkeit der Übertragung erheblich gesteigert werden.

Der nächste Schritt ist dann das Breitband-ISDN mit der Einführung von Videokonferenz und Bildfernsprechen über Glasfaser-Tln-Anschlüsse. Die Faser kann natürlich auch für die Übertragung von Tonrundfunk und Fernsehprogrammen genutzt werden, so dass sich so die Möglichkeit der vollständigen Integration aller Teledienste in einem Netz eröffnet. Eine Substitution aller heutigen Netze durch dieses Universalnetz erfordert allerdings Zeiträume von mehreren Jahrzehnten - in Japan spricht man von ca. 20 Jahren, in Deutschland von ca. 30 Jahren. Der Startpunkt dieser Entwicklung liegt aber bereits in unserem Jahrzehnt; BIGFON, HI-OVIS, BIARRITZ usw. sind Vorläufer - das B-ISDN ist in Vorbereitung.

Für dieses Netz sind drei prinzipielle Strukturen in Diskussion (Bild 20).

Bei Benutzung einer Monomodefaser als Tln-Anschlussleitung besteht infolge ihrer nahezu unbegrenzten Übertragungskapazität (siehe später) die Möglichkeit, zeitlich gestaffelt nach Bedarf jeweils die nachfolgende höhere Struktur aus der jeweils vorhergehenden entstehen zu lassen ohne Leitungsneuverlegungen. Jede Struktur und Mischungen von allen drei Formen können jedoch auch sofort bedarfsgerecht installiert

werden. In Deutschland besteht z.Z. eine Präferenz für die konventio-
nelle Sternstruktur mit einer Faser pro Teilnehmer. Einige europäische

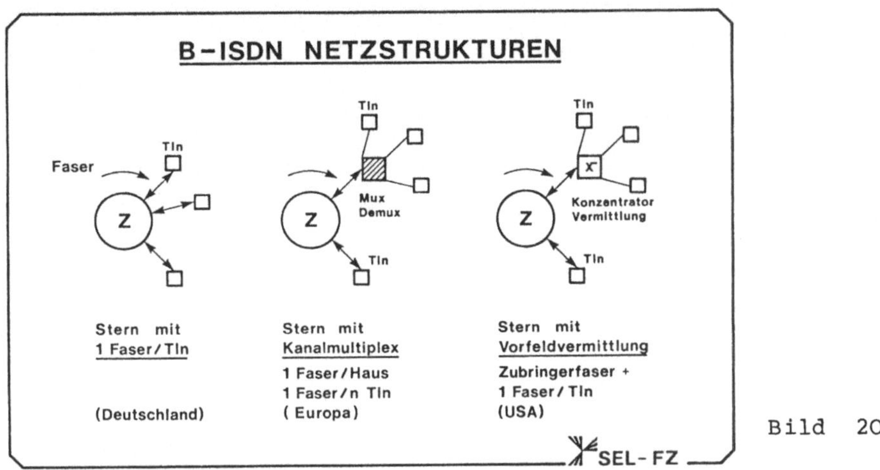

Bild 20

Länder diskutieren die Mehrfachnutzung der Tln-Anschlussfaser durch
Zeit- und Wellenlängenmultiplex teils auch in Kombination mit Vorfeldvermittlung (Belgien, Frankreich, Italien, England, Norwegen, Spanien).
In USA bevorzugt man infolge der Weiträumigkeit die Stern/Stern-Struk-
tur mit vermittelnder Vorfeldeinrichtung als Konzentrator; jedoch auch
die reine Kanalmultiplex-Struktur ist dort in Diskussion.

Die Ausbaufähigkeit des Tln-Anschlußsystems entsprechend den genannten
Strukturen veranschaulicht Bild 21.

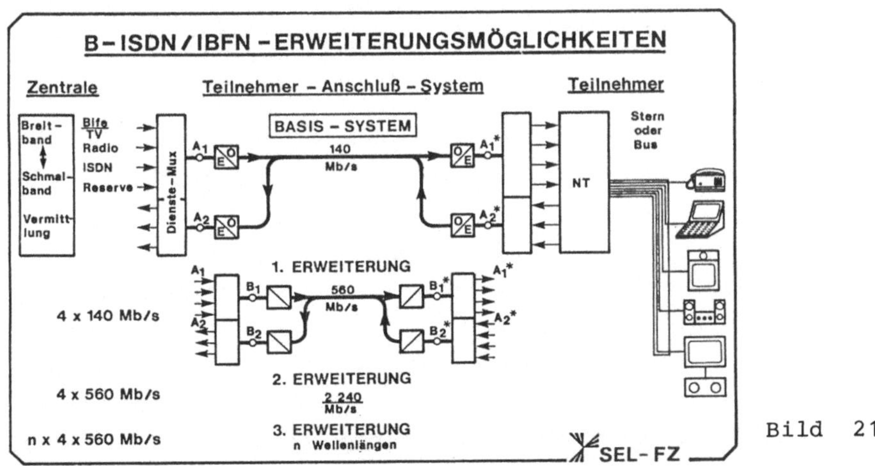

Bild 21

Ein Basissystem mit bidirektionaler Übertragung von 140 Mbit/s ermöglicht bereits dem angeschlossenen Teilnehmer die Nutzung aller Telekommunikationsdienste. Sieht man für Videosignale ca. 140 Mbit/s vor,

dann ist allerdings Bildfernsprechen und Kabelfernsehen mit vermittel-
ter Programmwahl nur zeitlich alternativ möglich.

Die Bitrate auf der Monomodefaser kann problemlos auf 560 Mbit/s erhöht
werden, so dass der betreffende Teilnehmer dann gleichzeitig drei TV-
Programme (z.B. Familie mit drei Kindern) aus einem technisch nahezu
unbegrenzten Programmangebot auswählen und gleichzeitig Bildfernsprechen kann.

Eine Erweiterung auf 2240 Mbit/s - d.h. 16 Kanäle mit je 140 Mbit/s
sind bei dem heutigen Stand der Technik realisierbar, so dass z.B. 16
Teilnehmer mit dem Kanal des genannten Basissystems über Zeitmultiplex
versorgt werden könnten.

Will man allen 16 Teilnehmern dieses Systems später je vier Basiskanä-
le bereitstellen, dann kann dies mit dem in Entwicklung befindlichen
Wellenlängenmultiplex mit vier optischen Trägern als dritte Erweite-
rungsstufe geschehen. Die Wellenlängen-Multiplex-Technik ist aber mit
vier Wellenlängen bei weitem noch nicht ausgeschöpft.

Bei den geschilderten Systemen steht ein Basiskanal immer dem gleichen
Teilnehmer individuell zur Verfügung - wie bei dem Basissystem.

Eine noch effizientere Nutzung der Faser gestattet die Struktur mit
Vorfeldvermittlung, da das Verkehrsaufkommen eines Teilnehmers im
Schnitt wesentlich unter 1 Erlang liegt und damit eine Bündelung mög-
lich ist.

Die höheren Systemstrukturen sind kostengünstiger als die Basisstruk-
tur; sie bilden aber technisch und betrieblich problematischere Lösungen.

Der Weg zum integrierten Universalnetz setzt ausserordentlich hohe Investitionen der Deutschen Bundespost voraus, für die von der Firma
Siemens ein Investitionsmodell entsprechend Bild 22 veröffentlicht wurde [2] *). Es besteht kaum ein Zweifel, dass sich das Integrierte Universalnetz durchsetzen wird - wie lange jedoch der Substitutionspro-
zess dauern wird, ist angesichts der hohen Investitionen eine offene
Frage.

*) Mit freundlicher Genehmigung von Herrn von Sanden überlassenes Bild.

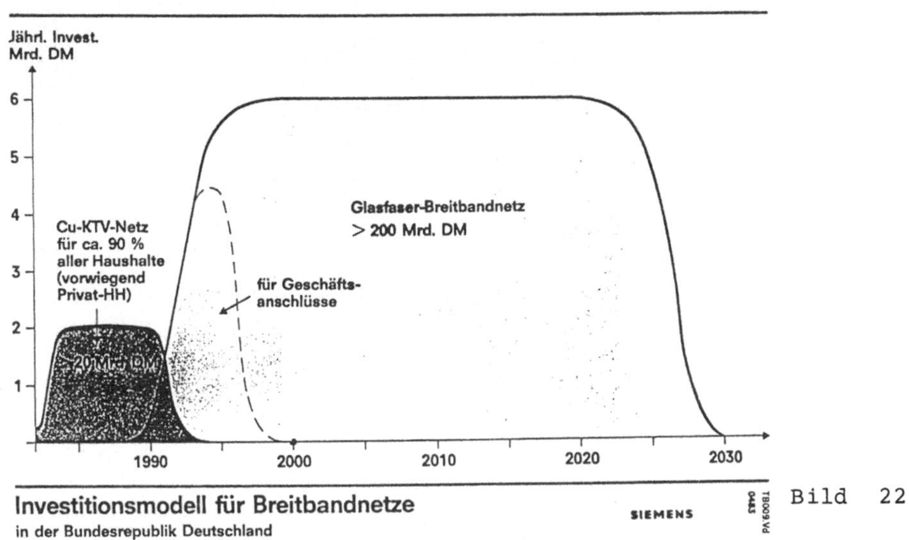

Bild 22

5. Technologie der optischen Nachrichtenübertragung

Falls Bildfernsprechen eines Tages das Fernsprechen ersetzt, dann ist
eine Fernnetzstruktur mit bis zu 2000-facher Kanalkapazität im Vergleich zum heutigen Fernsprechnetz notwendig (siehe Bild 23).

BEDARF an ÜBERTRAGUNGSKAPAZITÄT

FERNSPRECH – PCM – HIERARCHIE

30	120	480	1 920	7 680	Kanäle
2	8	34	140	565	Mbit/s

BILDFERNSPRECH – PCM – HIERARCHIE

10 % Bildfernsprechen ($\approx$ 70 Mbit/s)

0,2	0,8	3,4	14	56,5	Gbit/s

100 % Bildfernsprechen ($\approx$ 140 Mbit/s)

4	16	68	280	1 130	Gbit/s

SEL-FZ

Bild 23

Mit der Fernsprech-PCM-Hierarchiestufe 565 Mbit/s ist dann eine Bild-
fernsprech-PCM-Hierarchiestufe von 1.130 Terabit/s vergleichbar. Heute
sind ca. 2 Gbit/s-Systeme labormässig realisiert. Kennzeichnend für
ein digitales Übertragungssystem ist das Produkt aus Bitrate x Repeaterabstand. Hier halten die Bell Laboratories den absoluten Weltrekord
mit 260 Gbit/s x km (Bild 24).

STAND der ONT von 1985

Laborspitzenwert ECOC 1984 / Bell Labs	:	2 Gbit/s Bitrate 130 km Repeaterabstand

260 Gbit/s · km
(Koax ≈ 0,9 Gbit/s · km)

DISKUSSION von HEUTE

Femtosekundentechnik (Solitons)	:	10^{-12} s Pulsbreite
Tera-bit/s-Technik	:	10^{12} bit/s Bitrate

SEL-FZ

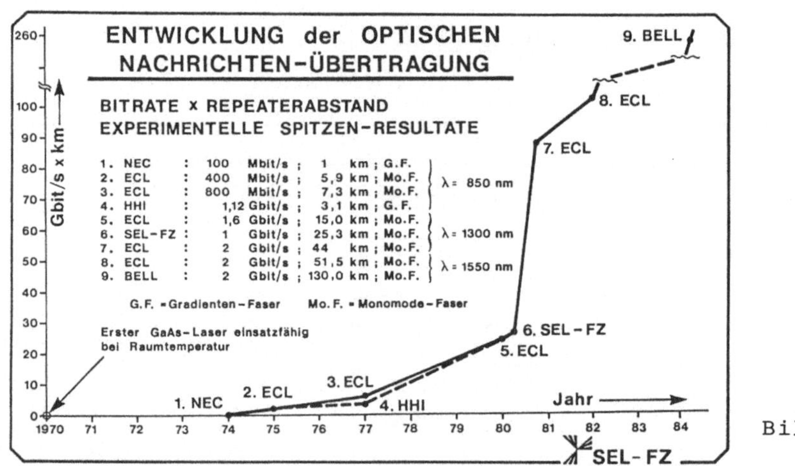

Bild 24

In Labors wurden allerdings bereits Impulse im Femtosekundenbereich realisiert (Soliton-Technik) und man hält die Realisierung von Tera-Bitraten physikalisch durchaus für möglich. Die bisherige Entwicklung leistungsfähiger optischer Übertragungssysteme zeigt Bild 25

Bild 25

als Laborspitzenleistungen. Stand der praktisch eingesetzten Systeme ist 140 Mbit/s Nutzbitrate bei ca. 20 km Repeaterabstand. Auf dieser Basis wurde ein Vergleich mit Richtfunk, Satellit und Seekabel durchgeführt [3], der z.Z. einen Vorteil der optischen Systeme bis zu ca. 1.000 km Gesamtstreckenlänge ergibt. Der Vorteil optischer Systeme nimmt mit der Sprechkreiszahl pro Faser bzw. mit der geforderten Kanalkapazität weiter zu.

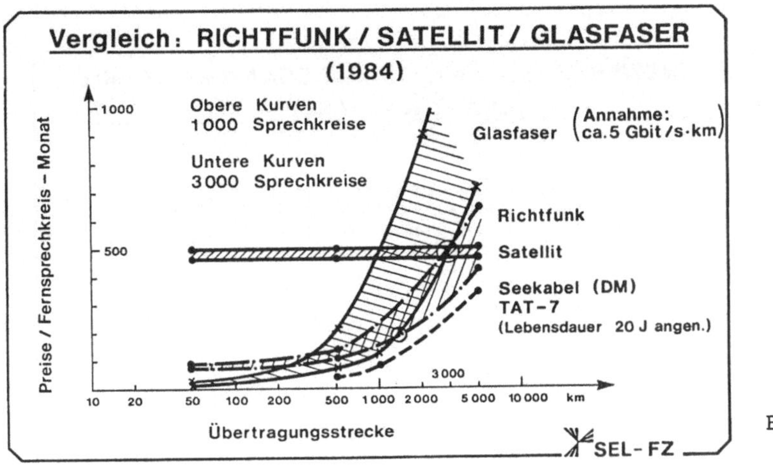

Bild 26

Das Innovationspotential für optische Übertragungssysteme ist weitaus grösser als bei anderen Übertragungssystemen. Die wesentlichsten Neuerungen der absehbaren Zukunft sind in Bild 27 zusammengefasst. Neue

NEUE TECHNOLOGIEN

- Neue Faser-Produktionsmethoden
- Höchstgeschwindigkeits-Übertragung
- Wellenlängen-Multiplex
- Kohärente Detektion
- Integrierte Optik (Lichtverstärkung)
- Infrarote Übertragungstechnik (λ = 4-5 µm / Goodman STL)

SEL-FZ

Bild 27

Faser-Produktionsmethoden werden den Faserpreis senken. Die angedeuteten Steigerungsmöglichkeiten der Bitrate durch Hochgeschwindigkeits- und Wellenlängenmultiplex-Übertragung senken die Preise gravierend.

"Kohärente Detektion", "Integrierte Optik" und evtl. "neue Fasermaterialien" im Infrarotbereich vergrössern die Repeaterabstände und wirken voraussichtlich nochmals kostensenkend.

Abschliessend sei die theoretische Leistungsfähigkeit der Monomodefaser aus Quarzglas anhand der Dämpfungskurve einer in Japan realisier-

ten Glasfaser erläutert (Bild 28).

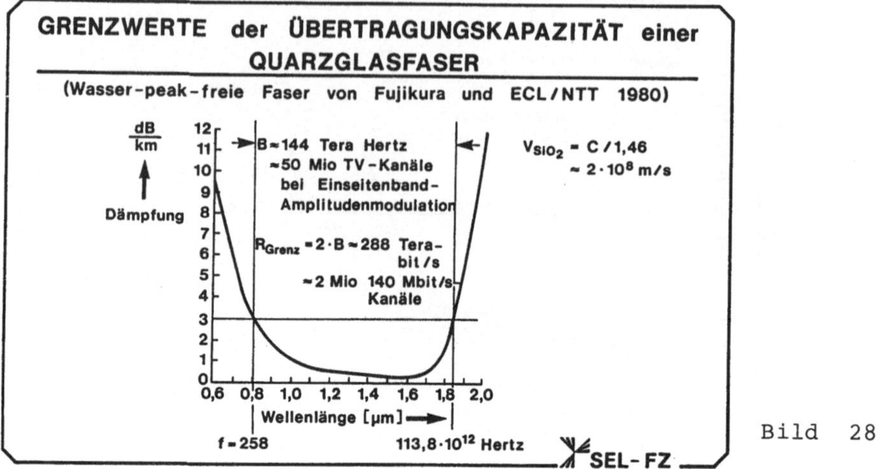

Bild 28

Der gemessene Dämpfungsverlauf in Bild 28 entspricht annähernd den
theoretischen Grenzwerten infolge der Rayleigh-Streuung und der Infra-
rotabsorption. Diese Kurve stellt einen Bandpass mit B = 144 Tera-Hertz
dar. Die Nyquistrate dieses Bandpasses beträgt also 2·B = 288 Tera-
bit/s : dies entspricht einer Kapazität von 2 Mio. Breitbandbasiskanä-
len mit je 140 Mbit/s - die der Faserkern von <10 µm Durchmesser theo-
retisch übertragen könnte. Dies ist die "nahezu unbegrenzte Kapazität
des optischen Übertragungskanals".

Ob wir derartige Kanalkapazitäten je benötigen?

6. Die Mikroelektronik

Von mindestens gleichrangiger Bedeutung für die Weiterentwicklung der
Kommunikationsnetze im Vergleich zur Optik ist die Mikroelektronik,
die in den letzten Jahrzehnten ebenfalls gewaltige Fortschritte gemacht
hat und deren Innovationspotential - wie bei der Optik - noch bei weitem nicht ausgeschöpft ist. Von seiten der Daten- und der Übermittlungstechnik werden an die Mikroelektronik Forderungen entsprechend
Bild 29 gestellt.

Kosten, Schaltgeschwindigkeit und Komplexität der VLSI-Chips zeigt als
Kernparameter für die drei wichtigsten Technologien der Mikroelektronik in Relation Bild 30.

FORDERUNGEN an die MIKROELEKTRONIK-CHIPS

(1) Kosten (niedrig)

(2) Komplexität (hoch)

(3) Takt-Geschwindigkeit (hoch)

(4) Strahlungsfestigkeit (hoch)

(5) Störungsempfindlichkeit (gering)

(6) Leistungsverbrauch (gering)

(7) Wärme-Abfuhr/-Zulässigkeit (hoch)

(8) Design-Zeit (kurz)

(9) Herstellzeit (Band → Chip) (kurz)

(10) Lebensdauer (lang)

SEL-FZ

Bild 29

HALBLEITER - TECHNOLOGIEN

Technologie	relative Chipkosten	relative Geschwindigkeit	relative Komplexität
CMOS (1,5 µm)	1	1	100
Si-bipolar (UHF)	2	3	5
GaAs (1 µm)	10	6	1

Stand 1984

SEL-FZ

Bild 30

Daraus folgt zunächst die Berechtigung für die Weiterentwicklung aller drei Technologien.

Für das Layout eines Mikroelektronik-Schaltkreises sind heute die drei in Bild 31 genannten Verfahren im Einsatz und für die abgegrenzten Bereiche sinnvoll. Effizienzsteigerungen im Chip-Design um Faktoren zwischen 10 bis 100 erwartet man durch Verbesserung der Design-Tools von Hand-Layout über Zell-Layout bis hin zum "Silicon-Compiler", der das Layout nach Eingabe der formalen Spezifikation vollautomatisch herstellt. Erste Realisierungen von Silicon-Compilern werden bereits angeboten (Bild 32).

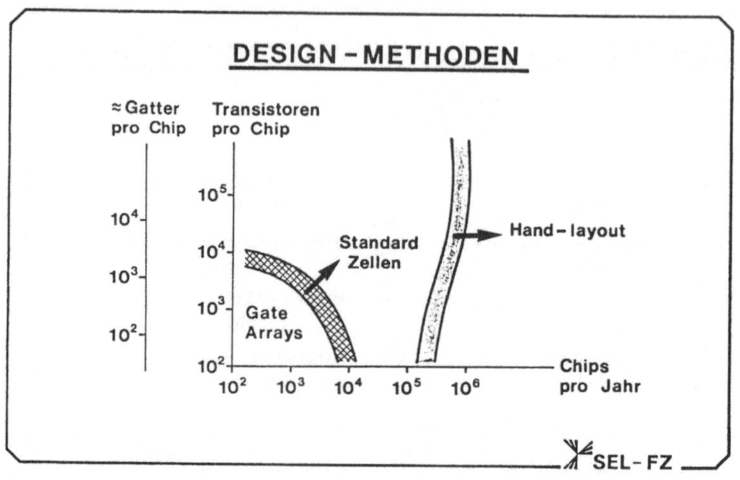

Bild   31

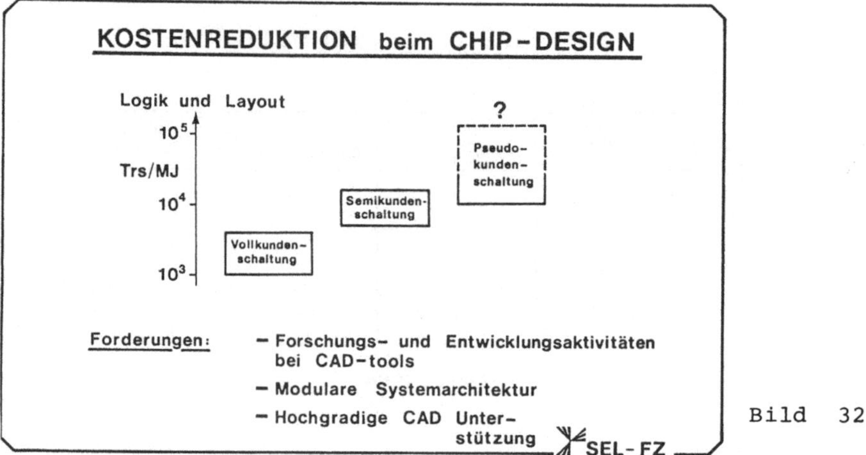

Bild   32

Auch für das Logic-Design werden CAD-Tools intensiv bearbeitet, so
dass die Entwicklungskosten für integrierte Schaltungen - die für hoch-
komplexe Chips heute die 10-Mio.-Grenze überschreiten können - in Zukunft gravierend gesenkt werden dürften.

Realisierbare Komplexitäten und Abmessungen der geometrischen Strukturen auf dem Chip sind eng korreliert. Bild 33 zeigt die bisherige Entwicklung und mittelfristige Voraussage für diese Parameter. Erzielte
Spitzenwerte in der Produktion gehen aus Bild 34 hervor.

Für Mikroprozessoren kommen vergleichbare Komplexitäten etwa drei Jahre nach der Anwendung in Speichern zum Zuge, wie aus Bild 35 hervorgeht.

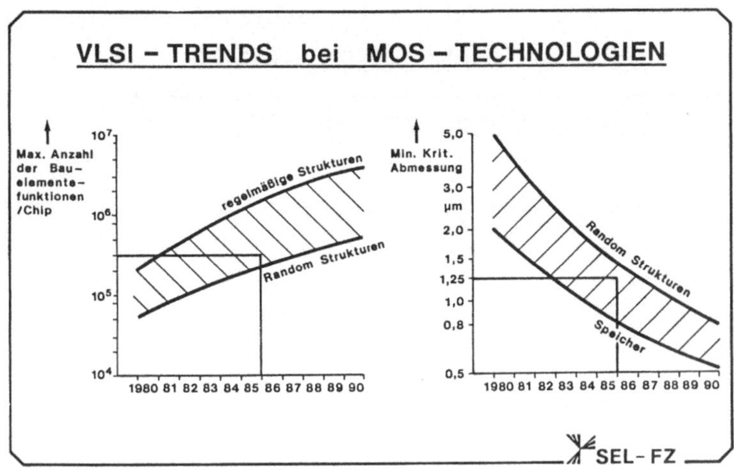

Bild 33

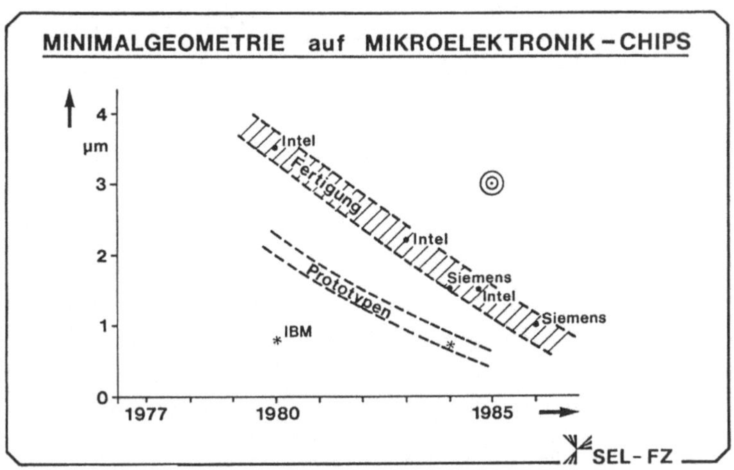

Bild 34

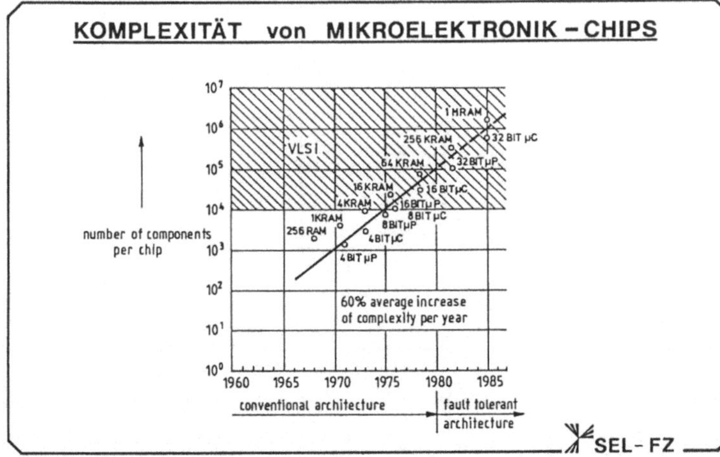

Bild 35

Die erreichbare Komplexität pro Chip hängt natürlich auch von der herstellbaren Chipfläche ab; diese Entwicklung veranschaulicht Bild 36.

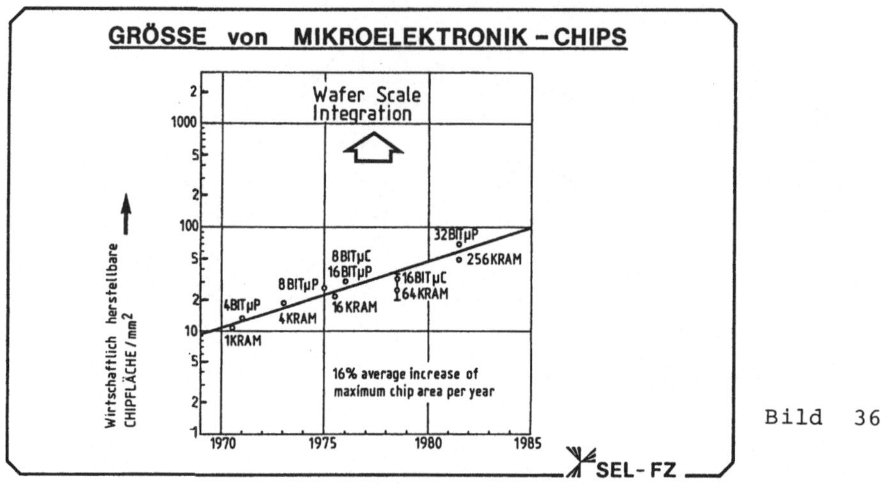

Bild 36

Ein Beispiel für den Bedarf an Komplexität aus der Übermittlungstechnik ist ein Videocodec für ca. 140 Mbit/s: Der Coder erfordert ca. 180.000 Transistorfunktionen, die in 2 μm CMOS z.Z. nur durch vier Chips realisiert werden können. Ziel sollte die 1-Chip-Lösung sein. Der Decoder als Umkehrung des Coders erfordert nahezu gleichviele Transistoren. Im Bildfernsprechgerät benötigt man einen kompletten Codec, so dass eine 1-Chip-Lösung annähernd 400.000 Transistoren enthalten müsste mit sehr unregelmässigen Strukturen. Derartige Codecs dürften kaum vor 1990 realisierbar sein (siehe Bild 33).

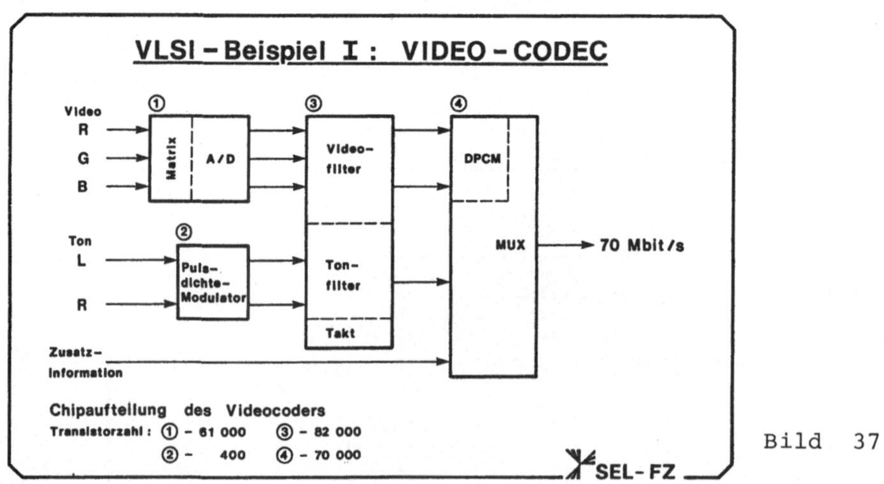

Bild 37

Die heute verfügbare 2 μm-CMOS-Technologie findet schon bei 25.000 Transistorfunktionen ihre Grenzen infolge der erforderlichen Gatterlaufzeiten bei Anwendung für ein Koppelfeld zur Durchschaltung von

140 Mbit/s (Beispiel II/Bild 38).

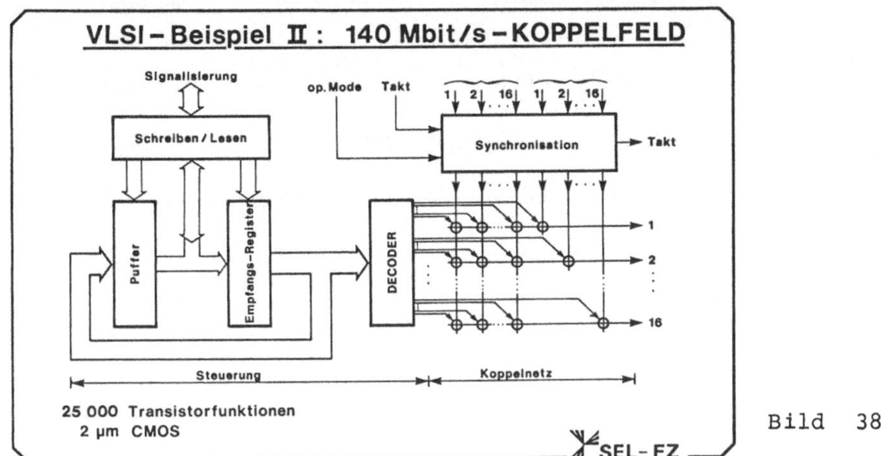

Bild 38

Die Beispiele zeigen den Bedarf an Weiterentwicklungen der Mikroelektronik aus der Sicht der Übermittlungstechnik. Diese Weiterentwicklung
verschlingt gewaltige Investitionsmittel - wie aus den Bildern 39 und
40 hervorgeht.

Diese Investitionen könnte sich kein Unternehmen leisten, wenn nicht
ein entsprechendes Marktpotential dahinterstehen würde. Dieses Marktpotential betrug 1984 weltweit ca. 70 Mrd. DM allein für integrierte
Schaltkreise (USA: 33 Mrd. DM, Japan 21 Mrd. DM, Europa 12 Mrd. DM,
Rest der Welt 4 Mrd. DM).

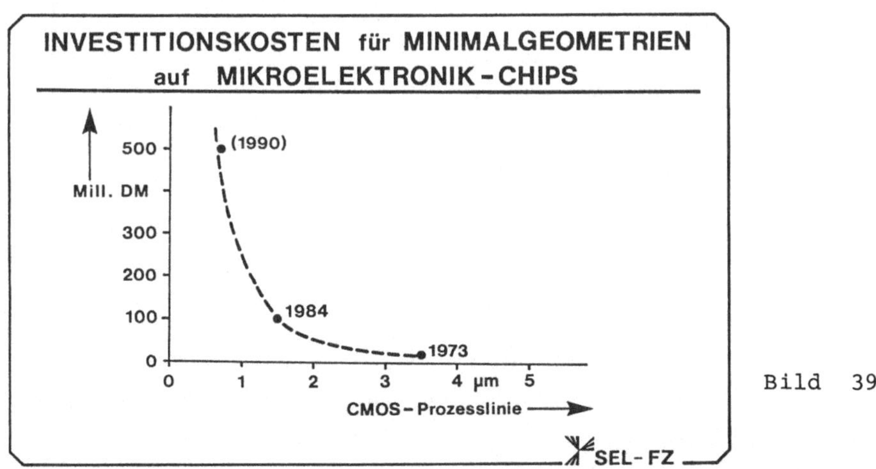

Bild 39

INVESTITIONEN für die MIKROELEKTRONIK

US - Halbleiterindustrie	1984	11,0 Mrd. DM
Japanische Halbleiterindustrie	1984	6,7 Mrd. DM
Siemens - Halbleiterindustrie	1984	600 Mio. DM
Philips - Halbleiterindustrie	1984	ca. 600 Mio. DM

SEL-FZ

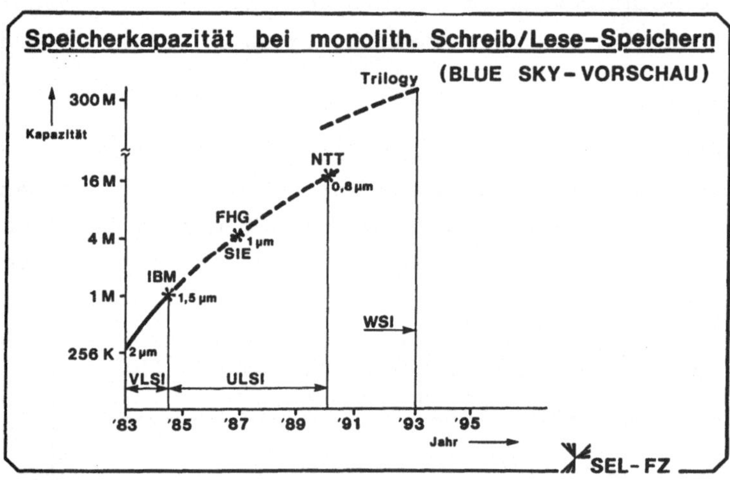

Bild 40

Lassen Sie mich auch das Kapitel Mikroelektronik mit einer "Blue Sky"-Vorausschau - ähnlich wie bei der Optik - beschliessen: In Japan redet man über die Realisierungsmöglichkeit von 300 Mbit/Chip.

Bild 41

7. Software-Technologie

Da einerseits "Software" in dieser Konferenz Gegenstand vieler Vorträge ist, andererseits die Software auch für die Übermittlungstechnik eine gravierende Rolle spielt, will ich diesen Punkt sehr knapp behandeln - aber doch nicht ganz unberührt lassen.

Die Effizienzsteigerung der Softwareentwicklung ist ein Hauptproblem dieser Technologie. Was hier erreicht und zu erwarten ist, zeigt Bild 42.

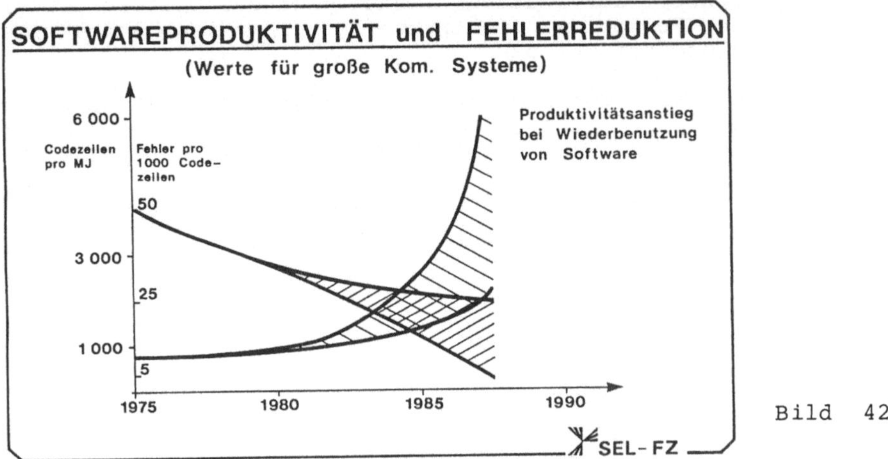

Bild   42

8. Abschluss

Die technische Basis für neue Telekommunikations-Dienste ist vorhanden, die Kostentargets scheinen erreichbar zu sein. Der Einführung neuer Dienste und der Breitband-Kommunikation ist damit der Weg geebnet. Dies möge Bild 43 symbolisieren.

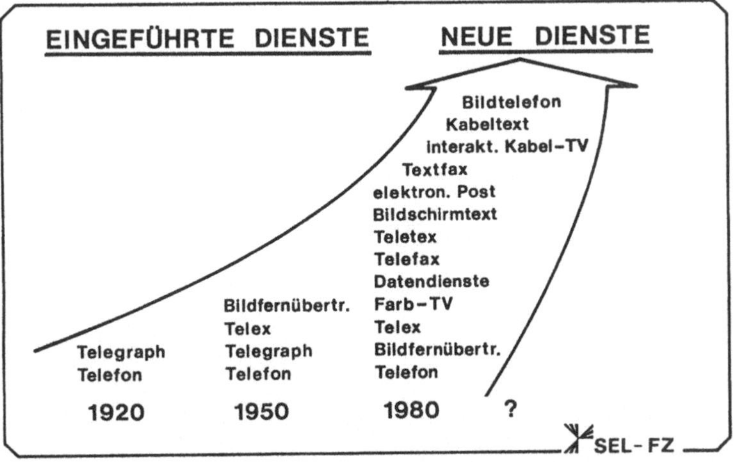

Bild   43

SCHRIFTTUM

[1]   Der Bundesminister für das Post- und Fernmeldewesen:
      Konzept der Deutschen Bundespost zur Weiterentwicklung
      der Fernmeldeinfrastruktur. "telematica '84", Stuttgart,
      Broschüre der DBP, 18.-20. Juni 1984.

[2]   H. Baur: Telekommunikation zwischen den Büros - heute
      und künftig. Telecommunications, Bd. 9, Bürokommunika-
      tion, Münchner Kreis, 03.-04. Mai 1983, S. 244-264.

[3]   Future Systems Incorporated: Transmission Cost Compari-
      son for Satellite, Fibre Optics and Microwave Radio
      Communications. Publication no. 122, 1984.

Kommunikation in technischen Systemen

H. Steusloff

Fraunhofer-Institut für
Informations- und Datenverarbeitung (IITB)
D-7500 Karlsruhe 1

Zusammenfassung

Seit etwa 1980 läßt sich eine rasche Verbreitung verteilter, rechnerge-
stützter Automatisierungs- und Leitsysteme in allen Ebenen von Produk-
tionssystemen beobachten. Die dabei notwendige explizite Kommunikation
zwischen Teilsystemen hat zu intensiven Forschungs-, Entwicklungs- und
Standardisierungsarbeiten auf dem Gebiet der Kommunikation in technischen Systemen geführt, deren Ergebnisse der vorliegende Beitrag einzu-
ordnen versucht. Die Gliederung der Systeme in Ebenen, deren Aufgaben
und Informationsbedarf, begründen Notwendigkeit und Ausprägung der
Kommunikation. Eine abstrakte Definition verteilter Systeme zeigt aber
auch grundsätzliche Probleme kommunizierender Systeme, insbesondere
hinsichtlich der systemweiten Statusbestimmung und -konsistenz. Dies
führt zusammen mit Anforderungen der Fehlertoleranz und Wirtschaftlichkeit zu unterschiedlichen Lösungen der Kommunikation zwischen Verarbeitungseinheiten für die Datenhaltung und die Mensch-System-Kommunikation.
Ein Beispiel für die integrierte Kommunikation in der industriellen
Produktion veranschaulicht die Breite der Methoden. Ein Ausblick beleuchtet die Nutzung universeller, öffentlicher Kommunikationsdienste
zum unternehmensweiten Informationsaustausch.

Abstract

Since 1980 we recognise an increasing application of distributed, com-
puter-based information and control systems on all levels of industrial
production systems, resulting in intensive research, development and
standardising activities on communication in technical systems. This
paper tries to highlight some of the related results, starting from a
description of those levels and their communication requirements. An
abstract definition of distributed systems shows their fundamental
properties, among others the problem of status consistency. This leads,
together with fault tolerance and economic requirements, to different
solutions in communications, data base systems and man-system-interfaces.
The closing paragraphs show an example of an integrated communication
system for industrial productions and some discussion of the use of
public communication services.

<u>Zusammenfassung</u>

Anforderungen an technische Systeme der industriellen Produktion und
die Wirtschaftlichkeit der Leistung mikroelektronischer Systemkom-
ponenten haben seit etwa 1980 die Verbreitung verteilter, rechnerge-
stützter Automatisierungs- und Leitsysteme in allen Ebenen von Pro-
duktionssystemen ermöglicht und gefördert. Diese Entwicklung hat aufgrund der damit sichtbar gewordenen Erfordernis expliziter Kommunikation zwischen Teilsystemen zu intensiven Forschungs-, Entwicklungs-und
Standardisierungsarbeiten auf dem Gebiet der Kommunikation in technischen Systemen geführt. In wenigen Jahren ist neben die starren Punkt-
zu-Punkt Datenverbindungen zwischen einzelnen Rechnern eine Fülle von
universellen, fehlertoleranten Verbindungskonzepten und -systemen ge-
treten, deren Eigenschaften und Einordnung nur noch schwer zu fassen
sind. Der vorliegende Beitrag versucht einen Streifzug durch diese
Landschaft der Kommunikation in technischen Systemen.

Als Ausgangspunkt dient die Gliederung der Systeme in Ebenen, deren
Aufgaben und Informationsbedarf Notwendigkeit und Ausprägung der Kommunikation begründen. Eine abstrakte Definition verteilter Systeme
zeigt aber auch die grundsätzlichen Grenzen kommunizierender Systeme,
insbesondere hinsichtlich der systemweiten Statusbestimmung und -kon-
sistenz. Dies führt zusammen mit Anforderungen der Fehlertoleranz und
Wirtschaftlichkeit zu unterschiedlichen Lösungen der Kommunikation
zwischen Verarbeitungseinheiten (Bushierarchien, lokale Netze, offene
Netze), für die Datenhaltung (verteilte, heterogene Datenbanken; Echtzeitdatenbanken) und die Implementationsmethoden (Kommunikations-Be-
triebssysteme, Programmiersprachen). Nicht zuletzt verdient die Mensch-
System-Kommunikation Beachtung (ergonomisch gestaltete Farbbildschirmsysteme zur Ein-/Ausgabe von Systeminformation). Einige Beispiele für
integrierte Kommunikationssysteme in der industriellen Produktion veranschaulichen die Breite der Methoden. Ein Ausblick beleuchtet die
Nutzung universeller, öffentlicher Kommunikationsdienste zum unternehmensweiten Informationsaustausch.

1. Einführung: Die Kommunikationslandschaft technischer Systeme

Im Rahmen des folgenden Beitrages seien unter dem Begriff "Technische Systeme" Systeme der industriellen Produktion in ihren verschiedenen Ausprägungen verstanden. Hierzu gehören neben Automatisierungssystemen für industrielle Anlagen auch Systeme der Disposition und Administration bis hin zu Büro-Automatisierungssystemen. Die Einschränkung auf technische Systeme soll andeuten, daß im folgenden dem Gesichtspunkt der Büroautoomatisierung geringere Beachtung geschenkt wird.

Industrielle Produktionssysteme haben die Aufgabe, aus Rohstoffen oder Halbfertigprodukten durch Einsatz von Energie und unter Nutzung physikalischer, chemischer oder auch biologischer Vorgänge und Verfahren neue Produkte zu erzeugen. Dieser Vorgang läuft in der Regel in mehreren Stufen ab, für die häufig deutlich unterscheidbare Teilanlagen existieren. Diese Teilanlagen kommunizieren untereinander durch Austausch von Energie, Material und Information; sie sind in Bild 1 durch TAN gekennzeichnet. Als Beispiele seien aus der stahlerzeugenden Industrie die verschiedenen Gerüste einer Walzenstraße genannt, die seriell arbeiten. In der chemischen Industrie sind häufig Produktionsprozesse auch parallel auf gleichzeitig arbeitende Reaktoren verteilt. Zur Steuerung und Regelung des Proßezablaufes dient heute überwiegend ein Automatisierungssystem, oft auch als Prozeßleitsystem bezeichnet. Ein Dualitätsprinzip /1/ sagt aus, daß optimale Automatisierungssysteme dieselbe Struktur aufweisen, wie die automatisierten technischen Systeme. Die daher erforderlichen Automatisierungssysteme sind in Bild 1 mit TAS bezeichnet.

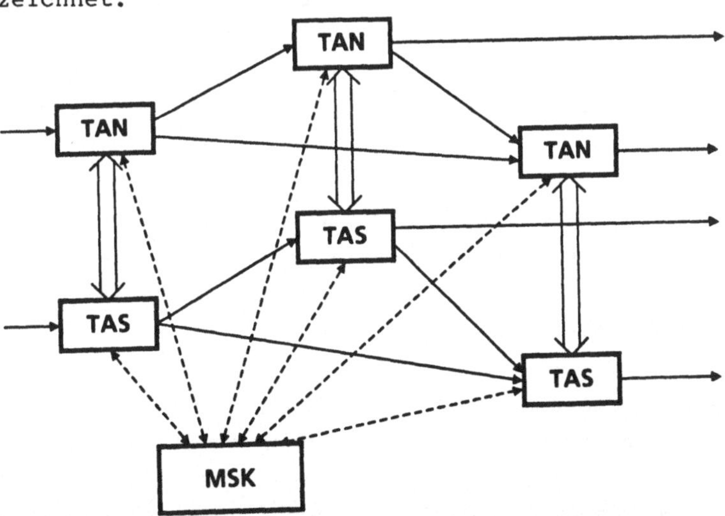

<u>Bild 1:</u> Kommunikationsbeziehungen in technischen Systemen

Bei der Führung technischer Produktionssysteme ist auch heute der Mensch
zur Überwachung, Optimierung und Bestimmung des Betriebsablaufes un-
entbehrlich. Er erhält dazu seine Informationen sowohl aus dem technischen System als auch aus dem Automatisierungssystem. Aufgrund dieser
Informationen trifft er Entscheidungen und handelt, indem er über das
Automatisierungs- bzw. Leitsystem den technischen Prozeß beeinflußt
oder auch direkt Eingriffe am technischen System vornimmt.

Aus Bild 1 lassen sich unmittelbar alle grundsätzlichen Kommunikationsbeziehungen in technischen Systemen ablesen. Der bereits erwähnten
Kommunikation von Teilanlagen durch Energie-, Stoff- und Informationstransport steht die Kommununikation der Teilautomatisierungssysteme in
Form von Daten, Signalen und Ereignissen gegenüber. Weiterhin findet
eine Kommunikation zwischen Teilanlage und zugeordnetem Teilautomatisie-
rungssytem statt. Schließlich kommuniziert der Mensch mit der technischen Anlage ebenso wie mit dem Automatisierungssystem; die Kommunikation mit der technischen Anlage erfolgt dabei entweder direkt oder
unter Zuhilfenahme des Automatisierungssystems. Es ist für das Verständnis der Kommunikationsverfahren in technischen Systemen von ent-
scheidender Bedeutung, daß all diese Kommunikationsbeziehungen als
e i n vermaschtes Kommunikationsnetz betrachtet und die in diesem Netz
fließenden Informationsströme und ihre Abhängigkeiten gesamthaft gesehen werden. Erst eine integrierte Betrachtungsweise zeigt im realen
Fall Schwachstellen auf und erlaubt Optimierungen.

Zur Behandlung stark vernetzter Strukturen bevorzugt der Mensch hierarchische Betrachtungsweisen. In der industriellen Produktion ist
eine Aufteilung der verschiedenen Funktionen in sogenannte Leitebenen
gemäß Bild 2 üblich. Obwohl die Terminologie nicht einheitlich ist,
lassen sich im wesentlichen die in Bild 2 gezeigten 4 Leitebenen unterscheiden:

- Die <u>Unternehmensleitebene</u> steuert aufgrund kumulierter Informationen
  aus allen Produktionsbereichen die betriebswirtschaftlichen Gesamt-
  ziele des Unternehmens, die zu ihrer Erreichung notwendigen Produktionsvorgaben und vertriebliche Vorgehensweisen.

- Die <u>Produktionsleitebene</u> ermittelt die erforderlichen Schritte zur
  Erfüllung der Produktionsvorgaben. Hierzu gehören die Planung der
  Rohstoffbeschaffung und des Rohstoffeinsatzes, die Festlegung von
  Produktionsmethoden, -mengen und -terminen sowie die Verteilung der
  einzelnen Produktionseinheiten auf Produktionsbetriebe.

- Die <u>Betriebsleitebene</u> ist für die Durchführung einzelner Produktions-
aufgaben verantwortlich. Sie ist wesentlich mit logistischen und
betriebswirtschaftlichen Aufgaben befaßt.

- Die <u>Prozeßleitebene</u> hat schließlich die Aufgabe, die technischen
Anlagen eines Betriebes nach technischen und wirtschaftlichen Vorga-
ben optimal zu führen und vorgegebene Produkteigenschaften (Qualität)
zu erreichen. Zur Prozeßleitebene gehört auch die sog. Feldebene,
über deren Funktionen die Produktionsprozesse beeinflußt werden.

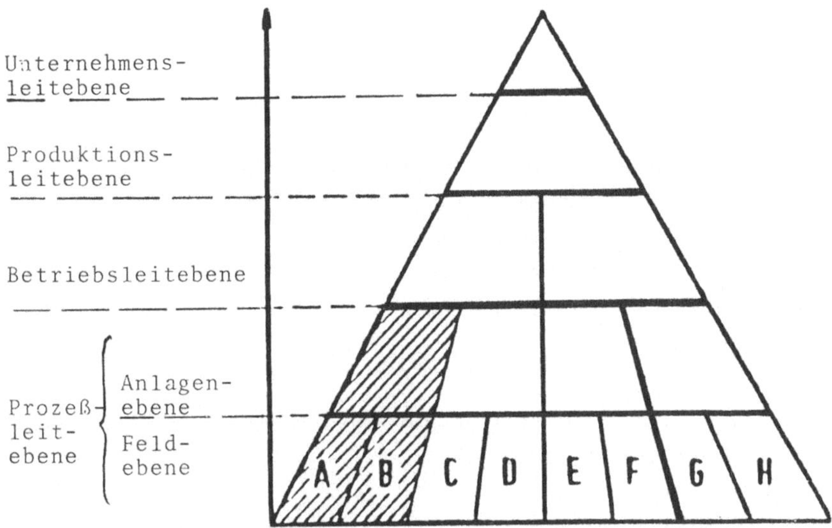

<u>Bild 2:</u> Ebenenmodell

Die in Bild 2 gezeigte Hierarchie der Leitebenen verbreitert sich nach
unten. Kommunikationsbeziehungen bestehen sowohl in vertikaler Richtung
zwischen den Leitebenen als auch horizontal zwischen verschiedenen
Einrichtungen derselben Leitebene. Entsprechend den unterschiedlichen
Aufgaben der Ebenen sind die ausgetauschten Informationen unterschiedlich bezüglich Menge, Häufigkeit, Verdichtung und Typ. Auch diese Darstellung der Kommunikationsbeziehungen in technischen Systemen zeigt
deutlich, daß angepaßte Kommunikationsverfahren für ihre Optimierung
notwendig sind. Eine Betrachtung der Informationshaushalte der verschiedenen Leitebenen, wie sie in /2/ ausführlich dargestellt sind, macht
diese Anforderungen deutlich.

Neben der Zusammenstellung von Informationsbeziehungen in technischen Systemen ist für ihre Realisierung die Kenntnis der Eigenschaften verteilter Syteme von Bedeutung. Eine aus verschiedenen Teildefinitionen /3/ gewonnene abstrakte Definition verteilter Systeme befaßt sich mit der Kommunikation zwischen "Prozessen" in technischen Systemen. Hierbei ist unter "Prozeß" ein Rechenprozeß verstanden, der parallel zu anderen Rechenprozessen in einem verteilten Automatisierungssystem abläuft. Unter "Prozeß" kann aber auch ganz allgemein irgendein Vorgang im verteilten technischen System verstanden werden. Die einzelnen Definitionen lauten:

- An der Ausführung von Systemfunktionen sind verschiedene Prozesse gleichzeitig (parallel) beteiligt.

- Zu keinem gegebenen Prozeß P existiert irgendein anderer Prozeß, der exakt dieselbe Sicht des Systemstatus hat wie der Prozeß P.

- Die Systemarchitektur umfaßt unterscheidbare Einheiten einschließlich einer möglicherweise dynamisch veränderlichen Zahl von funktionsausführenden Elementen.

- Die Kommunikation erfolgt durch Austausch von Botschaften über gemeinsam genutzte Kommunikationsstrukturen.

- Es existieren systemweite Steuerungsfunktionen für die dynamische Kooperation von Prozessen und deren Ablaufverwaltung.

- Die Übertragung von Botschaften zwischen Prozessen unterliegt variablen Verzögerungen; es existiert immer eine von Null verschiedene Zeitdifferenz zwischen der Entstehung eines Ereignisses in einem Prozeß und der Wahrnehmbarkeit dieses Ereignisses durch einen anderen Prozeß.

Diese Definition zeigt, daß der wesentliche Aspekt verteilter Systeme nicht deren physikalische Verteilung der Prozesse sondern die Verteilung der Ablaufsteuerung ist. Wegen der Unmöglichkeit einer konsistenten Sicht des globalen Systemstatus für irgendeinen Prozeß im verteilten System können sich Maßnahmen der Ablaufsteuerung nur auf die lokal verfügbare Information stützen. Dies ist bei Entwurf und Betrieb verteilter Systeme als grundsätzliche, nicht zu umgehende Eigenschaft zu beachten.

Aus den bisher genannten Definitionen und der Ebenenstruktur technischer Systeme lassen sich Merkmale für den Informationstransport ableiten:

- Die Kommunikation ist in technischen Systemen eine unverzichtbare
  Funktion, die über alle Ebenen hinweg geht. Die isolierte Betrachtung der Kommunikationsbedürfnisse einzelner Ebenen und daraus u. U.
  abgeleitete spezielle Entscheidungen können die notwendige, integrierende Funktion der Kommunikation verhindern oder doch zumindest
  erschweren.

- Die Kommunikation muß unter Einhaltung n o t w e n d i g e r Zeit-
  und Konsistenzbedingungen geplant und realisiert werden. Der Aufwand
  für die Ermittlung solcher Bedingungen wird durch optimale Anpassung, Wirtschaftlichkeit und Flexibilität der Kommunikationseinrichtungen gelohnt.

- Die Kommunikation muß fehlerarm, fehlertolerant und sicher bezüglich
  gewollter oder ungewollter Informationsverfälschungen sein. Auch
  diese Bedingungen sind im einzelnen anwendungsabhängig zu spezifizie-
  ren und durch geeignete Kommunikationsmethoden zu erfüllen.

- Da technische Systeme ständigen Veränderungen unterliegen, muß auch
  die Kommunikation die erforderliche Erweiterbarkeit und Flexibilität
  aufweisen. Wegen der unterschiedlichen Funktionalität der Ebenen
  müssen auch heterogene Kommunikationspartner verbindbar sein.

- Zur wirtschaftlichen Erfüllbarkeit dieser Anforderungen sind - insbesondere in heterogenen Systemen - definierte und möglichst standardisierte Schnittstellen und Kommunikationsregeln (Protokolle) erforderlich.

Im vorliegenden Beitrag wird der Stand der Erfüllbarkeit dieser Anforderungen mit Bezug auf die Ebenenstruktur technischer Systeme diskutiert.
Wir werden dabei von den typischen Kommunikationspartnern und deren
Funktionen in den einzelnen Ebenen ausgehen und dabei neben den Verarbeitungseinheiten eines Automatisierungssystems (TAS in Bild 1) auch
auf die Probleme der verteilten Datenhaltung eingehen. Es wird sich
zeigen, daß nur eine Digitalisierung a l l e r Informationen in einem
technischen System die integrierende Wirkung der Kommunikation voll
zur Geltung bringt. Die diskutierten Methoden der Datenkommunikation

umfaßt die heute und in naher Zukunft verfügbaren Verbindungskonzepte
und Vernetzungsarten. Eine besondere Bedeutung kommt auch der Mensch-
System-Kommunikation zu; ihre besonderen Anforderungen und heute verfügbare Lösungen werden skizziert.

Es sei deutlich gemacht, daß unter den Teilautomatisierungssystemen
nach Bild 1 die Systeme aller Ebenen gemäß Bild 2 verstanden werden.
Nach dem heutigen Stand der Automatisierungstechnik und der Leittech-
nik sind die zu betrachtenden Kommunikationspartner durchweg Rechner,
wenn man von den Spezialfällen der Kommunikation zwischen diesen Rechnern und der technischen Anlage sowie der Mensch-System-Kommunikation
absieht. Um die Kommunikation zwischen solchen Rechnersystemen formu-
lieren zu können, sind geeignete Programmiersprachen bzw. Programmier-
sprachenelemente erforderlich, deren Ausprägung und Unterstützung durch
entsprechende Kommunikationsbetriebssyteme ebenfalls Gegenstand dieser
Übersicht sind.

2. Kommunikationsverfahren in den Ebenen

Für die Datenkommunikation innerhalb und zwischen den Ebenen nach
Bild 2 haben sich den Anforderungen angepaßte Verfahren herausgebildet, die zunehmend standardisiert werden. Bild 3 zeigt ein struktu-
relles Modell typischer Kommunikationsverfahren. Dieses Modell ist
heute sicher noch nicht allgemein in Anwendung, auch wird die Zuordnung der Kommunikationsverfahren und der Ebenen oft nicht eindeutig
erkennbar sein. Bild 3 soll exemplarisch verdeutlichen, welche Methoden bereits verfügbar sind, welche Variationsmöglichkeiten aber auch
bestehen.

Vor der Diskussion der ebenenbezogenen Kommunikationsverfahren seien
einige Begriffe erläutert, wie sie im folgenden benutzt werden:

- Lokales Netzwerk (LAN = Local Area Network)

  Lokale Netze sind definiert durch ein abgeschlossenes Kommunikationssystem, das gerätetechnisch für die Verbindung von gleichartigen Rechnern über relativ kurze Entfernungen ausgelegt ist; typisch sind Entfernungen von einigen hundert bis zu wenigen tausend
  Metern. Bei der Struktur lokaler Netzwerke sind gestreckte Busse
  oder auch ringförmige Kommunikationsmedien eingeführt; üblicherweise
  werden die Daten seriell übertragen. Der Zugriff auf das Kommunika-

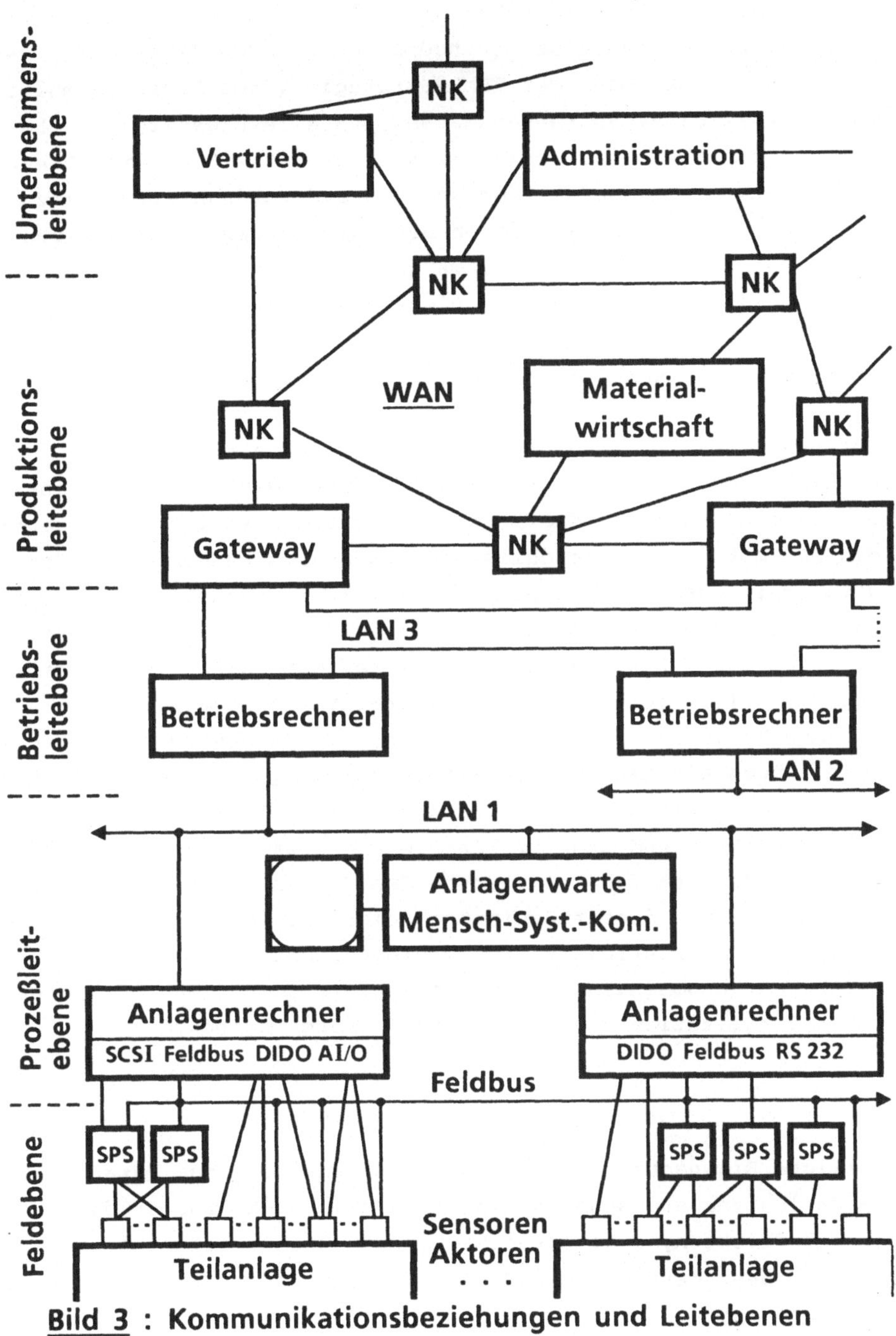

Bild 3 : Kommunikationsbeziehungen und Leitebenen

tionsmedium geschieht, abgesehen von speziellen LAN z. B. mit Licht-
leiterverbindungen, nach den Methoden des CSMA/CD (ETHERNET), des
Token passing (IBM) oder der TDMA-Strategie (Time Division Multiplexing). Alle diese Verfahren haben spezielle Eigenschaften bezüglich der Einfachheit und Effizienz des Zugriffes, der Garantierbar-
keit von Kommunikations-Zeitbedingungen und der Fehlertoleranz. Bei
Lichtleiter-LAN /4, 5/ sind wegen der dort eingesetzten aktiven Ankopplung des Kommunikationsmediums spezielle Zugriffsverfahren möglich, die die hohe Leistung der Lichtleiter ausnutzen.

- Offenes Netzwerk (WAN = Wide Area Network)

Ein offenes Netzwerk kann beliebige Netzstrukturen aufweisen. Neue
Teilnehmer können definitionsgemäß zu jeder Zeit in ein WAN integriert werden, ohne daß das Netzwerk abzuschalten ist. Im Gegensatz
zu den LAN mit ihrer abgeschlossenen und durchweg homogenen Kommu-
nikationswelt müssen bei den WAN definierte Protokolle vorliegen,
die alle Teilnehmer eines WAN einhalten müssen, um kommunikationsfähig zu bleiben. Entfernungen sind in offenen Netzen nicht mehr von
Bedeutung, prinzipiell können sie weltweit angelegt sein. Die Art
der Kommunikationsmedien ist heterogen; sie können von normalen Te-
lefonleitungen bis hin zu Satellitenverbindungen reichen. Die defi-
nitionsgemäße Möglichkeit des Einfügens neuer Teilnehmer zu beliebigen Zeitpunkten und ohne Stillegung eines WAN bedeutet, daß diese
Komponenten den Betrieb des bestehenden Netzes nicht stören dürfen.
Die Sicherstellung dieser Bedingung erfordert in WAN besondere Vor-
kehrungen (z. B. zentrale Protokoll-Testdienste), welche das Problem
der sicheren Komponenten jedoch wegen heute noch nicht möglicher
formaler Verifikation nicht vollständig lösen können.

- Bus

Wesentliche Eigenschaft eines Busses ist die mögliche Parallelität
des Nachrichtenaustausches vieler Teilnehmer. Ein Bus ermöglicht
neben der direkten, exklusiven Verbindung zweier angeschlossener
Teilnehmer besonders einfach die 1 zu n-Verbindung, oft auch Broad-
casting genannt.

- Dienste und Protokolle

Jede Kommunikation benötigt eine Anzahl von Teilfunktionen, die im
ISO-Modell für die Kommunikation in offenen Netzen (OSI = Open Systems
Interconnect) /6/ auf sieben Schichten (layers) verteilt sind. Ein
Kommunikationssystem stellt für alle diese Teilfunktionen Dienstpro-
gramme oder -einrichtungen zur Verfügung, die von der jeweils höheren
Schicht benutzt werden und auf die jeweils niedrigere Schicht aufsetzen. Das ISO-OSI-Modell nach Bild 4 ist der systematische Rahmen, in
dem Regeln - Protokolle genannt - für die Kommunikation zwischen
verschiedenen Teilnehmern auf der jeweils gleichen Schicht vereinbart
werden. Einige dieser Protokolle sind bereits genormt, andere in
Entwicklung. Bei fortschreitender Durchdringung der Protokollfunktio-
nen erfährt auch das ISO-OSI-Modell Verfeinerungen, die sich schon
heute durch eine Anzahl von zusätzlichen Unterschichten (sublayers)
ausdrücken.

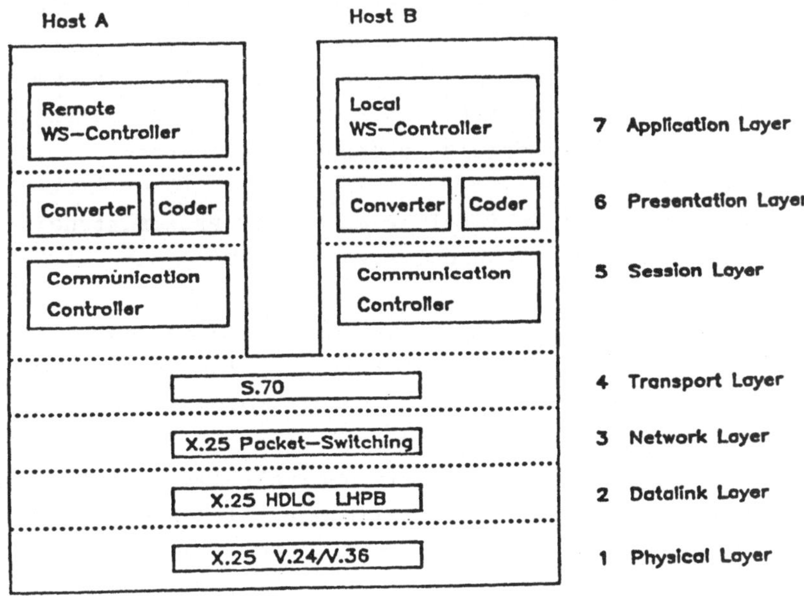

<u>Bild 4:</u> ISO-OSI-Kommunikationsmodell für offene Netze
(mit eingetragenen Protokollbeispielen; nach Bechlars)

2.1 Kommunikationsverfahren der Feldebene

Über Sensoren und Aktoren kommunizieren die Teilanlagen mit den Anlagenrechnern (Bild 3). Der Vielfalt und unterschiedlichen Intelligenz von Sensoren und Aktoren entspricht die Vielfalt der Kommunikationsmöglichkeiten. Diese wird vergrößert durch Fehlertoleranzmaßnahmen in Form redundanter Instrumentierung und Verbindungen. Im wesentlichen haben sich heute drei Kommunikationstypen herausgebildet:

- Kommunikation der Anlagenrechner mit der Teilanlage über intelligente Subsysteme (SPS = speicherprogrammbierbare Steuerung). Eine SPS ist dabei unmittelbar mit den Sensoren/Aktoren verbunden. Sie kommuniziert mit dem Anlagenrechner über serielle, ggf. auch parallele Datenverbindungen, die teilweise genormt sind (SCSI-Bus, IEEE 488-Bus, RS 232/422).

- Sensoren/Aktoren oder auch SPS können über einen sogenannten Feldbus mit dem Anlagenrechner verbunden sein. Dieser Bus wird in den Teilanlagen zu jedem Sensor/Aktor geführt und stellt ein serielles Kommunikationsmedium dar (verdrilltes Kabel oder Koaxialkabel). Auf diese Weise können in erheblichem Maße Verkabelungskosten eingespart werden; allerdings benötigen die angeschlossenen Sensoren/Aktoren Kommunikationsintelligenz (VLSI-Kommunikationskontroller) und müssen Informationen in digitaler Form bereitstellen bzw. aufnehmen.

- Sensoren/Aktoren können in konventioneller Form über Prozeßdatenein-/ausgaben an den Anlagenrechner angeschlossen sein (DIDO oder AI/O).

Diese Vielfalt der Kommunikationsmöglichkeiten erlaubt hohe Fehlertoleranz und Wirtschaftlichkeit, wenn sie sorgfältig geplant ist. In der Feldebene wird jedoch eine grundlegende Eigenschaft integrierter Kommunikationssysteme besonders deutlich: Integrierte Informations-Kommunikation hat als unabdingbare Voraussetzung die Digitalisierung a l l e r Anlageninformationen zum frühestmöglichen Zeitpunkt. Dieser Notwendigkeit kommt die zunehmende Verfügbarkeit digitaler Meßverfahren und Sensoren entgegen.

2.2 Kommunikationsverfahren der Prozeß- und Betriebsleitebene

Die Prozeßleitebene ist für die optimale Führung der in den Teilanlagen ablaufenden technischen Prozesse verantwortlich. Dabei erstreckt

sich die Optimierung häufig über mehrere Teilanlagen und erfordert den
Eingriff des Menschen. Die Anlagenwarte als Kommunikationsmittel des
Menschen in der Anlage muß daher in die Kommunikation der Prozeßleit-
ebene integriert sein.

Für die Verbindung von Anlagenrechnern und Wartenrechnern haben sich
lokale Netze (LAN) durchgesetzt. Für sie wird zur Zeit im IEE-Project
802 /7/ ein Architektur-Modell erarbeitet. Dieses Modell umfaßt zur
Zeit die beiden Schichten 1 und 2 des OSI-Modells (Bild 5), wobei die

ISO-Modell   IEEE 802

ISO-Modell	IEEE 802	
7 Applikation		
6 Presentation		
5 Session		
4 Transport		
3 Network	2b LLC : 1 + 2	Logical Link Control
2 Data Link	2a MAC	Media Access Control
1 Physical	1 Physical	

Bild 5: LAN-Protokollarchitektur im ISO-OSI-Modell

Schicht 2 in zwei Unterschichten unterteilt ist. Die Schicht 2a unterstützt mehrere Zugangsverfahren zum Kommunikationsmedium, insbesondere
das CSMA/CD- und das Token passing-Verfahren. Die Schicht 2b stellt
zwei Typen von Diensten den höheren Schichten zur Verfügung:

- Typ 1 - verbindungslose Kommunikation (connectionless datagram).

Hierbei ist jede transportierte Datenkollektion (Datagramm) durch
das Mitführen der vollständigen Adresse von Absender und Empfänger
selbstbeschreibend. Eine spezielle Verbindungs-Aufbauphase zwischen
Sender und Empfänger ist daher nicht erforderlich. Das Protokoll
bietet lediglich eine hohe Wahrscheinlichkeit der Datagramm-Ankunft
beim Empfänger, ein Datagramm-Verlust ist jedoch nicht ausgeschlos-
sen. Auch die Reihenfolge der Ankunft bestimmter Datagramme beim
Empfänger wird nicht kontrolliert. Das Typ 1-Protokoll kann broad-
cast-Adressen enthalten und ist geeignet für 1 zu n-Verbindungen.

- **Typ 2** - verbindungsorientierte Kommunikation (connection-oriented).

Vor der Aufnahme einer Kommunikation wird eine feste Verbindung zwischen genau zwei Instanzen durch Reservierung eines logischen Kommunikationsweges hergestellt. Das Typ 2-Protokoll garantiert die Vermittlung aller Nachrichten zwischen Sender und Empfänger, solange die logische Kommunikationsverbindung besteht. Über diese Verbindung führt das Protokoll einen sicheren, Reihenfolge erhaltenden und flußgeregelten Nachrichtenaustausch zwischen den Partnerinstanzen durch /8/.

Die beiden genannten Protokolltypen unterscheiden sich also deutlich bezüglich ihrer Fehlertoleranz und ihres Aufwandes bei Aufbau und Abbau von Verbindungen. Protokolle höherer Schichten, bis zur Schicht 4, sind in einigen Firmenprodukten bereits verwirklicht (z. B. XEROX NETWORK SYSTEMS, XNS). Dies ist wichtig, da bis einschließlich Schicht 4 dieselben Basis-Kommunikationsdienste definiert sind, wie sie auch in offenen Netzwerken anzutreffen sind; eine Kopplung zwischen LAN und WAN wird damit erleichtert.

Während in der Prozeßleitebene die Aufgabe besteht, auch heterogene Anlagenrechner an einem LAN zu betreiben, sind in der Betriebsleitebene häufiger homogene Rechnersysteme anzutreffen. Auch diese Betriebsrechner sind heute oft durch LAN verbunden; die Verbindung dient hier der Kommunikation zwischen verschiedenen Produktionsbetrieben mit dem Ziel, z. B. unternehmensweite Materialflußverfolgung durchführen zu können. Es handelt sich hier also um eine horizontale Kommunikation innerhalb einer Leitebene. Da die Entfernungen zwischen den Betriebsrechnern groß werden können, ist u. U. ein LAN nicht mehr möglich; die Betriebsrechner werden dann in ein offenes Netz eingezogen, wie es für die Produktions- und Unternehmensleitebene häufig anzutreffen ist.

2.3 Kommunikationsverfahren der Produktions- und Unternehmensleitebene

In diesen Ebenen laufen die Informationen aus dem gesamten Unternehmen zusammen. Die Betriebsrechner sind entweder direkt in das hier übliche offene Netzwerk eingebunden oder kommunizieren über ihr LAN und Koppelrechner (Gateway) mit dem offenen Netz. Während im offenen Netz das ISO/OSI-Protokollmodell gilt, müssen die Koppelrechner auf das einfachere IEEE 802-LAN-Protokollmodell umsetzen.

Das offene Netz in der Produktions- und Unternehmensleitebene ist gekennzeichnet durch eine Reihe von Netzknoten NK (Bild 3), die den Nach-
richtentransport innerhalb des Netzes durchführen und an die verschiedene (Groß-) Rechner, etwa für vertriebliche, administrative oder mate-
rialwirtschaftliche Aufgaben angeschlossen sind. Fehlertoleranz wird
durch Mehrfachverbindungen der Rechner zu Netzknoten erreicht. Für
diese offenen Netze sind in allen Schichten des ISO/OSI-Modells Protokolle genormt oder in Arbeit. Bild 6 zeigt die für das Deutsche Forschungsnetz (DFN) vorgesehene Protokoll-Hierarchie.

Ebene gem. ISO		Status bzgl. Standar-disierung	Bemerkungen
1-3	X.25 (1976)	CCITT-Empfehlung	-
4	S.70	"	gleichzeitig ISO-Class 0
5	S.62	"	wird für CCITT-MHS benutzt
5-7	RJE	kein Standard PIX-Protokolle	
-	Trivial Filetr.	CCITT-Empfehlung	basiert auf X.3/ X.28/X.29
5-7	Einf. Filetr.	kein Standard	
6,7	MHS (X.400ff.)	CCITT-Empfehlung	
6,7	Virtual Terminal	kein Standard- EHKP 6	
-	X.3/X.28 X.29	CCITT-Empfehlung	
6,7	Grafik-Protokolle	kein Standard	

<u>Bild 6:</u> Protokollarchitektur eines offenen Netzes
    (Deutsches Forschungsnetz)

Von besonderer Bedeutung in offenen Netzwerken ist die Normung der
Protokollschichten 6 und 7. Problematisch ist hier, das letztlich An-
wendungen zu normen sind. Einen sehr generellen gefaßten Ansatz macht
das in Arbeit befindliche Protokoll CCITT X.400 /9/. Dieses als Message
Handling System (MHS) bezeichnete Konzept repräsentiert ein verteiltes
Kommunikationssystem. X.400 beschreibt im Rahmen eines globalen Systems
die Kommunikation zwischen den einzelnen funktionalen Komponenten;
X.400 ist damit ein Kommunikationsstandard. Die Ausprägung als lokales
Botschaftensystem wird von diesem Standard nicht vorweg genommen /10/.
Der Kern von X.400 ist das Domain-Konzept, in dem eine organisatorische
Zergliederung des Gesamtsystems MHS in administrative Verantwortlich-
keiten für die in einer Domain angesiedelten Benutzer vorgesehen ist.
Bild 7 zeigt, daß im Kern einer jeden Domain ein Message Transfer Agent
(MTA) die Verbindung mit anderen Domains herstellt. Der MTA führt bei-

spielsweise Namens-Transformationen durch, d. h. er vermittelt zwischen den ihm bekannten Namen seiner Domain und den im Netz vorhanden Namensdarstellungen. Die Einhaltung des X.400-Protokolls erlaubt damit auch problemlose Übergänge zwischen öffentlichen Netzen und privaten Netzen. Dies ist besonders in der Unternehmensleitebene erforderlich, da viele Unternehmen überregionaloperieren und das offene Netz zur Verbindung der Rechner in der Unternehmensleitebene öffentliche Kommunikationsmedien einschließen muß.

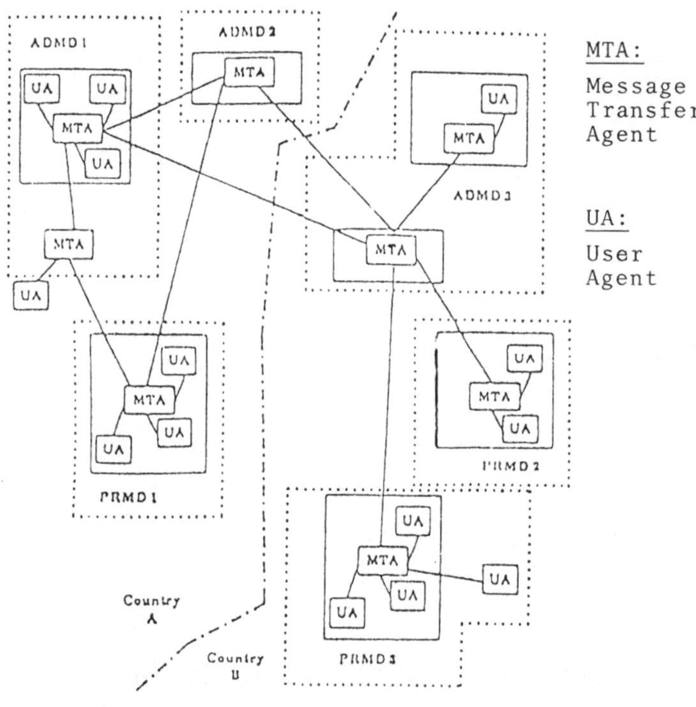

Bild 7: Domains nach X.400 /10/

Die in Bild 3 dargestellte Hierarchie von Kommunikationsverfahren in technischen Systemen ist heute weder allgemein eingeführt noch in dieser Form in allen Fällen optimal. Fallstudien und ausgeführte Systeme haben gezeigt, daß sich je nach Datenfluß und auch geografischen Verhältnissen eines Unternehmens auch offene Netze zur Verbindung von Anlagenrechnern mit Betriebsrechnern auf der Prozeßleitebene eignen und optimal sein können /11/. In einem solchen Fall kann sogar der direkte Anschluß intelligenter Sensoren/Aktoren oder intelligenter Betriebsdatenerfassungssysteme direkt an das offene Netz der Prozeßleitebene lohnen. In Abschnitt 6 wird ein solches Beispiel vorgestellt.

3. Verteilte Datenhaltungssysteme

Das in Abschnitt 2 entworfene Bild der Kommunikation in technischen
Systemen betrifft insbesondere auch die Kommunikation zwischen Datenbanksystemen. Hier ist die Konzentration der Daten und ihrer Verwaltung auf ein zentrales Rechnersystem grundsätzlich vorteilhaft um Kon-
sistenzprobleme zu vermeiden. In manchen Fällen empfiehlt sich jedoch
die Verteilung von Datenbanken:

- Eine große, zentrale Datenbank muß aus Effizienzgründen in kleinere
  Datenbanken aufgelöst werden. Aus Anwendersicht soll es sich dabei
  weiterhin um eine einzige Datenbank handeln. Die entstehenden Teil-
  Datenbanken besitzen eigene Verwaltungsinstanzen, die parallel arbeiten und über das in Abschnitt 2 dargestellte Kommunikationsnetz Nachrichten austauschen.

- Die Benutzer einer Datenbank sind räumlich weit voneinander entfernt.
  Der dann notwendige Kommunikationsaufwand mit einer zentralen Datenbank und die Fehlfunktionsrisiken bei der Datenübertragung legen das
  Auslagern von Teilen einer Datenbank in die Nähe der räumlich entfern-
  ten Benutzer nahe. Hierbei sind wiederum zwei Fälle zu unterscheiden,
  nämlich der Fall der unterschiedlichen Teildatenbanken (keine Kopien
  von Datenobjekten) und der Fall kopierter Datenbankteile, bei denen
  alle Kopien konsistent gehalten werden müssen.

- Zur Erzielung großer Fehlertoleranz werden Datenbankteile auf verschiedenen Rechnern in kopierter Form gehalten. Bei Ausfall von Rechnern
  stehen die kopierten Daten weiterhin zur Verfügung.

Zur Unterscheidung zwischen echt verteilten Datenbanksystemen und einer
lose gekoppelten Ansammlung unabhängiger Datenbanken können folgende
Charakteristika dienen:

- Es existiert ein globales Schema, d. h. eine globale Benutzersicht
  der Daten, obwohl die physikalische Datenrepräsentation der einzelnen Teildatenbanken unterschiedlich ist.

- Datenbankaktionen aus Benutzersicht verteilen sich auf mehrere Trans-
  aktionen, denen ein Botschaftenaustausch zwischen den verschiedenen
  Teil-Datenbanken zugrunde liegt. Die Botschaften werden auf einem
  Kommunikationsnetzwerk transportiert, das einen sicheren Botschaften-

austausch unter Nutzung zum Beispiel der in Kapitel 2 geschilderten
Protokolle gewährleistet.

Während grundsätzlich Transaktionenkonzepte vorliegen, die auch in
verteilten Datenbanken definierte Konsistenzbedingungen sicherstellen,
liegen die Probleme einerseits in einer schlüssigen Definition der
"notwendigen" Konsistenz und andererseits im Aufwand für die Kommunikation. Dieser Aufwand hat sich als so beträchtlich erwiesen, daß man
zur Zeit eine Verteilung von Datenbankkopien möglichst vermeidet. Wenn
aus Effizienzgründen Kopien notwendig werden, werden die Konsistenzin-
tervalle so groß angesetzt, daß Konsistenz zwischen einer Kopie und
der zentralen Datenbank z. B. nur einmal in 24 Stunden hergestellt
wird. Dies kann aufgrund einer sorgfältigen Anforderungsanalyse durchaus optimal sein. Weitere Arbeiten zu Protokollen der ISO-OSI-Schichten
6 und 7 müssen effiziente, insbesondere aber für den Benutzer einfach
anwendbare Kommunikationsverfahren für verteilte Datenbanken bringen.

4. Mensch-System-Kommunikation

Trotz hohen Automatisierungsgrades technischer Systeme ist auch heute
der Mensch für die Aufgaben der Überwachung, der Betriebsführung und
der Optimierung nicht wegzudenken. Er ist insbesondere in der Lage,
gefährliche Situationen frühzeitig zu erkennen und zu ihrer Beseitigung
einzugreifen. Diese Aufgaben kann der Mensch nur erfüllen, wenn er
über den Zustand der technischen Anlagen richtig informiert ist. Er
muß mit den technischen Anlagen kommunizieren.

Diese Kommunikation muß in allen in Bild 3 aufgeführten Ebenen stattfinden, ist aber besonders augenfällig in der Prozeßleitebene. Die dort
heute noch weitgehend üblichen Mensch-System-Kommunikationsmittel sind
gerätetechnisch ausgeführte, großflächige Tafeln, auf denen - je nach
Ausführungsart - ein abstrahiertes grafisches Modell der technischen
Anlagen zusammen mit den Informationsausgaben und den Bedienelementen
untergebracht ist (Fließbildwarte). In anderen Fällen sind Anzeige-und
Bedienelemente in Gruppen zusammengefaßt und durch Namensschilder der
technischen Anlage zugeordnet (Blockstrukturwarte). Bei den heute üblichen Größen technischer Anlagen werden solche gerätetechnisch aus-
geführten Warten sehr groß und damit sehr kostspielig; außerdem ist
ihre Änderung bei Änderungen der technischen Anlage langwierig und
ebenfalls kostenintensiv. Es gilt daher, auch hier den Fortschritt der
Mikroelektronik zu nutzen, um die anthropotechnisch günstige Fließ-

bildwarte in preisgünstiger, hochflexibler Form auch für große technische Anlagen wieder nutzbar zu machen.

Lösungen für diese Aufgabenstellung benutzen rechnergestützte Farbbildschirmsysteme, auf deren Schirmen in semigrafischer Form ein Fließbild zusammen mit den Signalen aus der technischen Anlage dargestellt wird. Damit ist die Zuordnung von Signalen zur technischen Anlage auch durch wenig geübtes Bedienpersonal schnell und fehlerarm möglich. Für die direkte Bedienung der technischen Anlage über den Bildschirm können "zeigende" Eingabeeinrichtungen benutzt werden, wie etwa ein Lichtgriffel oder ein touch screen /13/. Mit solchen Bedien-und Anzeigeeinrichtungen, die auch den physiologischen Gegebenheiten des Menschen gut anpaßbar sind, ist eine optimale Kommunikation zwischen dem Menschen und der technischen Anlage möglich.

Die eben genannte Bildschirmtechnik löst nicht das Problem der sehr vielen Signale bei großen technischen Anlagen. Durch die Vielzahl der auf den Menschen einwirkenden Signale, insbesondere in Störungsfällen, ist der Mensch oft überfordert. Die Mensch-System-Kommunikation muß daher von einer signalorientierten Prozeßleittechnik in eine informationsorientierte Prozeßleittechnik überführt werden. Dies bedeutet, daß zunächst eine den Gegebenheiten der jeweiligen Mensch-System-Kommunikationsaufgabe angepaßte Informationsreduktion durchgeführt wird. Hier bieten sich Verfahren der Orthogonaltransformationen ebenso an wie Verfahren der Mustererkennung, aber auch die einfacheren Verfahren der Korrelationsanalyse oder der statistischen Informationsverdichtung. Vielen dieser Verfahren und ihren Anwendungen liegen Modelle der technischen Anlage bzw. des technischen Prozesses zugrunde (Differentialgleichungsmodelle, Beobachter). Dem Menschen werden auf dem Bildschirmgerät nur die verdichteten Informationen, etwa Arbeitspunkte in Kennlinienfeldern angeboten. Eine Zustandsänderung der technischen Prozesse führt das Bedienungspersonal dann durch Vorgabe eines neuen Arbeitspunktes durch, während das dahinterliegende Prozeßmodell diese Arbeitspunktverschiebung in einzelne Stellsignale für die technische Anlage auflöst. Diese "informationsorientierte" Prozeßleittechnik erfordert gegenüber den heute üblichen Bildschirmgeräten höhere Auflösung und insgesamt verbesserte Darstellungstechnik. Auch sind für die Rekonstruktion von Zuständen der technischen Anlagen viele Daten in Echtzeitdatenbanken zu speichern, oft auchwegen der gesetzlichen Erfordernis einer Betriebszustandsdokumentation. Farbsichtgeräte mit hoher Auflösung werden zur Lösung dieser Probleme beitragen. Erste Ansätze für eine

informationsorientierte Prozeßleittechnik finden sich in der Luftfahrt
(integrierte Darstellung von Kursinformationen und Wetterinformationen),
in der Automobiltechnik (direkte Anzeige von Ölwechselerfordernissen
in Abhängigkeit von Fahrweise und Zustand des Motors) und in der Kraft-
werksleittechnik. Auch in der Verfahrenstechnik werden solche Methoden
der Mensch-System-Kommunikation zunehmend einziehen. Damit wird aus
der heutigen Kommunikation zwischen dem Menschen und der technischen
Anlage (signalorientiert) eine Kommunikation zwischen dem Menschen und
dem technischen Prozeß (informationsorientiert). Voraussetzung hierfür
ist die Verfügbarkeit aller Signale aus dem technischen Prozeß in der
Mensch-System-Kommunikationseinrichtung. Hierzu werden gemäß Bild 3
die Datenkommunikationseinrichtungen der Prozeßleitebene genutzt.

5. Beispiel für ein integriertes Kommunikationssystem in der industriellen Produktion

Als Beispiel für eine integrierte Datenkommunikation zeigt Bild 8 ein
bei der Thyssen Stahl AG in Betrieb befindliches System. Hier bestand
die Aufgabe, das gesamte Gebiet der Auftragsabwicklung einschließlich
Produktionssteuerung und Matrialflußverfolgung durch Datenkommunikation
zu integrieren /11/. Dieses Aufgabengebiet, beginnend vom Auftragsein-
gang, der Vorplanung der Aufträge, der auftrags- und termingerechten
Steuerung großer, nicht taktgleich arbeitender Produktionsanlagen, der
Disposition der Läger und jedes einzelnen Materialstücks, der beglei-
tenden Maßnahmen für die Qualitätssicherung und Kundenbetreuung bis
hin zur Versanddisposition, Verladung und Fakturierung, erwies sich in
seiner Gesamtheit als außerordentlich komplex; eine Lösung der gestellten Aufgaben war nur möglich durch eine ebenenorientierte Vorgehens-
weise mit integrierter Datenkommunikation. Wie Bild 8 zeigt, wurde
hier - abweichend von Bild 3 - ein offenes Netzwerk mit Netzknoten NK
zur Verbindung der Anlagenrechner auf der Prozeßleitebene eingesetzt
(Thyssen-Netz THYNET, eine Entwicklung des IITB). An die Netzknoten
sind auch die Rechner der Betriebsleitebene (Dispositionsrechner D und
Materialflußrechner M) angeschlossen, die ihrerseits durch ein LAN
(Tandem-Netz EXPAND) verbunden sind. Der Rechner Z der Produktions-
leitebene ist schließlich sowohl mit einem Netzknoten des Netzes der
Prozeßleitebene als auch mit einem Rechner der Betriebsleitebene verbunden. Aus Fehlertoleranzgründen sind die meisten Rechner an mehr als
einen Netzknoten angeschlossen. Ein übergeordnetes offenes Netz zur
Integration weiterer Produktionsleitebenen war nicht erforderlich.

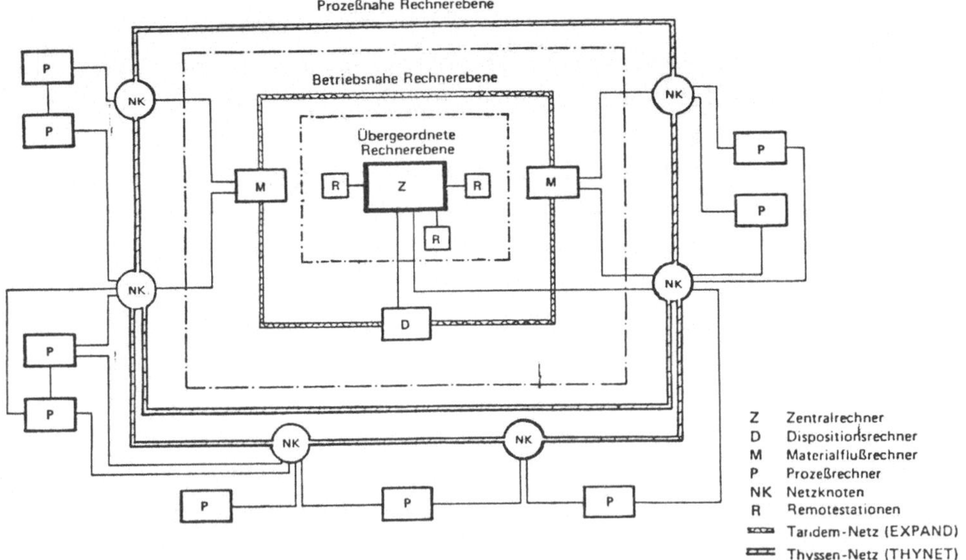

<u>Bild 8:</u> Beispiel für ein integriertes Datenkommunikationssystem /11/

THYNET als offenes Netz setzt als Netzleitungen werkseigene Telefon-
leitungen ein; die Übertragungsrate beträgt 9,2 KBaud. Die Netzknoten
haben die Aufgabe, die vielfältigen Kommunikationsprotokolle der Pro-
zeßrechner P (Anlagenrechner) an die Übertragungsprozedur HDLC (Schicht
2 des ISO-OSI-Modells) anzupassen. In den Netzknoten wird ein gesicher-
tes Protokoll der ISO-OSI-Schicht 4 betrieben, das den direkten paket-
orientierten Datenaustausch zwischen jeweils zwei Kommunikationspartnern abwickelt. Zur Zeit sind in vier Werksbereichen der Thyssen Stahl
AG insgesamt 8 Knoten installiert und 25 Anlagenrechner angeschlossen.

Das in Bild 8 gezeigte integrierte Datenkommunikationssystem hat sich
aufgrund seiner vielen, mit wenig Aufwand installierbaren Datenwege
als sehr zuverlässig erwiesen. Das somit durchführbare Konzept der
ereignisorientierten Echtzeitverarbeitung von Produktionsdaten über
alle Leitebenen hinweg brachte als großen Vorteil, daß Nachrichten
über einzelne Ereignisse sofort an jeden beliebigen Ort des Unternehmens aufgreifbar und bearbeitbar sind. Die integrierte Produktionssteuerung ist nach organisatorischer und technischer Lösung des Daten-
kommunikationsproblems nun möglich.

6. Ausblick

Das in diesem Beitrag vorgestellte Gesamtkonzept der Kommunikation in
technischen Systemen ist zunächst unabhängig von der Art der verfügbaren Kommunikationsmedien. Es ist in der geschilderten Form durchführ-
bar unter Nutzung speziell verlegter Kommunikationsmedien, denkbar und
auch schon durchgeführt (siehe Abschnitt 5) ist aber auch die Nutzung
bereits vorhandener Leitungsinfrastruktur für die Datenkommunikation.
Hier wird insbesondere im Bereich der offenen Netze das Vordringen der
öffentlichen Datenkommunikationsdienste zu einer Verbesserung der Wirtschaftlichkeit von Datenkommunikationsmedien für technische Systeme
beitragen /14/. Auch hier ist wieder Grundvoraussetzung die digitale
Darstellung aller Information. Mit der weiteren Ausfüllung der höheren
Ebenen des ISO-OSI-Modells stehen dann auch vereinfachte Möglichkeiten
zur Integration heterogener Datenkommunikationsteilnehmer zur Verfügung.
Mit der einfachen Nutzbarkeit solcher digitalen Telekommunikationsdienste für Aufgaben der Kommunikation in technischen Systemen wird Infor-
mationsintegration auch über Grenzen industrieller Standorte hinweg in
verstärktem Umfang nutzbar. In dieser Entwicklung stehen wir heute
erst am Anfang.

Literatur

/1/ Syrbe, M.: Basic Principles of Advanced Process Control System
     Structures and a Realisation with Distributed Microcomputers.
     Proceedings of the 6th IFAC World Congress, Helsinki 1979,
     Pergamon Press, Oxford/New York, 1979.

/2/ Peters, R.W.: Informationshaushalte in Labor und Industrie. Vor-
     trag auf der GVC-Jahrestagung 1984, München. Chemie-Ingenieur-
     Technik, in Vorbereitung.

/3/ Lampson, B.W.; Paul, M.; Siegert, H.J. (Editors): Distributed
     Systems Architecture and Implementation. Lecture Notes in
     Computer Science, Vol. 105, Springer Berlin, Heidelberg, New York
     1981.

/4/ Heger, D., Steusloff, H., Syrbe, M.: Echtzeitrechnersystem mit
     verteilten Mikroprozessoren. BMFT-Forschungsbericht FB DV 79-01,
     April 1979.

/5/ Giloi, W.K.; Behr, P.M.: UPPER: Ein verteiltes Multicomputer-
     System hoher Leistung und Zuverlässigkeit. CAMP, Technische
     Universität Berlin, Institut für Technische Informatik, Report
     5/81.

/6/ ISO: ISO/DIS 7498 Open Systems Interconnection Basic Reference
     Model, May 1983.

/7/ IEEE Project 802, Local Network Standards, Draft D, June 1983.

/8/ Butscher, B.; Henckel, L.: LAN-WAN Interconnection im DFN. Deutsches Forschungsnetz, Zentrale Projektleitung, Berlin 1984.

/9/ CCITT - Empfehlung der V-Serie und der X-Serie. Network Independent Basic Transport Service for Teletex, 1980.

/10/ Speth, R.: Konzept für einen Message Handling Service im DFN auf der Basis der Standardschnittstellen X.400 ff. Deutsches Forschungsnetz, Zentrale Projektleitung, Berlin 1984.

/11/ Wissel, H.: Datenkommunikation im technischen Bereich, eine Voraussetzung zur integrierten Produktionssteuerung. FhG-Berichte 2-83, S. 59-63, München 1983.

/12/ Lesser, V.R.; Corkill, D.D.; Functionally accurate cooperative distributed systems. IEEE Transactions on Systems, Man and Cybernetic, Vol. 11, No. 1, 1981.

/13/ Färber, G.; Polke, M., Steusloff, H.: Mensch-Prozeß-Kommunikation. Vortrag auf der GVC-Jahrestagung 1984, München. Chemie-Ingenieur-Technik, in Vorbereitung.

/14/ Ohnsorge, H.: Weltweite Entwicklung der Telekommunikationssysteme. Tagungsband der GI/NTG-Tagung Kommunikation in verteilten Systemen (11.-15. März 1985, Karlsruhe), Springer-Verlag 1985.

SIEMENS-Architektur offener Netze
für die Bürokommunikation

Dr. Herbert Donner
Ulrich Hartmann
SIEMENS Aktiengesellschaft
Unternehmensbereich Kommunikations-
und Datentechnik

Postfach 830951
D-8000 München 83

Zusammenfassung

Es wird der Architekturrahmen beschrieben, unter dem die SIEMENS-Produkte für die Bürokommunikation zukünftig geliefert werden.

Dieser Rahmen bietet die Möglichkeit zum Aufbau von 'Inhaus'-Netzen jeglicher Größe zur systemmäßigen Kopplung von Terminals, Arbeitsplatzstationen und Rechnern. Die Einbeziehung öffentlicher Transport- und Telematik-Dienste ist ebenso vorgesehen wie die Kopplung mit Netzen/Systemen anderer Hersteller. Internationale Standards für Protokolle und Schnittstellen (besonders von ISO und CCITT) werden soweit wie möglich angewandt.

Der Vortrag behandelt dabei u.a. die folgenden Einzelaspekte im Überblick:
o   zu vernetzende Produkttypen
o   Konfigurationsregeln
o   Netztypen
o   Kommunikations-Protokolle
o   Stand der internationalen Standardisierung

Einleitende Bemerkungen

- Die zu beschreibende Architektur stellt einen Rahmen dar, in dem zukünftige SIEMENS Büro Produkte auf den Markt gebracht werden. Die Architektur ist selbst ein Objekt intensiver Entwicklungsarbeit. Der Artikel gibt den Stand zu Beginn 1985 wieder.

- In den folgenden Darlegungen werden zwei übergeordnete Gesichtspunkte verfolgt:

  - die grundsätzliche Gliederung der 'Büro-Landschaft' als notwendige Voraussetzung für die Strukturierung einer Architektur

  - Aufzeigen, wie weit vorhandene und jüngst sichtbar gewordene internationale Standards im betrachteten Anwendungsbereich bereits tragen.

1 Ziele

Übergeordnet wichtiges Ziel der in Entwicklung befindlichen, im Titel genannten Architektur (im folgenden abgekürzt als SBA = SIEMENS Büro-Architektur) ist die Festlegung von Designprinzipien für

- eine freizügige Vernetzung von SIEMENS Büro System (SBS)-Produkten unter Verwendung von Inhaus- und/oder öffentlichen Netzen
- Kopplung von SBS-Produkten mit Nicht-SBA-Netzen, nämlich öffentlichen (Telematik-) Diensten (Ttx, Fax, Btx, Message Handling Systems, ..) und Systemen anderer Anbieter

Dabei sind folgende wichtige Randbedingungen zu beachten:

- Verwendung der heute verfügbaren öffentlichen Übertragungsmedien (Hauptanschluß für Direktruf, analoges Fernsprechnetz, leitungs- und paketvermittelte Datennetze)
- weitestgehende Verwendung internationaler Standards (ISO, CCITT, ECMA)
- Einbindung bereits existierender SIEMENS Produkte (z. B. TRANSDATA, EMS 5800 Office)
- Ausrichten auf ISDN und unsere ISDN-Nebenstellenanlagen (HICOM)
- Integration von LANs (Local Area Networks)

2 Szenarium

Entsprechend den genannten Zielen und den im Büro allgemein üblichen Arbeitsweisen
ergibt sich für die Büroautomatisierung folgendes globale Szenarium als Grundlage für die
Architektur (vgl. Bild 1):

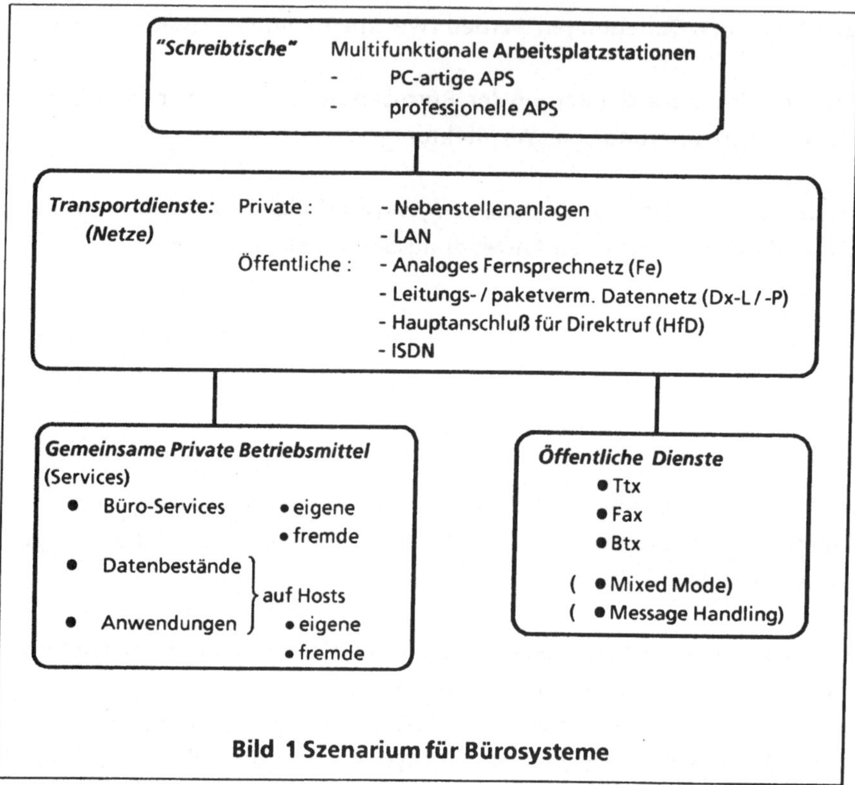

Bild 1 Szenarium für Bürosysteme

Ein Teil der Büroarbeit wird an Schreibtischen von Menschen unter Benutzung von
'Büromaschinen' geleistet. Für diese Maschinen gibt es den Trend von der spezifischen
Vielfalt (Telefon, Schreibmaschine, Datensichtgerät, Teletex- und Faxgeräte, Kopierer,
Tischrechner, ...) hin zur multifunktionalen Arbeitsplatzstation, die mehrere dieser Funk-
tionen vereint und stets kommunikationsfähig ist.

Für unterschiedliche, arbeitsbedingte Bedürfnisse gibt es verschiedene Ausprägungen
dieser Arbeitsplatzstationen, die sich in Funktionen, Leistung, Komfort und Preis ausdrücken. Gemeinsame Merkmale sind dabei: Bildschirm, Tastatur und zukünftig auch die
Integration des Telefons.

Die Schreibtische (Arbeitsplatzstationen) sind zum Austausch von Informationen mit ihrer Umwelt mit Kommunikationseinrichtungen verbunden. Es werden entweder private oder öffentliche Netze (Transportdienste) verwendet, deren spezifische Ausprägungen im Bild 1 entsprechend den SBA-Zielen aufgelistet sind.

Besonders wichtig ist die Kopplung der Arbeitsplatzstationen über die genannten Transportdienste mit gemeinsam genutzten privaten Betriebsmitteln (Services). Diese Services ergänzen die Schreibtischarbeit, sie sind Funktionen von Rechenanlagen und können in die folgenden Gruppen aufgeteilt werden:

- Büroservices (z. B. Post, Ablage, Archiv, Drucken, ..)
- Datenbestände (z.B. Personal, Bestände, Lieferanten, ..)
- zentrale Anwendungen (z.B. Auswertungen, Werkzeuge, ..).

In der Reihe der Service-Rechner muß auch die Möglichkeit zur Einbeziehung von Fremd-systemen vorgesehen sein.

Die privaten Betriebsmittel werden ergänzt durch die Verbindung mit den öffentlichen Diensten wie Teletex, Fax, Bildschirmtext, sowie zukünftig Mixed-Mode-Kommunikation und Message Handling (Electronic Mail).

Im Rahmen dieses Szenariums muß die Architektur (SBA) für Einheitlichkeit der Kommunikation und des Informationsaustausches bei Wahrung einer großen Vielfalt von Konfigurierungsmöglichkeiten und grundsätzlicher Offenheit gegenüber Erweiterungen sorgen.

Für die SBA ergeben sich damit die folgenden Anwendungsbereiche:

1. Regeln für neu zu entwickelnde SIEMENS Büro-Produkte
   (Arbeitsplatzstationen, Service-Rechner, private Netze)
2. Anschluß an öffentliche Dienste
   (Ttx, Fax, Btx,..)
3. Anschluß von eigenen bereits existierenden Systemen
   (Mainframes, DDP-Rechner, Bürosysteme, zugehörige private Netze)
4. Anschluß von fremden Systemen
   (Mainframes, DDP-Rechner, Bürosysteme, zugehörige private Netze)

Da für die Bereiche 2. bis 4. der Architekturspielraum recht klein ist, wird im folgenden nur über den Bereich 1. referiert.

3 Dokumente

Ein wichtiges zentrales Objekt der Büroarbeit/Büroautomatisierung ist das Dokument. Es läßt sich intuitiv etwa wie folgt beschreiben:

Ein Dokument ist ein 'Bündel' zusammengehöriger Informationsarten; die heute sichtbare Liste dieser Informationsarten umfaßt

- Daten (i.a. $\leq$ 256 unterschiedliche Zeichen in einheitlicher Darstellung)
- Zeichentext (i.a. $\gg$ 256 unterschiedliche Zeichen mit mehreren unterschiedlichen Darstellungen (z. B. normal, *kursiv*)
- Pixel-Information (ggf. mit Grautönen/Farbe)
- Liniengrafik
- Btx-Grafik
- Sprache (in annotierter Form)

Dokumente werden (in elektronischer Form) erzeugt, verändert, gespeichert, kommuniziert und immer wieder, vor allem am Bildschirm, aber auch auf Papier, sichtbar gemacht.

Für das Erzeugen und Verändern von Dokumenten gibt es den Zentralbegriff 'Editieren'; das Editieren geschieht heute dominierend interaktiv und gesteuert von Menschen. Um das Editieren über mehrere Arbeitsplätze hinweg zu ermöglichen, müssen für die zugelassenen Dokument-Arten Regeln erlassen werden. Sie umfassen die möglichen Strukturen eines Dokuments (z.B. Dokument, Kapitel, Paragraph, ..) unabhängig von Format (Layout) und Inhalt, die möglichen Formate eines Dokuments unabhängig vom Inhalt (z.B. Dokument, Seite, Spalte, ..) erforderlich für seine Sichtbarmachung und schließlich die Inhalte, die entweder in der 'logischen' Struktur oder im 'layout' Format enthalten sein dürfen. Man unterscheidet, je nachdem ob ein Dokument noch im Prozeß des Editierens oder bereits 'fertig' (nach Durchlaufen des Formatierprozesses) ist, die sog.
- processable form
- image form
von Dokumenten.

Um Dokumente in einer von diesen oder beiden Formen kommunizieren zu können, bedarf es korrespondierender Formatfestlegungen.

Betrachtet man das automatisierte Büro als den Bereich, innerhalb dessen Dokumente kommuniziert werden, so ist eine der wichtigsten Aufgaben der zugehörigen Architektur die Festschreibung von Regeln für die Form (processable/image) und für den Inhalt der

Dokumente sowie der Regeln für die Art und Weise des Dokumentenaustauschs. In der SBA sind die entsprechenden Regeln in der <u>Dokumenten-Architektur</u> und der <u>Austausch-Architektur</u> zusammengefaßt. (Beides sind Teilthemen im Rahmen der unter 4.2 behandelten Kommunikations-Protokolle und Schnittstellen.)

4 Themenkreise der Architektur (SBA)

Die SBA umfaßt insgesamt Festlegungen zu

- Services
- Kommunikations-Protokollen und -Schnittstellen
- Konfigurationen

Dazu die jeweils wichtigsten Aussagen:

4.1 Services

Der Begriff wurde unter 2. eingeführt.

Ein Service ist eine gemeinsam nutzbare Anwendung zur Ausführung von im Büro benötigten Dienstleistungen. Für Services im Rahmen von SBA gelten die folgenden Regeln:

- Es gibt standardisierte Servicetypen (die wichtigsten sind: Post, Ablage, Druck, Teilnehmer-/Betriebsmittel-Verwaltung);
  diese sind durch ihre Funktion definiert; zu jedem Typ kann es unterschiedliche Ausprägungen geben (Leistung, Komfort), die einzelnen Ausprägungen bilden jedoch Konformitätsstufen innerhalb ein und desselben Servicetyps.

- Innerhalb einer Bürosystem-Konfiguration können Services weitgehend frei konfiguriert werden: ein oder mehrere unterschiedliche Services auf einem Rechner (einschließlich der Arbeitsplatzstationen), ein oder mehrere Services gleichen Typs in einer Konfiguration (Netz) entsprechend den jeweiligen leistungsmäßigen und organisatorischen Anforderungen.

- Jeder Benutzer des Bürosystems (Mensch unterstützt von entsprechenden Prozessen auf einer Arbeitsplatzstation) kann jeden Service dieses Systems erreichen, sofern die entsprechende Kommunikationsbeziehung herstellbar ist und der Benutzer das Zugriffsrecht zu den Betriebsmitteln hat.

- Es gibt einen ausgezeichneten Service, dem die Buchführung über Benutzer, Services mit den zugehörigen Betriebsmitteln nebst Benutzungsrechten sowie die Namens- und Adreßverwaltung einer Konfiguration / Teilkonfiguration obliegt.

- Zwischen den Benutzern eines Service (Prozeß auf einer Arbeitsplatzstation) und dem jeweils benötigten Service (Prozeß auf einem i.a. anderen Rechner) gibt es allgemein festgelegte Schnittstellen und Protokolle.

- Für den Austausch von Dokumenten zwischen Arbeitsplatzstationen gibt es neben einem indirekten Weg über eine gemeinsame Ablage den ausgezeichneten Servicetyp Electronic Mail/Postservice.

- Die Liste der standardisierten Services ist offen, d.h. es können nach Bedarf neue Servicetypen eingeführt werden.

4.2 Kommunikations-Protokolle und -Schnittstellen

Grundlage für die Festlegung zur Kommunikations-Architektur ist das in Bild 2 dargestellte Prozeßmodell:
Den Schreibtischanwendungen als 'single user' stehen die Services als 'multi user' gegenüber.

Zwischen den einzelnen Prozessen der beiden Gruppen gibt es drei wichtige Arten von Interprozeß-Kommunikationsbeziehungen:

1. Service Access,
   schwerpunktmäßig Schreibtischanwendung - Service (wie in Bild 2 dargestellt). Eine Variante davon entsteht, wenn ein Service selbst auf einen weiteren Service zugreift (ist im Bild 2 dem Typ 3 zuzuzählen).
   Der Service Access ist im Rahmen der SBA standardisiert. Er ist vom Typ 'remote procedure call' und immer hierarchisch, d.h. der Service 'Accessor' eröffnet und beendet stets den Dialog.

2. Direkt-Kommunikation

   zwischen Schreibtischanwendungen, vorzugsweise Mensch - Mensch, anwendungs-
   spezifisch, abgesehen vom Übertragungsdienst nicht standardisiert.

3. Service-Kommunikation

   Service-spezifisch, zwischen Instanzen desselben Services und ggf. zwischen unterschiedlichen Services (z. B. Druck - Archiv) festgelegt und standardisiert.

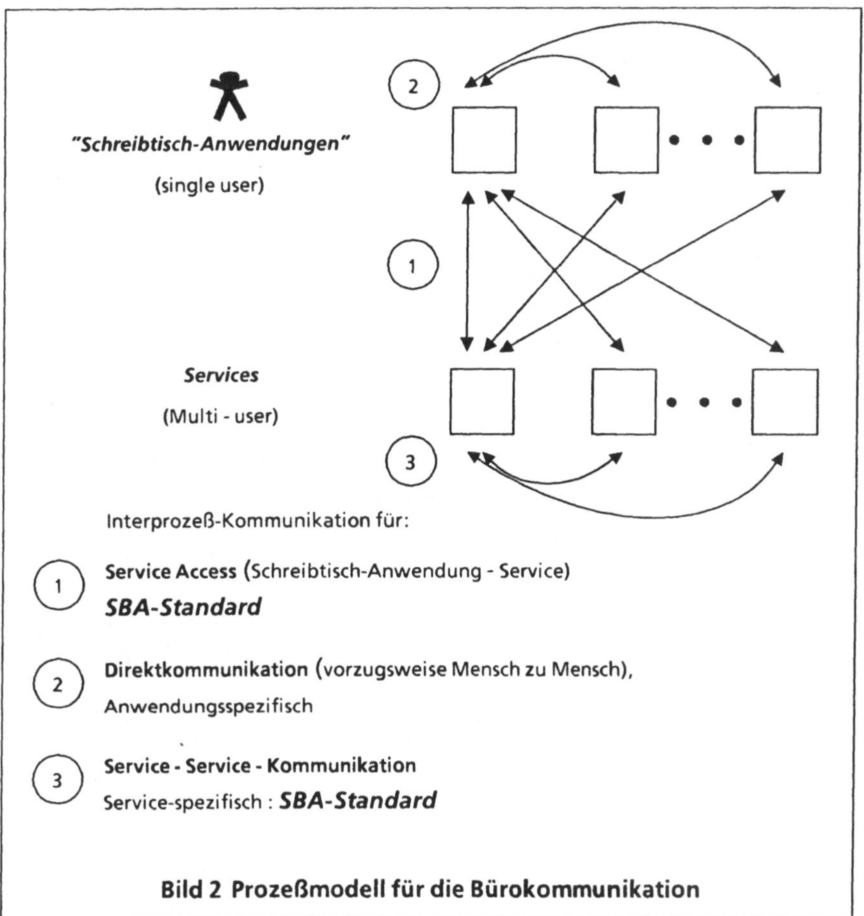

Bild 2 Prozeßmodell für die Bürokommunikation

Alle drei Kommunikationsarten sind grundsätzlich vom Typ 'remote' und erfordern daher
entsprechende Protokollfestlegungen.

Für den zentral wichtigen Kommunikationstyp 1 (Service Access) legt die SBA einen Schnitt-
stellen- und Protokollrahmen fest, der in Bild 3 gezeigt wird. (Es wird hier das Modell eines

einfachen, ungeteilten 'User Agent' zugrunde gelegt.)

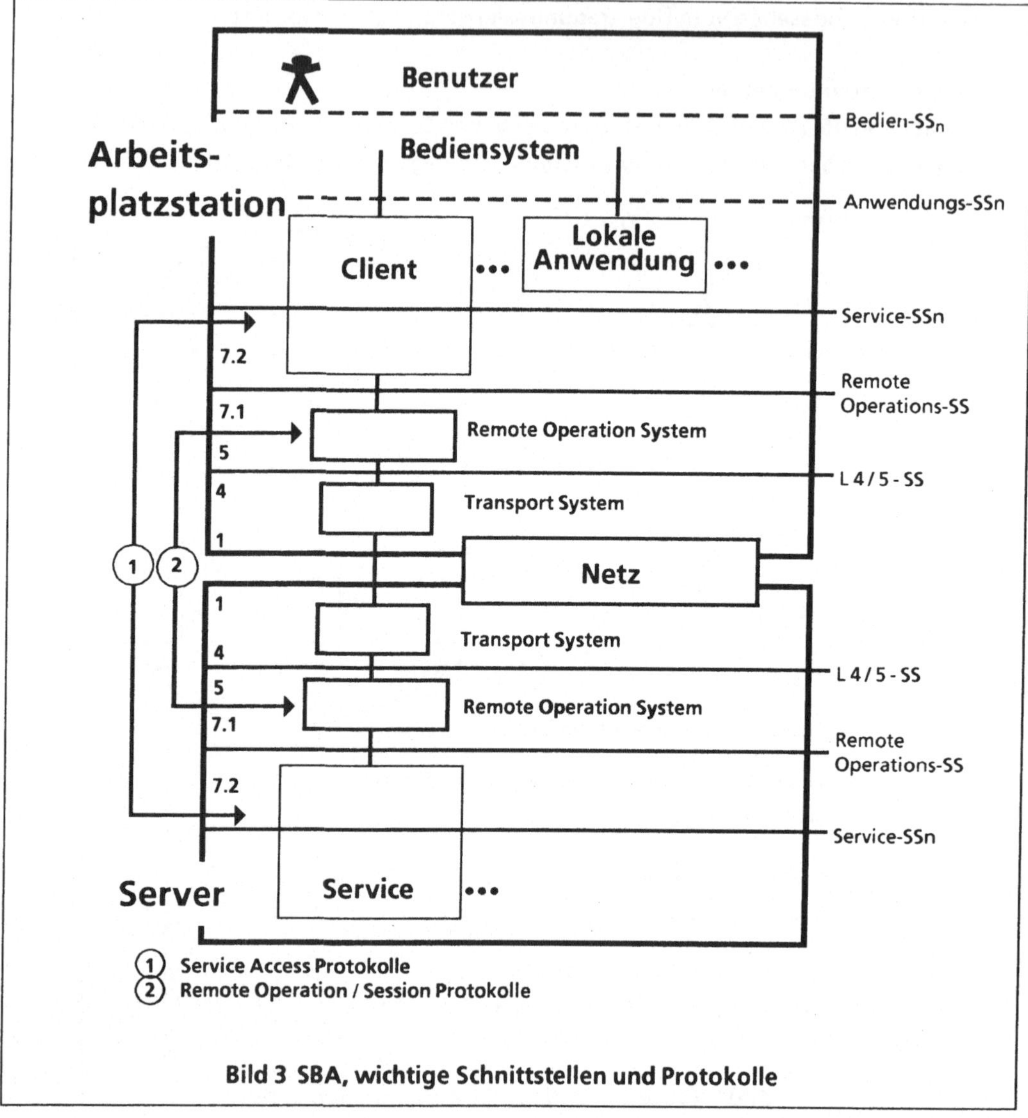

Bild 3 SBA, wichtige Schnittstellen und Protokolle

Die beiden Rechner (Arbeitsplatzstation, Server) sind über einen der zugelassenen Netztypen (vgl. 4.3) miteinander verbunden. Dieser Netztyp legt die auf beiden Seiten zu verwendenden Transportsysteme fest (Protokolle und Schnittstellen entsprechend den
Schichten 1-4 im ISO Schichtenmodell). Zwischen den Schichten 4 und 5 ist die Schnittstelle
entsprechend ISO 8072festgeschrieben. Über dieser Schnittstelle verfügen beide Instanzen
über das sog. 'Remote Operation System' (ROS), das nach oben eine wiederum standar-

disierte 'Remote Operation-Schnittstelle' entsprechend der CCITT-Empfehlung X.410 fest-
legt. Zwischen den beiden Remote Operation Systemen werden standardisierte Remote
Operation Protokolle (festgelegt entsprechend CCITT X.409/X.410) und Session Protokolle
(entsprechend ISO 8327) verwendet. ROS realisiert somit für die Anwendungen (in Bild 3
den 'Client' und den 'Service') den für die Service Access-Kommunikationsbeziehungen vor-
geschriebenen typischen Remote Procedure Call-Mechanismus. Bei seiner Verwendung
übergibt die aufrufende Anwendung Operationskennzeichnung und zugehörige Argu-
ment-Informationen und erhält vom aufgerufenen Service Ergebnisse und/oder
Fehlermeldungen.

In den Arbeitsplatzstationen gibt es zu jedem Service einen entsprechenden 'Client'-Prozeß,
der für andere Prozesse ('lokale Anwendungen') die entsprechende Kommunikations-
funktion übernimmt. In diesem Rahmen gibt es für jeden Service die entsprechende
Service-Schnittstelle, über die die einzelnen Funktionen eines Service erreicht werden
können. Für die Kommunikation zwischen Client und Service werden entsprechende
'Service Access Protokolle' verwendet. Diese sorgen für den Austausch der zugehörigen
Informationen (Operationskennzeichen, Argumente sowie Ergebnisse bzw. Fehlermeldungen).

Der Schnittstellenrahmen wird abgerundet durch Festlegungen zu Anwendungs- und
Bedien-Schnittstellen für Arbeitsplatzstationen. Das entsprechende Bediensystem ist als
der/die 'Window-Manager' der Station zu verstehen.

Für die Codierung und Strukturierung von zwischenAnwendungsinstanzen (>6 im ISO-
Modell) ausgetauschten Informationen werden in der SBA grundsätzlich übergeordnet die
Regelungen entsprechend CCITT X.409 verwendet. Diese wichtige Empfehlung legt die
'Presentation Transfer Syntax and Notation' für Message Handling Systems fest; sie ist jedoch so allgemein ausgelegt, daß sie nicht nur zur Kommunikation mit allen Services, sondern auch zur Definition und Kodierung aller im Rahmen der SBA zu verwendenden Doku-
ment-Austauschformate angewandt wird.

In den Empfehlungen für Message Handling Systems (MHS) entsprechend CCITT X.4xx sind
in X.409/X.410 die Service Access Mechanismen für MHS beschrieben. Diese sind jedoch in
dieser Form auch für alle anderen Büro-Services tragfähig und werden daher im Rahmen
der SBA für alle Service Access-Beziehungen vorgeschrieben. Sie bilden zusammen mit den
Beschreibungen der Service-spezifischen Access Protokolle die Austausch-Architektur der
SBA.

Der Austausch von Dokumenten erfolgt im Rahmen der SBA grundsätzlich unter Verwendung der entsprechenden Services (entsprechend den Kommunikationsarten 1 und 3 in Bild

2) sowohl zwischen den Anwendungen in verschiedenen Arbeitsplatzstationen (unter Verwendung des Post-Services) oder zwischen Arbeitsplatzstationen und Server (z.B. Druck-Service). Dabei müssen die auszutauschenden Dokumente den Festlegungen der einzelnen Services entsprechen: Für zu editierende oder bereits formatierte Dokumente gelten dabei die Festlegungen entsprechend den einschlägigen Standardisierungsarbeiten bei ISO, CCITT und ECMA. Diese laufen unter dem Codenamen 'ODA/ODIF' (Office Document Architecture / Office Document Interchange Formats) und umfassen insbesondere die entsprechenden Festlegungen für Telematikdienste, nämlich CCITT T.73 und X.420-SFD, als Konformitätsstufen.

Die Festlegungen für Dokumentstrukturen, -Inhalte und -Austauschformate entsprechend ODA/ODIF, ergänzt um einen de-facto Standard zum Verkehr mit Druck-Servern (vgl. Bild 7), bilden die <u>Dokumenten-Architektur</u> der SBA.

4.3 Konfigurationen

Eine SBA-Konfiguration ist in ihrem Umfang definiert durch die Menge der Kommunikationspartner, zwischen denen eine SBA-regulierte Kommunikation stattfinden kann. Kommunikationspartner sind dabei immer entweder

- der Mensch als Benutzer des Systems, unterstützt durch entsprechende Rechnerprozesse

  oder

- ein Rechnerprozeß (vgl. Bild 2)

Der für die Kommunikation erforderliche Informationstransport wird dabei durch ein zur Konfiguration gehörendes 'Transportnetz' durchgeführt.

Als Transportnetz können private oder öffentliche Netze oder vielfältige Kombinationen von Netzen beider Typen verwendet werden.

Die Typen der verwendeten Netze bestimmen entscheidend das Erscheinungsbild (Anschlußart, Leistung, Zuverlässigkeit, Ausdehnung, ..) einer Konfiguration.

Die öffentlichen Netze sind durch das jeweilige Angebot der zuständigen Postorganisation bestimmt und für die Bundesrepublik in Bild 1 aufgelistet.

Private ('Inhaus'-) Netze können im Prinzip frei gestaltet werden, unterliegen aber einigen wichtigen ökonomischen Gesichtspunkten. Dazu gehören:

- die Kosten für die Neuinstallierung der entsprechenden Übertragungsmedien (elektrische/optische Leiter) gegenüber Verwendung von i.a. bereits vorhandener Verkabelung

- die Kosten für die Neueinrichtung eines Netzes (z.B. für Paketvermittlung) gegenüber der Verwendung einer bereits vorhandenen, aber sicher zu erweiternden Netz-Installation (z.B. ein Netz für die Kommunikation zwischen Rechnern und Terminals)

- aber auch: die möglichen Leistungsengpässe bei der Verwendung 'alter' Netze gegenüber der Installation moderner Netze/Teilnetze (z. B. PABX-Netz entsprechend ISDN, LAN)

Eine wichtige Rolle bei der Auswahl der Inhaus-Netztypen spielt natürlich auch deren Ausrichtung oder Ausrichtbarkeit auf die jeweils vorhandenen öffentliche Netze. Dieser Gesichtspunkt ist insbesondere bedeutsam im Hinblick auf die vielfache Kopplungsnotwendigkeit von privaten und öffentlichen Netzen, die speziell bei großen Büro-Konfigurationen unvermeidlich ist. Hier ist ein kompatibler Übergang sicher nützlich.

Aus all diesen Gesichtspunkten heraus wurden für SBA-Inhaus-Netze die folgenden Entscheidungen gefällt (sie finden sich z.T. bereits unter den in 1. aufgelisteten Zielen). (Streng genommen ist zwar die Auswahl von Übertragungsmedien und Netztypen keine Architekturentscheidung, sondern Entscheidung für Produkte heutiger Technologie-Generation; sie prägt jedoch das Erscheinungsbild so entscheidend, daß sie hier erwähnt werden muß.)

- schwerpunktmäßig Verwendung der i.a. überall vorhandenen Telefonverkabelung und Verwendung der für diese Kabel standardisierten Übertragungsverfahren und Schnittstellen entsprechend denen der öffentlichen Telefonie- und Datennetze

- für den Aufbau von Netzen/Teilnetzen Verwendung von Nebenstellenanlagen und Netzknoten-Rechner, die diese Übertragungsverfahren bieten; dabei müssen die Kommunikationsschichten 2, 3 und 4 zugunsten der Homogenität über alle Produkte den zugehörigen ISO-Standards (vgl. Bild 7) entsprechen.

- Ausrichtung auf die HICOM-Serie digitaler Nebenstellenanlagen (mit den zusätzlichen digitalen Schnittstellen S_0 und S_2), die durch die Kombination von Sprache und Daten, die Datenraten (144 kb/s pro Teilnehmer) und die Kompatibilität zum geplanten öffentlichen ISDN die vorhandene Telefonverkabelung bestmöglich zu nutzen helfen wird.

- in Ergänzung zum konventionellen Kupferkabel die Verwendung von Koaxialkabeln zur Einrichtung von Kommunikations-Inseln hoher Leistung (Übertragungsverfahren entsprechend CSMA/CD, max. 10 Mb/s, Protokolle der Schichten 2, 3 und 4 entsprechend den ISO-Standards (vgl. Bild 7)).

Die unterschiedlichen Netztypen müssen Inhaus, aber auch unter Einschluß öffentlicher Netze, vielfältig miteinander gekoppelt werden können, wobei diese Kopplungen zweckmäßigerweise einheitlichen Architekturregeln folgen. Dazu werden folgende Festlegungen getroffen (vgl. Bild 7):

Jeder Netztyp wird mit dem ihm gemäßen Transportprotokoll (entsprechend ISO Standard 8073, Klassen 0, 2 bzw. 4) gefahren. Damit entsteht in den Endgeräten (Arbeitsplatzstationen / Server) stets die bereits unter 4.2 erwähnte einheitliche Schicht 4/5-Schnittstelle gemäß ISO 8072.

Oberhalb dieser Schnittstelle können alle weiteren Dienste und Protokolle in den Endgeräten identisch gehalten werden (vgl. Bild 7). Somit reduziert sich das Problem der Teilnetz-Kopplung auf die jeweilige Anpassung der Schichten 1-4, d.h. der Transportsysteme.

Bei gegebenem Stand der internationalen Standardisierung lassen sich nun Kopplungen von verbindungsorientierten Netzen untereinander in der Schicht 3 recht unproblematisch vornehmen. Schwerwiegender sind die Unterschiede in der Schicht 3 zwischen konventionellen verbindungsorientierten Netzen (etwa leitungs- oder paketvermittelte Datennetze) und verbindungslosen LANs. Angesichts der derzeitigen Diskussion in den Standardisierungsgremien empfiehlt sich als pragmatische Lösung für dieses Problem die Kopplung der beiden Netztypen über entsprechende Gateways (sog. Distributed End System Gateway). Dies schließt jedoch zukünftig andere Lösungen entsprechend dem Fortschritt der Standardisierungsarbeiten nicht aus.

Für die Adressierung im SBA Transportsystem wird ein einheitlicher Rahmen festgelegt, der die verschiedenen existierenden öffentlichen Numerierungspläne ebenso einbezieht wie zusätzlich notwendige private (lokale) Festlegungen.

Zusammenfassend ist in Bild 4 versucht, beispielhaft und stark vereinfacht die wesentlichen Produkttypen, ihre Verknüpfung zu Teilnetzen, die Möglichkeit der Verbindung von Teilnetzen zu einem Gesamt-Inhaus-Netz sowie die entsprechenden Verknüpfungen zu den öffentlichen Netzen zu zeigen.

Das Bild soll darüber hinaus zeigen, daß es für die Konfigurationsbildung mit den Produkten dieser Generation zwei Konzentrationsebenen geben wird:

- 'lokale' Netz-Inseln
  mit Hilfe von Clustern/LANs

- Großraum-Vernetzung
  mit Hilfe von PABX/Host

Entsprechend werden auch die Services in diesen zwei Ebenen konfiguriert werden, nämlich im Cluster/am LAN bzw. bei der PABX/im Host.

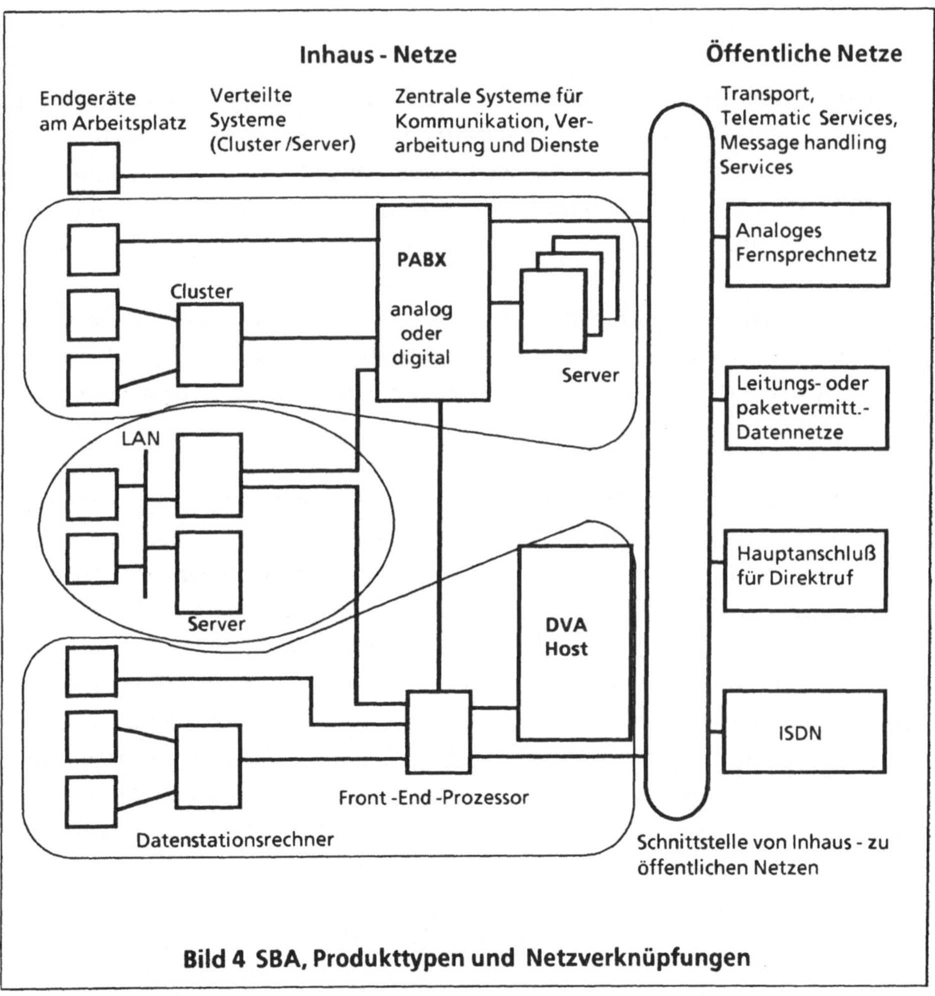

Bild 4 SBA, Produkttypen und Netzverknüpfungen

5 Standardisierungsszene

Unter 1. wurde die weitestgehende Verwendung von internationalen Standards (ISO, CCITT, ECMA) im Rahmen der SBA als Ziel postuliert. In den folgenden Abschnitten wurde soweit möglich auf die jeweilig zu verwendenden Standards hingewiesen.

Hier soll zusammenfassend die Frage beantwortet werden, wieweit diese Standards heute tragen, wie die Chancen für weitere benötigte Standards sind und was insgesamt der Wert der Verwendung der internationalen Standards sein wird.

In Bild 5 ist versucht, alle für die Büroautomatisierung relevanten Standards aufzulisten. Zusammenfassend können aus dieser Liste die folgenden Schwerpunktaussagen abgelesen werden:

- Die transportorientierten Schichten 1-4 sind - abgesehen von der zuvor erwähnten Interworking-Problematik - für alle wichtigen Netztypen sowohl für die Dienstschnittstellen als auch für die Protokolle zunächst so weit stabilisiert, daß ein erster Implementierungsschritt mit nur geringem Risiko hinsichtlich noch zu erwartender Änderungen durchgeführt werden kann.

- Bei der Sitzungssteuerungsschicht und ihrer Anwendung krankt man zwar daran, daß im ISO Standard zwei weitgehend unabhängige Subsets vereint wurden, jedoch verwenden die Telematik-Dienste und Message Handling einheitlich den sog. Basic Activity Subset BAS.

- Für die anwendungsorientierten Schichten ist mit den Telematik-Diensten und dem Message Handling System nach CCITT eine wesentliche Plattform für die Standardisierung des Dokumentenaustauschs, aber auch der Ausprägung eines typisch verteilten Services (gemäß CCITT X.4xx) geschaffen. Es fehlen zwar gegenwärtig noch verabschiedete Standards für weitere wichtige Büroservices (z.B. Directory, Archiv, Druck) und für die endgültig benötigten Dokumentenstruktur- und Austauschformat-Standards. Die Standardisierungsarbeit zum 'Directory Service' hat jedoch bereits begonnen und läuft zielstrebig, weitere Büro-Services werden folgen. Ebenso muß der Fortschritt zur Dokumentenarchitektur (ODA/ODIF) heute positiv gesehen werden. So wurde der Vorschlag zu einem ersten ECMA-Standard zu ODA/ODIF, der auf CCITT T.73 und SFD nach CCITT X.420 aufsetzt und wichtige Erweiterungen zur 'Content Architecture' bietet, im Februar 1985 in ECMA/TC29 fertiggestellt.

Basisstandards

- **Standards für WAN:**
  CCITT Empfehlungen für Datennetze:X.21,X.25 sowie zugehörige Diensteempfehlungen
  CCITT Empfehlungen für ISDN: I - Serie
  CCITT Empfehlungen der V - Serie für Modems
  CCITT Empfehlung T.70 für Teletex

- **Standards für LAN**
  ISO DIS 8802 ...

- **Standards für OSI - Dienste**
  Netzschicht ISO DIS 8348, CCITT X.213
  Transportschicht ISO 8072, CCITT X.214
  Sitzungssteuerung ISO 8326, CCITT X.215

- **Protokollstandards**
  Sicherungsschicht HDLC ISO DIS 7776 (LAP-B)
  Netzschicht   X.25 DTE: ISO DIS 8208; (verbindungslos): ISO DIS 8473
  Transport ISO 8073, CCITT X.224
  Sitzungssteuerung ISO 8327, CCITT X.225, T.62 für Telematik

Anwendungsorientierte Standards
- Message Handling (Electronic Mail) CCITT X.400ff, insbesondere X.409, X.410 als Basis
- Teletex: CCITT Empfehlung T.61, T.60, F.200 (für Dienst)
- Dokument Architektur:
  CCITT Empfehlungen T.73 für Telematik-Dienste und X.420 SFD für Message Handling
- verschiedene Standards für Informationscodierung (insbesond. CCITT T.61, T.100,
  ISO 646,6937 .. für Zeichencodes; CCITT T.6 für Fax Gruppe 4, ...)
- File Transfer ISO DP 8571 ...

In Vorbereitung:
- Zugriff auf Büroservices
- Data Base Access
- ODA/ODIF
- Directory

Bild 5   Relevante Standards für Büroautomatisierung

Diese Statusanalyse ist positiv zu ergänzen durch den Hinweis auf eine sich zunehmend ausbreitende Bewußtseinslage bei Herstellern und Anwendern:

Insgesamt ist für die letzten Jahre ein großer Aufschwung in der positiven Wertung internationaler Standards für Kommunikations- und Informationstechnologie festzustellen. Dies kann indirekt auch abgelesen werden an dem Produktivitätszuwachs der Standardisierungsgremien. So ist beispielsweise CCITT X.4xx in weniger als drei Jahren entstanden. Es ist allenthalben bewußt geworden, daß sachgerechte Beiträge und kluge Koordinierung der Parteien bei der Standardisierung von Nutzen für eine korrespondierende Produktpolitik sein können. Diese Tendenz scheint sich gegenwärtig noch zu verstärken, wobei hier stellvertretend nur genannt seien die Aktivitäten der Europäischen Kommission zum raschen Festschreiben der internationalen Standards und der ESPRIT-geförderten Maßnahmen zur Multivendor-Demonstration dieser Standards sowie die Aktivitäten des NBS in den USA zu Multivendor-Konfigurationen ebenfalls über internationalen Standards . Insbesondere aus der ersten Aktivität heraus entstehen wiederum Koalitionen sowohl zur Koordinierung der Standardisierungsaktivitäten als auch zur Demonstration weiterer Multivendor-Konfigurationen. Vor diesem Hintergrund kann der zu erwartende Fortschritt der Standardisierung in Richtung offener Netze heute nur positiv beurteilt werden.

In Bild 6 wird versucht, den globalen Nutzen der Verwendung internationaler Standards für die SBA zu zeigen:

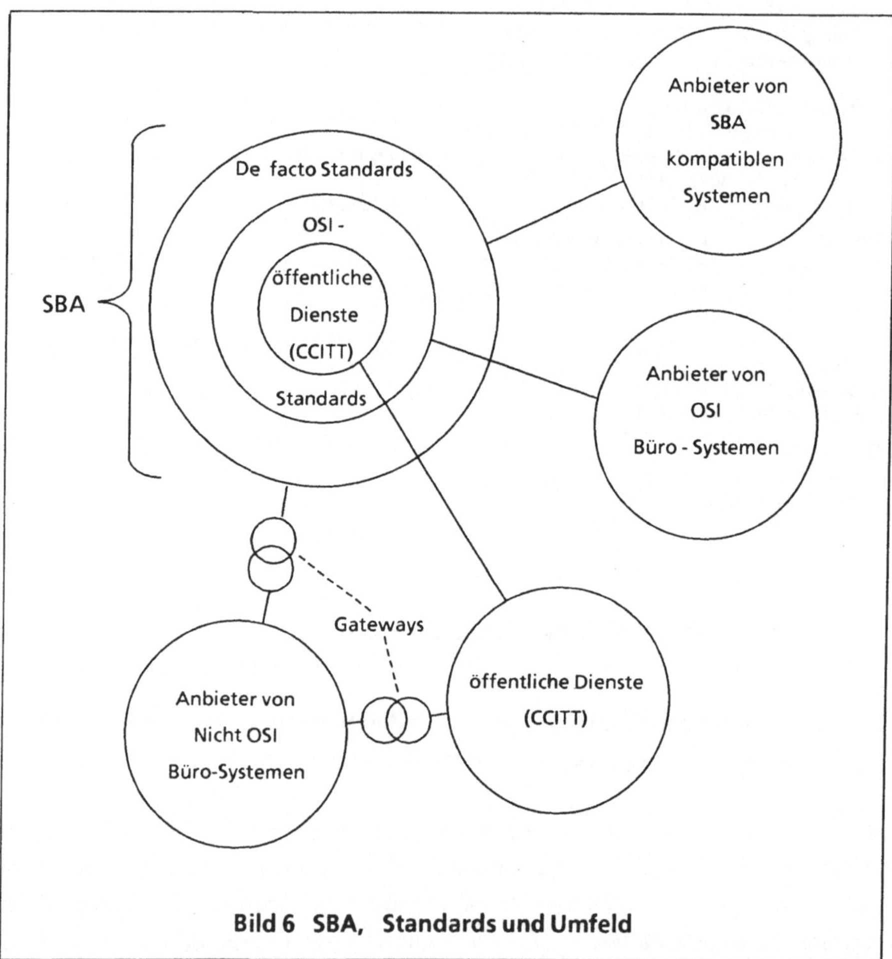

Bild 6 SBA, Standards und Umfeld

Die mit 'SBA' gekennzeichneten konzentrischen Kreise deuten an, daß die SBA-Systeme (zu jedem Zeitpunkt)

-   Standards, die den jeweilig verfügbaren öffentlichen Diensten entsprechen (Transport und Telematik)

- weitere Standards, die jedoch vermutlich nicht als öffentliche Dienste verfügbar sein
  werden (etwa ein Druck Service, sobald er standardisiert sein wird)

- Funktionen, die international noch nicht standardisiert sind, aber gebraucht werden,

umfassen.

Damit ergibt sich die Offenheit für die prinzipiell gateway-freie Koppelbarkeit mit den
öffentlichen Diensten und den Systemen anderer Anbieter, die ebenfalls die OSI-Standards
realisieren. Für noch nicht standardisierte Funktionen kann es klug sein, sich - auch im Hinblick auf zukünftige Standardisierungsarbeit - Partner zu suchen. (Darauf deutet der
Ausdruck 'de facto Standard' hin.)

Abschließend sei auf eine wichtige Ergänzung internationaler Standardisierung hingewiesen, die unbedingt geleistet werden muß, wenn Multivendor-Konfigurationen ohne kost-
spielige Anpassungsentwicklung möglich sein sollen: Internationale Standards lassen i.a.
jeweils eine Reihe von Teilmengen, Parametern und Optionen offen, die aber bei jeder pro-
duktmäßigen Realisierung geeignet spezifiziert werden müssen. Es gibt nun hinreichend
Beispiele dafür, daß Produkte verschiedener Hersteller zwar standard-konform, aber trotzdem nicht sinnvoll koppelbar sind. Es bedarf somit der Festlegung weiterer Details auf Basis
der Standards. Dies kann nun bilateral oder wiederum international (allerdings im notwendig kleineren Rahmen) verabredet werden. Und genau dies haben sich im europäischen
Rahmen Industrie und EG-Kommission vorgenommen:

Aus den ISO/CCITT-Standards, die als Basisdokumente angesehen werden, entstehen durch
'Bündelung' sogenannte Harmonisierungsdokumente, aus denen im Zuge weiterer Verfei-
nerung sog. Funktionelle Standards erarbeitet werden sollen. Für das Verständnis der Funktionellen Standards sind die sog. Profile wichtig, das sind recht genau festgelegte Kombinationen einzelner Standards zu kompletten Funktionseinheiten einschließlich Spezifizierung
von Parametern und Optionen. Es ist daran gedacht, die einzelnen Profile wie folgt zu
gruppieren:

- T-Profile für Ebenen 1-4
- A-Profile für Ebenen 5-7
- Q-Profile für Dokumentenstandards
- S-Profile für Codierungs-Standards

Die Arbeiten zu den Harmonisierungsdokumenten und den Funktionellen Standards sind angelaufen. Sie werden wesentlich getragen von SPAG (Standards Promotion and Application Group der europäischen IT-Industrie), gefördert von der EG-Kommission und gestützt/begleitet und schließlich übernommen von den europäischen Normenorganisationen CEN/CENELEC sowie CEPT und den jeweiligen nationalen Gremien.

Es ist geplant, die entsprechenden Ergebnisse für die SBA zu übernehmen.

0. Privat 1) 1. Ttx (T.61) 2. ODA/ODIF :			2)		Austausch-Formate
	Layout	Logical	Interpress	• • •	
Stufe 1	T.73 +	X.420 SFD +			
Stufe 2	voll ODA/ODIF				
Directory 1)	Dokumenten-Ablage 1)	Elektronische Post 1) CCITT X.4xx	Druck 1)		Dienste (Dienst-Protokolle)
CCITT X.410 1)		Zeichencodierung gemäß T.61 (Ttx)			Allgemeine Interaktion zwischen Client/Server
ISO DIS 8327 BAS ⟵ ISO 8072					5
ISO DIS 8073 Classes 0, 2			ISO DIS 8073 Class 4		4
Paket-Vermittlungs-Netz :X.25 layer 3 3) Leitung-Vermittlungs- oder Telefon-Netz :T.70-3			ISO DIS 8473 (Inaktives oder aktives Netz-Protokoll)		3
HDLC-BAC 2-8-12 3)			ISO DP 8802/2		2
V.24	X.21	S_0	S_2	ISO DP 8802/3	1

1) Notation und Codierung entsprechend X. 409
2) Austauschformat für zu druckende Dokumente, Standard der Xerox Corporation
3) Die Protokolle für Verbindungsaufbau sind weggelassen

Bild 7 SBA , Protokolle

<u>Perspektiven</u>

Für die weiteren Arbeiten zur beschriebenen Architektur (SBA) gelten u.a. folgende Leit-
linien:

- Festlegung weiterer Services, insbesondere auch zur Automatisierung typischer Büro-
  Abläufe
- aktive Mitarbeit in der internationalen Standardisierung mit den Zielen
    - die bestehenden Lücken zu schließen
    - Funktionelle Standards nebst zugehöriger Validierung zu beschreiben
  so daß insgesamt Multivendor-Konfigurationen einfacher möglich werden als heute.
- schritthaltende Ausrichtung auf neue öffentliche Dienste, vor allem in der Form ISDN
  und die dazu gehörende Integration von Sprach- und Nicht-Sprach-Information
- Integration der Datenverarbeitung, insbesondere in ihrer Ausprägung 'verteilte Dv', und
  der Büroautomatisierung
- Ausrichten auf die Breitbandkommunikation der nächsten Technologiegeneration
  (Lichtwellenleiter), insbesondere zur Vereinfachung der Inhaus-Netzstrukturen.

Networking Standards at Digital

John Harper, March 1985

1   Introduction

This talk will examine computer networking standards as they affect
Digital's network products. Of particular importance is the work
currently under way in ISO (and elsewhere) on Open Systems
Interconnection, although there are other standards developments which
must be taken into account.

2   DECnet -- a little background

It is impossible to discuss networking at Digital without involving
DECnet. DECnet is the name given to a family of products running on
virtually all Digital computer and operating systems, which allows these
systems to communicate with each other very easily. The DECnet products
are built in accordance with the Digital Network Architecture (DNA).

The first DECnet products were released to customers in 1975, on what
were then the major operating systems. All of the protocols used were
designed specifically for DECnet, since at that time there were
absolutely no suitable standards available. DECnet has since then been
very substantially enhanced, to add many new networking functions, to
support new interconnection technologies, and to improve performance. A
major emphasis for DECnet has been to simplify the user's problem in
managing a large network. This has resulted in a comprehensive
management architecture which allows remote management, event
notification and control.

DECnet development has proceeded in phases, each phase corresponding to
a significant enhancement to the architecture. The most recent phase is
"Phase IV", which includes support for Local Area Networks (the
Ethernet) and for large networks Support for packet-switching networks
using X.25 has been included for some time.

We know that it is not feasible to update all of the systems in a
network at the same time. Because of this, it is a feature of DECnet
that each new Phase will interwork successfully with all implementations
of the previous Phase. This gives DECnet users a period of, generally,
several years to complete the migration to a new phase. Intermediate
versions of the products, between phases, must work with both the
current phase and the previous phase, regardless of how many

intermediate versions there may be.

It is worth mentioning that DECnet is used for Digital's internal network of several thousand computer systems spread across the entire world. This massive network, one of the largest computer networks in the world, is an essential tool for the company and is in constant use for all aspects of its business.

3 The Emerging OSI Standards

The OSI architecture, the seven-layer reference model, is well-known. Figure 1 compares the OSI model with the model used in the Digital Network Architecture.

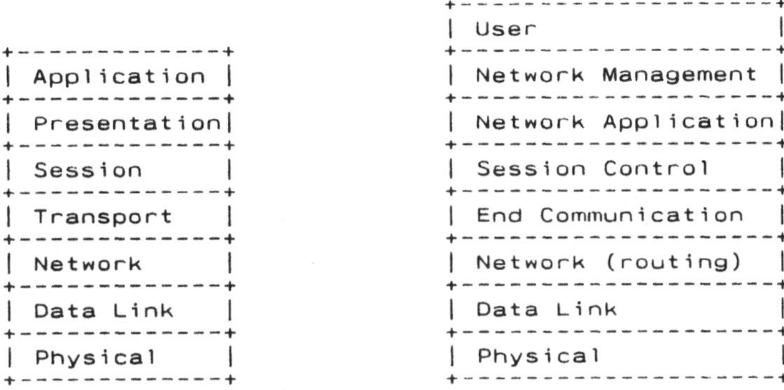

OSI Reference Model   Digital Network Architecture

Figure 1 -- Comparison of OSI and DNA structure

It will be seen that the two models are identical up to the Transport Layer (layer 4). Above this, the differences are fundamentally descriptive rather than substantive. The similarity between the two architectures means that it is, in principle, a straightforward matter to perform piecemeal migration of DECnet towards OSI. For example, it would be possible to replace the present proprietary Transport protocol in DECnet (NSP), with its OSI equivalent. This would not affect any of the other layers of DECnet.

Digital is participating heavily in the definition of OSI standards. The principal international forum for standardization is the International Organization for Standardization (ISO), which takes its input from national and industry bodies. Digital has representatives on these bodies for all of the OSI layers. We are very pleased as a company to be able to apply the experience we have gained in ten years of DECnet, to such an important topic as an open multi-vendor networking architecture. We are also pleased to find that, in general, this experience is welcomed.

We are certainly very well aware of the desire, by computer users, for multi-vendor networks, in particular because of the procurement freedom which such networks appear to be able to offer. At the same time, we are also conscious of the need that users have for reliability, performance and a high level of integration of networking with other system functions. Many DECnet users are already taking advantage of these features of DECnet. It would not be fair to them to sacrifice the features simply in the name of conformance to standards. In other words, incorporation of OSI standards into DECnet must not compromise the usefulness of the products which the company currently has.

This means that the introduction of OSI standards has to be undertaken very carefully. If there is a clear requirement for some particular OSI standard (which will generally arise once it has been approved in the standards process, together with any necessary supporting standards), then, if it is not possible to use it without compromising the features already available through the use of a proprietary protocol, DECnet will have to support both protocols. This has already happened, for example, with X.25. X.25 does not offer the flexibility and management advantages of the DECnet routing layer, and therefore operates as an alternative at this layer where open multi-vendor communication is required. (It is also integrated for use between Digital systems).

4 Implications of the Standardization Process

There are some aspects of the standardization process which create difficulties for a computer manufacturer when looking at OSI.

One of these is the very slow process of development and approval for international standards. This is inevitable, given the need to obtain consensus among many different organizations and nations, each with their own background and requirements. Nevertheless, it does mean that standards are very slow to evolve and adapt to, for example, possibilities introduced by new technologies or user requirements. It typically takes around five years from when technical work starts on standardization in a particular area, to the approval of an International Standard. In many cases, this will be too long for computer users to wait for access to the required function. Therefore, proprietary or ad-hoc solutions may need to be applied to satisfy users in the meantime.

Another problem is created by the later stages of the approval cycle for ISO. It is natural that, as soon as there appears to be a technically stable proposal for a standard, users want to see it implemented. This follows from the very natural desire to have open networks. However, there is a long gap between the production of a so-called "Draft Proposal" and an approved standard, generally about two years. During this time, the proposed standard may change, possibly quite drastically. There is no requirement for these changes to be made in a way which would allow intercommunication between implementations designed before and after the change. This is not just a theoretical possibility. Exactly such a change was made, for example, at the very last stage in the approval of the ISO Transport Protocol. Therefore, there is a serious risk in making implementations of proposed standards available before final approval. This can lead to conflict between the objectives of satisfying user desires, and of building stable products which can work succesfully with both previous and future versions.

5 Conclusion

In Digital, we are very excited by the prospect of multi-vendor networking. This is a new opportunity for all of us involved in Information Technology, and we are looking forward to the future provision of open networks having comparable size and function to today's proprietary networks. We know that the Digital Network Architecture and the DECnet product family are an excellent basis from which to proceed with OSI.

Nevertheless, moving forward towards OSI will not be without its problems. It would not be fair to Digital's customers to pretend that moving from today's closed environment to an open environment can be done as quickly as they may like.

It is our objective in Digital to move towards open, multi-vendor networking, but to do this in a way which does not compromise the quality of networking which we are able to offer today.

LOCAL AREA NETWORKS

Maris Graube
Tektronix, Inc.
P.O. Box 500
Beaverton, Oregon 97077

Introduction

The ability to interconnect computers into networks is not new. Networks can be formed by telephone lines, modems, or special data switchers. Modern local exchanges, such as the PBX, allow both telephone and data traffic to be used on the same wiring. In a sense, this is a local area network, but it differs from those commonly used today. LAN data transmission differs from that of telephone-based technologies in three categories:

- The wiring, or medium, in a LAN is shared by a number of devices, with no separate wires for each device in a network.
- The communication in a LAN is peer-to-peer; that is, any device can communicate with any other device directly. In traditional systems, communication is with or through some third device such as a central switch or a host computer.
- The data rate in a LAN is much greater than in traditional networks—10M bps versus 9.2K bps.

In reality, the LAN is not a network in the traditional sense but rather a shared-medium, peer-to-peer, high-speed, local (1 to 10 km) communications capability.

Uses of LANs

Certain characteristics of LANs are being used in a number of generic applications, some old and some new. For example, LANs are used to connect terminals to host computers. This is a traditional application that uses the LAN for lower costs of wiring and for greater ease of system reconfiguration and expansion. A newer use of LANs is the interconnection of personal computers for sharing peripherals such as printers and disks. In addition, LANs are used to interconnect mainframe computers. As personal computers become more powerful, they are called workstations; the shared peripherals are called servers. In these systems, files and even operating systems can be distributed over all the devices in a system. This is really the main new thrust in technology made possible by LANs.

Going beyond technology, there is another way to consider LANs. LANs provide a means of interconnecting computers and related devices into systems that are more useful than the individual parts. These systems represent another step in the evolution of automation. This is not the automation of individual tasks such as robot welding of cars or computer-aided design systems designing circuit boards; rather, it is the automation of organizations.

The LAN is the means of integrating and coordinating many individual automated tasks into a single automated system. For this reason, the LAN usage is not so much technology driven as it is driven by economic considerations.

LAN Technologies

The types of technologies used to implement LANs are as diverse as the 200 or so companies building them. Most of the distinctions between them today are based on the type of media used and the topology of the network.

Most of the media in LANs are used in serial, not parallel, data transmission. In order to operate at high speed, cover reasonably long distances, and keep wiring costs low, sophisticated line drivers and receivers have to be used. This is why only one driver/receiver per device is desired. Serial data transmission also keeps wiring installation costs down.

Two types of signaling technologies are used—baseband and broadband. Baseband is the most prevalent form today. Either coaxial cables or twisted-pair cables are used. The signals used for the LAN are the only ones on the cable. Broadband cabling is similar to that used in video-signal distribution for cable television. The appeal of broadband is that many different data and video applications can be transmitted on the same cable simultaneously. Two prevalent uses today for broadband systems are terminal-to-host and factory-automation networks.

Fiber optics appear to be excellent media for LANs because of their high bandwidth and immunity to noise. Because LANs use shared media, today's fiber-optic technology is difficult to use. Fiber optics are not easy to tap passively. Consequently, today's fiber-optic media are in the form of a passive star, with all fibers terminating in a reflector that redistributes the light from any one fiber to all the others. The other use of fiber optics is in a ring topology that allows a series of point-to-point connections. LAN topologies fall into three main categories: buses, rings, and stars, as shown in Figure 1.

Buses consist of a series of taps on a cable. The cables can be interconnected through repeaters. The cable television wiring used in broadband can also be considered a bus.

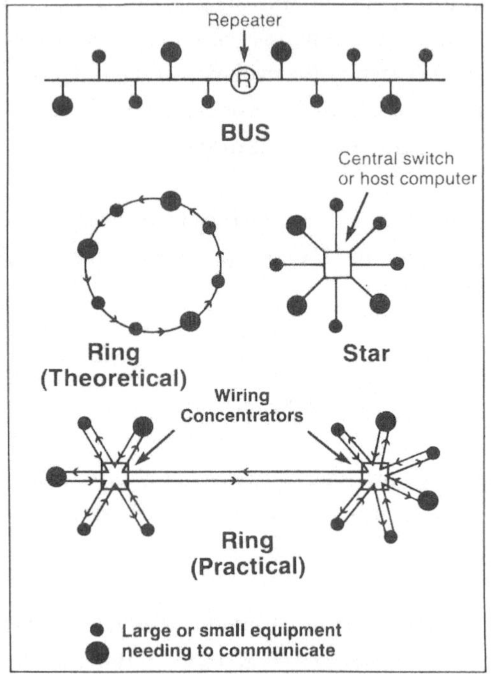

Figure 1. LAN topologies.

Rings comprise a series of point-to-point connections in a circle. In practice, the ring topology takes the form of a star or a series of stars. The centers of these stars are called "wiring concentrators" and take care of such details as switching out failed nodes of the ring.

A star is a group of connected devices served by some central device. The central device can be passive, as in the fiber-optic passive star network, or active, as in a signal-switching node. In the latter case, the center is much like a PBX.

Since the medium in a LAN is shared, and not every device can talk at the same time, which device has the right to use it? This right is governed by the choice of a media-access protocol. Two prevalent protocols today are Carrier Sense, Multiple Access/Collision Detect—or CSMA/CD—and token passing.

CSMA/CD is similar to a telephone party-line protocol. Each party or device listens before it tries to talk. If the line is not busy, the device talks; if the line is busy, it waits until the line is clear. If two parties begin talking at the same time, they will both stop for a random amount of time and then retry.

Token passing is a more elaborate protocol. Again, only one device on the network has the right to talk. When that device is through talking, it passes a token consisting of a short message to the next device that is waiting to talk. Token passing can be used on both the bus- and ring-topology LANs. In the ring, the next device to get the token is the one next on the ring. On the bus, any device can be next. An address has to be included with the token to determine which device is to pick up the token. On the bus, a protocol also has to be established to determine what will happen if the next device is not able to accept the token. These types of considerations make the bus a bit more complicated than the ring.

In addition to the many versions of CSMA/CD and token-passing protocols used in today's LAN products, there are still other types of protocols, each exploiting some performance or cost advantage.

The ability to send data on a shared medium, be it baseband or broadband, and the choice of a particular media-access protocol are just two things that have to be considered in order to provide communication between two devices. Among other considerations are:

- Some sort of addressing scheme has to be considered so that the destination of the data can be determined, and so the destination knows the source of the data.

- Delimiters have to be selected so that the beginning and end of a message can be determined.

- An error-detection scheme has to be in place to determine whether a received message is correct or was corrupted by noise during transmission. Once an error has been detected, a scheme to correct for it has to be worked out.

- Once data is flowing correctly between a source and a destination, some scheme for controlling the rate of data flow has to exist so that a receiver is not overrun with the output of a sender.

These are but a few of the things that have to be considered before effective communication can take place between any two devices on a network. The rules of etiquette for these considerations are called higher-level protocols. Each of today's LAN products uses a different set of such protocols.

The present LAN arena, with its proliferation of media, topologies, and various types of protocols, can be characterized by a single word—confusion. This is to be expected in a new field where a number of technologies and companies are competing for a new market. By way of comparison, the number of automobile companies in the United States near the turn of the century has been estimated at 2000. One has only to look at the cars from that era to see the many different ways there were to control the vehicles. Today there are only a few viable car companies left, and the controls of these vehicles are nearly identical. The same sort of process can be expected for LANs. Meanwhile, however, there are two results of the present confusion:

- If a LAN user selects a particular technology as it is made by some manufacturer, the user is then obliged to buy all the pieces of the system from that manufacturer or to spend a lot of effort and money in converting some other manufacturer's equipment to that particular LAN.

- "Islands of automation" have been formed. For example, a number of personal computers may be interconnected by a LAN so that data can be shared among them, but the LAN does not allow this group of computers to be connected to computers in the rest of the company. Another example involves a computer-aided design system composed of a number of workstations and servers. The workstations may be interconnected by a LAN, but they cannot communicate with the factory automation network that controls the automated production machinery.

Today's LANs can help bring about automation on various "islands" in offices or factories, but they cannot automate whole organizations. The solution to these problems is to formulate standards for LANs.

Standards

If computers and related devices were to have standardized LAN capabilities, the devices would be compatible and could work together in a system. This sounds simple enough, until one considers the myriad technologies listed above that would have to be standardized to achieve compatibility. Not only is the task very big, but many of today's data-communications capabilities are mixed into the operating systems and applications programs of various computer equipment and cannot be separated easily. There are also economic and political considerations. Some companies or organizations enjoy a certain amount of monopoly benefits that derive from a captive customer base tied into a proprietary network. The introduction of standards would force these organizations to compete with others. Regardless of these difficulties, however, LAN and other types of data communications standards are being developed. The driving force behind the standardization efforts is the desire by LAN users and vendors to have "open systems" where any standard computer device would be able to interoperate with others.

Open System Interconnection

The basis for LAN and other standards is the International Standards Organization Open Systems Interconnection Reference Model, shown in Figure 2. The model is not a standard for building equipment, but it provides a framework that allows for data-communications standards to be developed in an orderly and comprehensive manner. One thing that the model does is to clearly separate data-communications considerations from those of operating systems or applications programs. The model

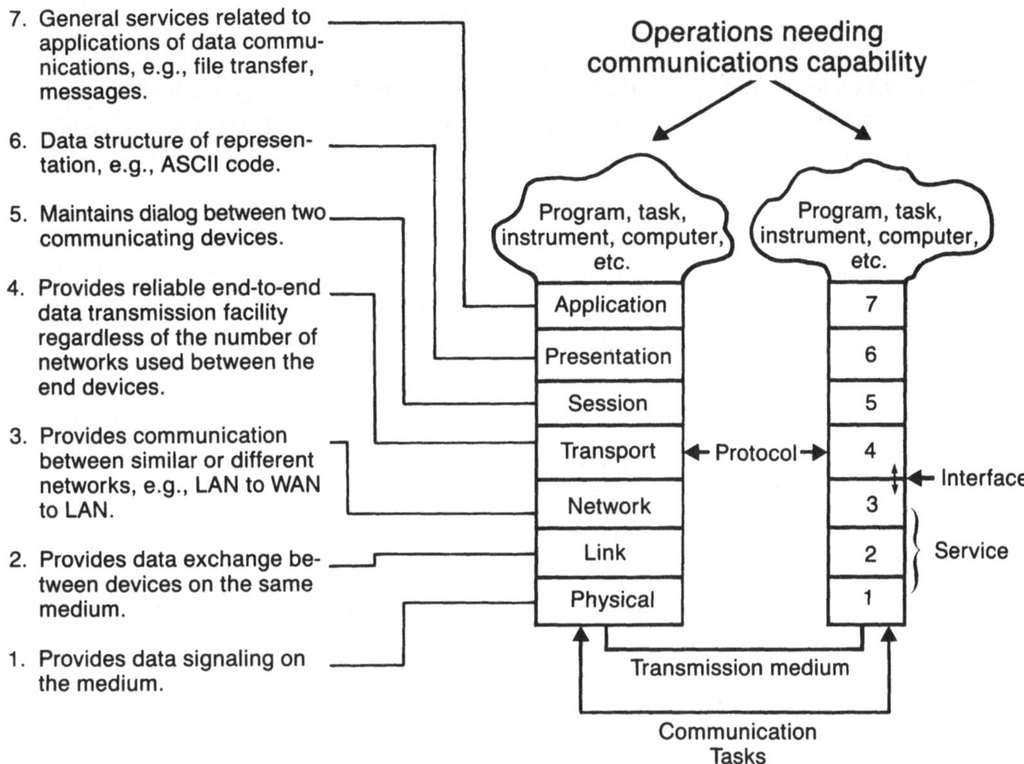

Figure 2. ISO Open Systems Interconnection Reference Model.

then separates the data-communications considerations into seven related subtasks, or layers. The layers are arranged so that they are to a large extent independent, and standards for each layer can be developed independently. At the same time, each layer supports the layer above it and receives support from the layer below. This means that a number of standards can exist for a particular layer, assuming that the layer can operate with the standardized services provided by the layer below and can render similar services to the layer above.

The independence of layers has allowed a number of standards-setting bodies, both national and international as well as those belonging to industry segments, to simultaneously develop standards for a particular layer or application. Some of these standards are complete, others are nearly complete, and still others, relating to particular applications, have yet to be formulated.

Layer 1: Physical

For the physical layer, a number of standards have been set and are already available in a number of products. These standards were developed cooperatively by the IEEE 802 Committee and the European Computer Manufacturers Association, ECMA, and are now in the final stages of ISO approval.

The CSMA/CD standard was the first to be developed. It is called IEEE Std. 802.3 or ISO 8802/3. This standard is similar to Ethernet, a well-known network developed by Xerox. The 802.3 network is a baseband bus operating in a coaxial cable at 10M bps. A number of manufacturers now sell semiconductor parts that perform the most complex part of this media-access protocol. A number of computer boards contain these parts, and a number of end-user products, such as workstations, have this network capability as an integral part of their equipment. This type of network is used for interconnecting clusters of personal computers with their peripherals and for interconnecting workstations to their servers, i.e., printers and mass-storage devices, and to larger host computers.

The token-passing bus standard is known as IEEE Std. 802.4 and ISO 8802/4. A common implementation of this standard is a 5M-bps broadband network. Products using this technique are just starting to appear on the market, and work has started to put the media-access protocol into silicon. This standard is now used in factory automation and in the control of processes in chemical plants, steel mills, generating stations, and other places where real-time considerations are important.

The ring standard is known as IEEE Std. 802.5 and is now in the initial approval stages of ISO. This network operates at 4M bps and uses the medium of twisted-pair cables. The standard has attracted a great deal of interest because IBM has announced support for it. It will be used in office automation and other environments with IBM equipment. Since IBM accounts for some 65% of the computer market, it should be quite popular.

Another ring standard for a LAN operating at 100M bps on fiber-optic cable is being formulated by the X3T9.5 Committee. The token-passing protocol is much like the one used by IEEE 802.5. This type of network is intended for interconnecting mainframe computers and their mass-storage devices.

Layer 2: Link

While different applications of LANs may require different types of media or media-access protocols, the next three protocols above the physical layer are less application dependent. The link-layer protocol, the IEEE Std. 802.2 and ISO 8802/2, works with the three IEEE media and media-access protocols described above. The link protocol has the capability to send a datagram without determining if the data was successfully transmitted or to provide for a connection-oriented service that guarantees reliable delivery. For most LAN usage, the datagram service is favored.

Higher-Layer Protocols

While the physical-layer and link-layer protocol standards are important for providing compatibility on a single LAN, the standards at the network and transport layers are important for providing compatibility for communication between LANs at one site and between LAN and wide-area networks throughout the world.

The main differences between LANs and Wide Area Networks, or WANs, are in the layer 1 and 2 protocols. The needs for protocol differences here are obvious because of the greater speed requirements of LANs and the general nature of a shared-media, peer-to-peer communication. There are no differences in the protocols of layers 5 and above in their applicability to either LANs or WANs. This leaves layers 3 and 4, the network and transport protocols, to be discussed.

The network layer is concerned with the routing of packets between nodes in a network or the concatenation of networks. The networks can be LANs or WANs or any combination of the two. The function of the transport layer is to provide reliable data transmission between end systems regardless of the type of networks interconnecting them. This is shown in Figure 3.

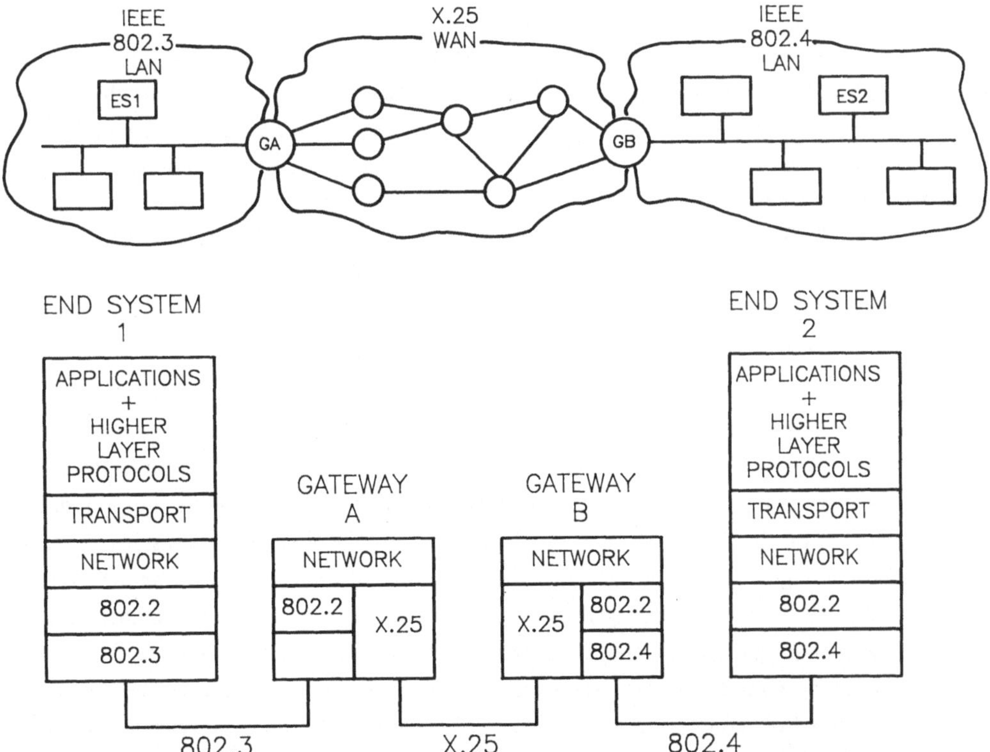

Figure 3. Concatenated networks and their ISO model representation.

Ideally, according to the OSI reference model, the layers are independent and can be discussed separately. In real life, the layer protocols are interdependent. If a feature is missing from a lower-layer service, it has to be compensated for by a feature in a higher-layer protocol. This is very much the case for the network- and transport-layer protocols. Both have to be considered as a pair in order to provide for a communications system that:

1. Provides the reliable end-to-end data-transmission service of the transport layer.

2. Optimizes the performance of the system by some measure, i.e., throughput, delay, etc., and

3. Satisfies the two requirements above in an economical way.

Since these are mutually exclusive requirements, there is no one way to arrive at an optimum implementation. At this writing, there are two competing camps that view the world of data communications in different ways and propose different standard protocol sets for the network and transport layers.

Camp 1 is composed of the people who come from the world of WANs—the public data network carriers in the US and the government-owned networks in the rest of the world. The function of their networks is to provide a reliable end-to-end connection to the subscribers of their services and to charge for this service accordingly. The protocol that is used here is X.25. This protocol covers layers 1 through 3. Traditionally, end systems were connected directly to the WAN. With the advent of LANS, however, the end systems are no longer necessarily on the WAN, but can be on the LAN. One way to look at this situation is to consider the LAN as a multiplexer for connecting many end systems to a single access point of a WAN. This would lead to the use of X.25 protocols on the devices on the LAN. Since the X.25 protocols provide a good end-to-end service, there is very little to be done at the transport layer in the end system. The result, were the recommendations of Camp 1 followed, would be the X.25 connection-oriented network protocol and a minimal transport protocol. This is shown in Figure 4.

Camp 2 is composed of the computer manufacturers. These people have traditionally interconnected computers and various peripherals in a local area. The LAN serves this same purpose. Beyond the cost of the LAN when it is originally installed, there are no further charges for shipping data on a LAN as there are on the WAN. Most of the data traffic in a local environment stays local; only a very small percentage needs to be exchanged with remote sites interconnected by a WAN. The selection of network- and transport-layer protocols is based on optimizing performance in a local environment and making the end systems inexpensive. If the end devices are only on a LAN, then no network protocol is needed at all and a simple minded transport protocol will suffice. LANs, however, do not stay isolated by themselves very long. They need to be interconnected to other LANs or occasionally to WANs. In this case, the quality of end-to-end service of the concatenated LAN

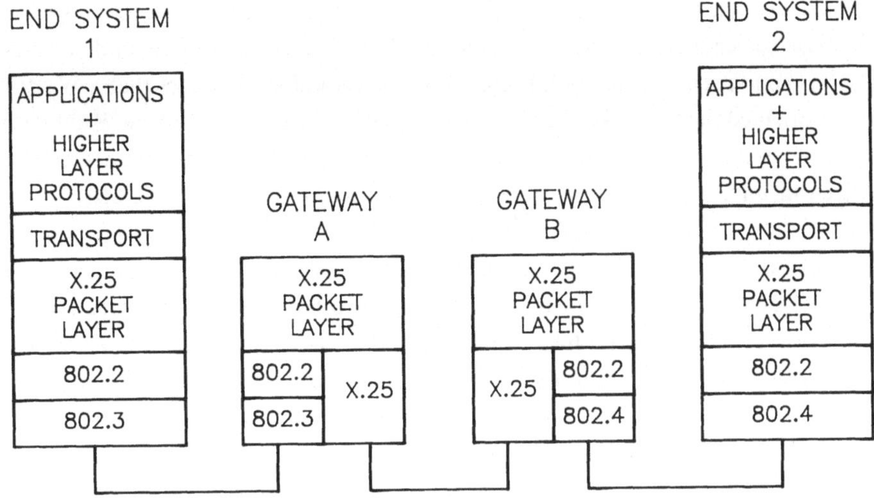

Figure 4. Camp 1 proposal.

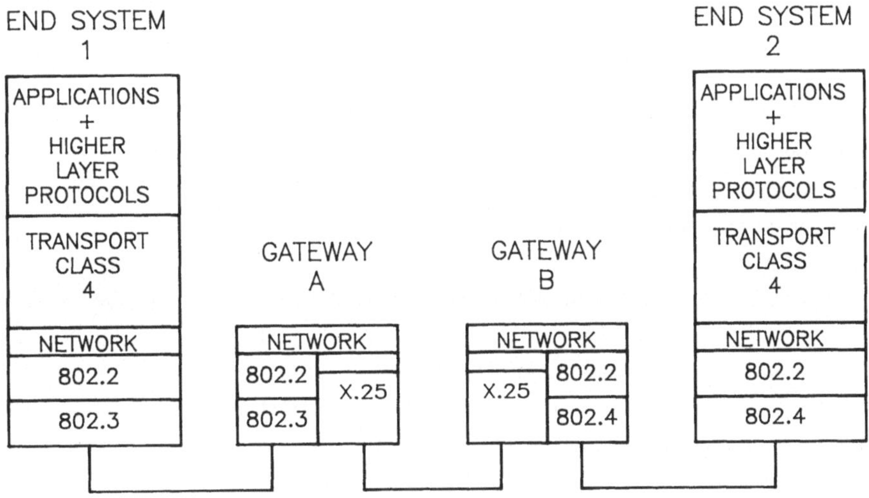

Figure 5. Camp 2 proposal.

and WANs is not known. Therefore, the Camp 2 people recommend a full service transport protocol to correct any data errors induced by the concatenated networks. A simple connectionless network protocol will suffice. This is shown in Figure 5.

Note in Figure 5 the structure of the gateway between the LAN and the WAN. Between the connectionless network-protocol layer of the LAN and the connection-oriented X.25 protocol on the WAN is a small sublayer called Subnetwork Dependent Convergence Protocol. The function of this protocol is to mask the connection-oriented features of X.25. As far as the overall data communications system is concerned, the network protocol is connectionless. The fact that a WAN may use a connection-oriented protocol like X.25 is an issue local to the providers of the WAN service. The WAN is simply used as a vehicle for moving data over a long distance, not something that has to be considered in, say, a private organization served by many concatenated LANs.

Technically, the viewpoints of Camp 1 and Camp 2·can be argued interminably. Each side claims that their scheme has something more to offer or that the other side's recommendations somehow do not conform to the Open Systems Interconnection model. Looking beyond the technical arguments, however, one can see that the heat of the discussion is not based on technical considerations at all, but on economics. It is a question of who gets to sell end-to-end services. If the WAN purveyors have their way, the WAN does a lot of work and makes money; if the computer manufacturers have their way, computers will cost a little more. In either case, the ultimate user has to pay for reliable end-to-end communications. The only questions are: does the ultimate user pay when the computer is purchased or when the computer is used in communications, and who will make the money in the process.

Given these facts, the determination of the types of network- and transport-layer protocols that will ultimately dominate LANs is left as an exercise for the student.

Above the network and transport layers, the need for unique protocols for LANs or WANs disappears, since these protocols can be used for WANs as well. The protocols above the transport layer are not dependent on any notion of a local or wide area.

The relationship between LAN and WAN standards is shown in Figure 6. The important point presented by this figure is that there are many standards at the physical layer for both LANs and WANs, depending on the application. At the link and network layers, the protocols become fewer. At the transport layer, only one protocol is needed for both LANs and WANs. Above the transport layer, the various applications of networking again call for different standards. Thus, the critical standard for worldwide compatibility is the transport layer.

Real LAN Standards

Given the importance of the transport layer standard, a significant event took place in July 1984 at the National Computer Conference. Fourteen computer-equipment manufacturers, including IBM, DEC, and Hewlett-Packard, came together to demonstrate their equipment on the IEEE layers 1 and 2 and the ISO transport-protocol standard LANs. This collaboration signaled the beginning of a new era in LAN standards—they would involve not only closed, proprietary systems and standards on paper, but also standards for real computers from many computer manufacturers in an open system.

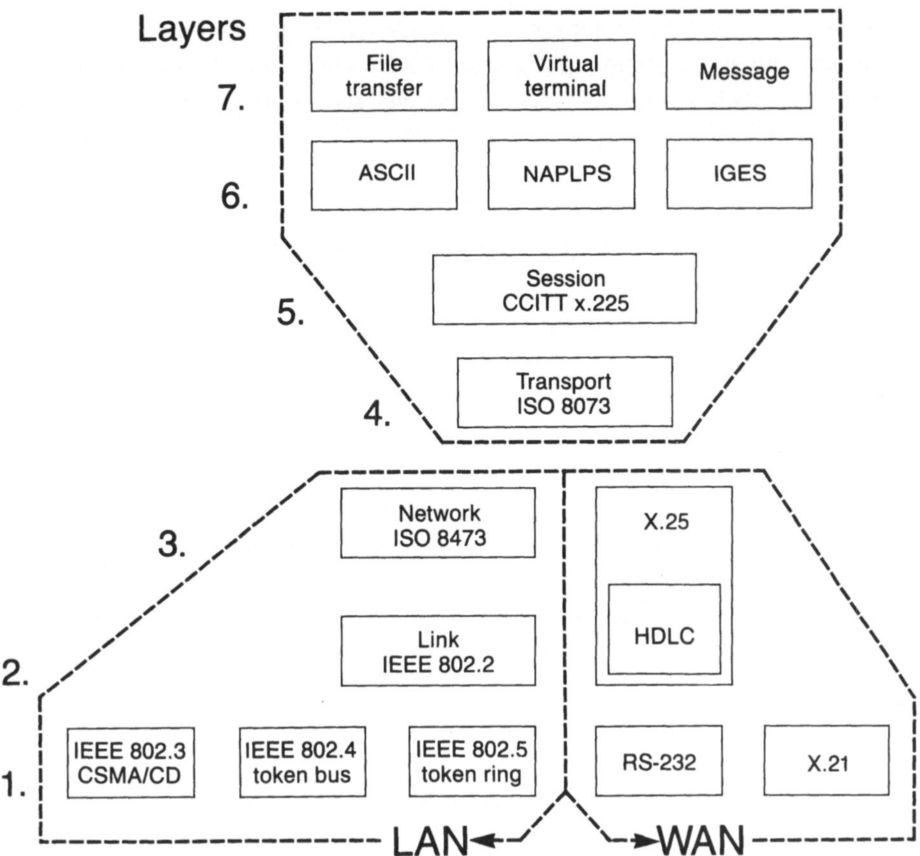

Figure 6. Protocols and their relation to ISO model.

It should be noted that users—not vendors—organized this demonstration. The US National Bureau of Standards has long supported standards activities with a goal of incorporating them into Federal Information Processing Standards. These standards will be used for US government purchases of computer equipment. The NBS first brought computer vendors together to encourage them to produce mutually compatible, standard LAN equipment. NBS-sponsored workshops reached agreements on implementing the standards into computer equipment. The participating vendors' equipment was then tested at NBS for compliance with the standards and for operational compatibility. Two other large computer users, Boeing and General Motors, then arranged for the demonstration of this compatible equipment at the NCC.

The involvement of users in promoting the use of standard LANs is significant. Now there are two main user organizations, one appropriately called the Network Users Association. This group is composed of representatives of various types of companies, such as banks, aerospace, and insurance, that use networks. Besides promoting standard for LANs, this group discusses mutual concerns about the installation and operation of general-purpose networks.

The other group is headed by General Motors and is concerned with networks for factory automation. This group has a specification, the Manufacturing Automation Protocol, which incorporates the IEEE 802.4 standard, the ISO standards for the middle protocol layers, and particular protocols useful for manufacturing, such as data formats for direct numerical control. In the long run, it will be LAN users who determine the course that LANs will take.

While there is wide support from the user community for standard LANs and standard products are emerging from LAN equipment vendors, the two big powers in this field, IBM and AT&T, have not yet announced any coherent LAN direction, nor have they produced any compatible product lines. All that has been seen to date are disjointed products from what appear to be internally competing organizations. This situation keeps the majority of potential LAN users on the sidelines, feeds rumors in the trade press, and encourages 200 small companies to vie for what promises to be a very large market.

Summary

The current status of the LAN arena can be characterized as chaotic. Many different vendors are offering a wide variety of LAN products, each incompatible with the others. The standards that promise to take the chaos out of LANs are well on their way and are already part of some product offerings. Moreover, LAN users are organized and active in their support of open systems. Uncertainties remain, however, because the largest vendors have not yet clearly stated their intentions with regard to LANs.

PERFORMANCE ANALYSIS OF LOCAL AREA NETWORKS
FOR REAL TIME ENVIRONMENTS

D. Heger   K.S. Watson
Fraunhofer-Institut (IITB), Karlsruhe, F.R.G.

I.G. Niemegeers   J. Daemen
Twente University of Technology, Enschede, The Netherlands

1. Introduction

COST (Coopération Scientifique et Technique) 11 bis promoted European
cooperative research in the field of teleinformatics with the aim of facilitating the development of common, standardized solutions to multina-
tional problems [2]. Intermediate results of the numerous COST 11 bis
projects were presented at the EUTECO Conference in Varese, Italy, in
October 1983 [9].

This paper presents the main results of the COST 11 bis working group
"Performance Analysis of LANs". The work was carried out between March,
1982, and March, 1984. For the full account of the group's research see
[8].

The group set itself the task of studying the impact of access and priority access mechanisms on the real time performance of Local Area Networks (LANs). In terms of the ISO-OSI Reference Model, attention was fo-
cused mainly on the bottom two layers, that is on the data link and physical layers. To study the system behaviour, especially from a real time
point of view, not only average values were needed, but also distribution percentiles of performance measures such as transaction completion
time. The performance analysis was based on models of the media access
control (MAC) mechanisms of LANs and on a universal load model, which
were designed to be as widely applicable as possible. This led to the
definition of benchmark load patterns for the comparison and evaluation
of LANs [6]. The MAC mechanism was classified according to the nature of
its elementary components, channel assignment, message transmission and
channel release [4]. Their influence on performance was investigated and
a basic performance evaluation/comparison of 10 different LANs was car-

ried out. In order to compare the real time behaviour of several LAN types, some details of the LAN mechanism, including priority strategies, were looked at more closely. The performance of priority service and its realization by means of two different access protocols was examined in the context of base band bus LANs. The two approaches were priority CSMA/CD with deterministic collision resolution based on message and station priorities, as exemplified by TWENTENET, and token passing with message priorities, as exemplified by IEEE P802.4.

The main highlights of the research summarized above will be described in the body of this paper. In addition, the group provided a tool for ranking LANs according to multiple performance criteria. The authors of this paper would like to acknowledge the work done on ranking by the other group members, namely R. Petrović, S. Čobeljić and A. Šenborn, all of Mihailo Pupin Institute, Belgrade, Yugoslavia. For details on LAN ranking, see [8].

2. Load Patterns and Benchmarks

The actual load pattern on a LAN is often too complicated to obtain general information about the performance behaviour of the LAN. The comparison of two LANs is hardly possible in such conditions. Benchmark load patterns, i.e. artificial load patterns, are hence needed to be able to recognize the main characteristics of and differences in performance behaviour [6]. The load model is described in terms of transactions. A transaction is a logically and temporally dependent sequence of message transmissions between the LAN stations. In order to find "typical" load patterns it is necessary to define a set of transaction types which can be universally applied to adequately describe the load pattern of a given LAN. Based on our experience we could single out four simple transaction types: (1) single messages, (2) single messages with acknowledgement, (3) demand messages with reply, (4) broadcast messages. We consider only single messages here. See [6,8] for details on the other transaction types. Single messages are data messages sent from a source station to a destination station.

A LAN will usually have a much finer classification of transaction types than that given above. For example, transactions are in some cases further subdivided into priority classes. The network communication is then handled according to a priority scheme which can result in substantially different performance characteristics. Hence we consider transaction

classes, whereby each class is characterized by its type as above and the priorities of the messages belonging to it.
The load model is constructed by giving details about the generation of transactions, the length of messages and the distribution of source and destination addresses. Two transaction generation processes have been found to be sufficient to describe the load model: Markov or Poisson generation processes (attribute: M) and periodical or discrete generation processes (attribute: D). The message length is described by two attributes: firstly by one of the attributes L_1 (short), L_2 (medium), L_3(long) describing the average length, and secondly by either the attribute M (negative exponential) or D (constant) describing the length distribution. Both distributions are completely determined by just one parameter, namely by their expectation. Many generation processes as well as message length distributions occurring in LANs can be adequately described with the above attributes. How long L_1, L_2, L_3 actually are, depends largely on the application area. In the field of automated process control, for example, we can take the following typical values: L_1 = 32 bits, L_2 = 208 bits, L_3 = 1024 bits.

The large number of possible load patterns described above forces us to select a small number of them as universal benchmarks for LAN comparison. We have chosen those load patterns for which LANs are most likely to reveal their characteristic performance features. Our choices were taken from the fields of real time industrial applications and office automation. In Fig. 1 we give a few of the most important benchmarks. These benchmarks have proven to be very useful in spite of their simplicity. The attribute U (uniform) in the column "communication" stands for uniformly distributed source and destination addresses.

We suggest several real time performance measures designed to assess the LAN service functions (i) execution of transactions and (ii) transmission of data information. We define the completion time of a transaction to be the time from arrival of the transaction in the source station till the end of the transaction. The completion time includes the time required to receive acknowledgement or reply messages. A useful performance measure is the <u>average data bit time a</u> defined to be the average transaction completion time relative to the average number of data bits per transaction.

We also introduce another set of performance measures: the time Tau(x) within which x % of the completion times lie. Suggested values for x are

95 and 99. We call <u>Tau(x)</u> the <u>xth percentile of the completion time distribution</u>. Also important is the <u>total effective throughput relative to channel capacity S</u> defined to be the completion rate of transactions in data bits/sec relative to the channel capacity.

BM	type	arrival process	message length	communi- cation	proportion of the total data load	priority
BM1	single	M	M, L_2	U	100 %	
BM2	single	M	M, L_3	U	100 %	
BM8	single	M	M, L_1	U	1 %	0
		M	M, L_2	U	99 %	1
BM9	single	M	M, L_1	U	8.5 %	0
		M	M, L_2	U	91.5 %	1
BM11	single	M	D, L_1	U	0.2 %	0
		M	M, L_2	U	4.5 %	1
		M	M, L_2	U	6.5 %	2
		M	M, L_3	U	88.8 %	3
BM13	single	M	M, L_2	U	25 %	0
		M	M, L_2	U	25 %	1
		M	M, L_2	U	25 %	2
		M	M, L_2	U	25 %	3

Fig. 1: Benchmark Load Patterns for LANs
(The priority classes 0, 1, 2, 3 are in decreasing order of superiority or importance)

3. Classification of Media Access Control Mechanisms

We deal with bit serial local area networks which use the physical channel in a time shared manner. The transmission control and the transmission of data messages, by means of which the stations communicate with each other, are included in the bottom two layers of the ISO Reference Model for Open Systems Interconnection and of the LAN Reference Model of the IEEE 802 group. Transmission control messages within the layers 1 and 2 do not contribute to the data throughput however. At first we investigate the elementary operations needed for one transfer cycle [4]. They are the basis for a general classification scheme for LANs.

A transfer cycle is divided into the following elementary operations:

(a) channel assignment,
(b) transmission of the data message,
(c) channel release.

These 3 elementary operations can be executed in different manners, and we use the following attributes to describe this:

(1) <u>Central or decentral operation</u>
    C: execution with the aid of a central function.
    D: execution without the aid of a central function.

(2) The <u>channel assignment</u> can be done with
    P: a polling mechanism, or with
    E: an event driven mechanism, whereby the events are
       transfer wishes.

| | | DATA MESSAGE TRANSMISSION | | | |
		CENTRAL (INDIRECT)		DECENTRAL (DIRECT)	
CHANNEL ASSIGNMENT — CENTRAL	POLLING	CPCC	CPCD	CPDC	CPDD
	EVENT DRIVEN	CECC	CECD	CEDC	CEDD
CHANNEL ASSIGNMENT — DECENTRAL	POLLING	DPCC	DPCD	DPDC	DPDD
	EVENT DRIVEN	DECC	DECD	DEDC	DEDD
		CENTRAL (PASSIVELY COUPLED)	DECENTRAL (ACTIVELY COUPLED)	CENTRAL (PASSIVELY COUPLED)	DECENTRAL (ACTIVELY COUPLED)
		CHANNEL RELEASE			

Fig. 2: LAN Classification Scheme

Both attributes (1) and (2) can be applied in combination to the elementary operation (a), the channel assignment. The elementary operation (b), the transmission of the data message, can be given the attributes

(1). The elementary operation (c), channel release, is equivalent to the termination of a transfer cycle. When the stations are passively coupled to the physical medium, every transmission affects all stations and therefore we have to model this with one central absorber (attribute:C). When however the stations are actively coupled to the physical medium, messages can be decentrally absorbed at the destination station (attribute:D). Fig. 2 shows the resulting classification scheme.

4. Basic Performance Evaluation of MAC Mechanisms Using BM1 and BM2

Ten LANs were chosen for the basic performance evaluation/comparison. They cover a broad spectrum of existing MAC mechanisms (see Fig. 3).

Class	Description (Representative LAN)
CPCC	Centrally controlled polling with all traffic via central station (PDV Bus without cross traffic)
CECC	Centrally controlled interrupt polling with all traffic via central station (PCS 2)
CPDC	Centrally controlled polling with cross traffic (Cable-Net)
CEDC	Centrally controlled, event driven polling with cross traffic (PLS80)
DPDC1	Token passing with destination addressed token (IEEE 802.4)
DPDC2	Token passing with source addressed token and time slicing
DEDC1	Token passing with indifferent token and fixed station priorities
DEDC2	Event driven token passing with destination addressed token (TELEPERM-M)
DEDC3	CSMA/CD (ETHERNET)
DEDD	Actively coupled stations; buffer insertion principle (RDC-Ring)
REF1	Ideal single server system

Fig. 3: LANs investigated in the basic performance evaluation with BM1, BM2 (cf [4,8] for detailed descriptions)

The performance analysis was carried out for the simple benchmarks BM1 and BM2, which was sufficient to reveal the fundamental properties of the performance behaviour of the ten LANs. In addition, an ideal single server system without overhead (REF1 in Fig. 3) was chosen as a reference LAN. The performance analysis was conducted with simulation, this being the only method applicable to all LANs. The extensive quantitative simulation results are shown in a highly condensed, qualitative form in Fig. 4.

LAN	S	V(N)	V(L)	V(ρ)
CPCC	<0.5	medium	high	high
CECC	<0.5	low	low	medium
CPDC	0.5≤S<1	high	high	high
CEDC	"	low	medium	low
DPDC1	"	medium	low	low
DPDC2	"	medium	medium	low
DEDC1	"	none	high	low
DEDC2	"	low	low	low
DEDC3	"	medium	high	high
DEDD	2	high	low	medium
REF1	1	none	none	low

Fig. 4.: Qualitative performance evaluation based on results for BM1 and BM2 (transmission rate = 1 Mb/s)

    S   = max. relative data throughput
    V(N) = Sensitivity of av. data bit time a to changes
          in the number of stations N
    V(L) = Sensitivity of a to changes in the av. message length L
    V(ρ) = Sensitivity of a to changes in the data load
    (V(N) and V(L) assuming constant data load)

A comparison of the values of the maximal relative data throughput S allows us to identify three system groups:

- systems with S <0.5.
  These are the systems CPCC and CECC of type xxCx, in which the data messages are transmitted twice. How much S is less than 0.5 depends on the overhead and on the average message length L.

- systems with 0.5 ≤S ≤1.
  These are the systems CPDC, CEDC, DPDC1, DPDC2, DEDC1, DEDC2, DEDC3 and REF1 (with S=1) of type xxDC, in which data messages are transmitted only once and there is a central absorber (passive coupling). How much S is less than 1 depends on the overhead and on L.

- systems with $S > 1$.

  These are the systems of class DEDD. As for the previous group, data messages are transmitted directly from source to destination station and not via a central station, but DEDD systems possess N (N=number of stations) distributed message absorbers. The RDC-Ring [1,3,5] is the only representative of class DEDD considered here. S for the RDC-Ring depends on the communication matrix K, which describes the distribution of source and destination addresses, but it is always at least 1 and is N for the most favourable matrix K. We have assumed uniform communication in the performance analysis, for which $S = 2$.

The two most important conclusions which can be drawn from these results are:

- systems of classes DEDC2 and CEDC have the best performance characteristics for data highways with passively coupled stations. They approach the ideal system REF1 (CEDC) in performance. The system CEDC seems to be better suited for real time applications.

- the DEDD system exhibits the best performance and has actively coupled stations. In spite of the better message transfer properties, it is not as easy as in CEDC to implement mechanisms to guarantee good real time behaviour, due to the completely decentral organization. On the other hand, the system is insensitive to changes of message length and hence is suitable for applications requiring high throughputs of data messages with varying lengths.

5. Priority Access Mechanisms

We now proceed to take a closer look at the performance behaviour of two LANs (classes DPDC and DEDC respectively) with priority access mechanisms. We are concerned with physically distributed application environments which impose real-time service requirements on the communication subsystem (LAN). A communication subsystem is considered to be real-time if one or more of the following requirements are imposed:
- an upper bound on t_F, the message transfer delay (completion time)
- an upper bound on the pth percentile of the distribution of t_F
- an upper bound on $\bar{t}_F$, the mean transfer delay
We assume that the data transfer requests can be grouped into a small number (e.g. 4) of service request classes. A service request class is defined by its performance requirements. The class of a particular re-

quest is known to the service provider which can discriminate on the basis of request class. In the two systems we investigated, _priorities_ are assigned to these request classes and are used as parameters of the MAC service data request primitives. The priorities are labeled 0 through 3, where 0 is the highest priority, to be used for the most urgent requests. In comparing the two systems we limit ourselves to a pure datagram service (transaction type: single message) at the MAC sublevel.

5.1 General principles

There are two ways a MAC protocol can discriminate. It could favour the higher priority requests over the lower priority ones under all circumstances or, alternatively, it could do this only when the resource utilization reaches a certain level.
The first method leads to a true priority mechanism which always considers all competing requests and gives access to the one with the highest priority. This principle is embedded in the Twentenet access mechanism [8].
The second method does not discriminate at low loads. It gradually starts favouring higher priority requests over lower priority ones as the workload increases. This is the principle used in the IEEE P802.4 priority mechanism [7].

5.2 A P-CSMA/CD mechanism of class DEDC: Twentenet

Twentenet uses a Priority (P)-CSMA/CD type access mechanism. In particular, it is a DEDC class LAN. Contention for the transmission medium manifests as collisions which are resolved first of all by means of _message priorities_ and if necessary by _station priorities_. Stations can be in three modes: the free mode (F-mode), the priority arbitration mode (P-mode) and the address arbitration mode (A-mode). In F-mode a station waits until the bus is free before sending its message (carrier sense function). When a collision occurs all stations detect this and generate a collision enforcement signal. The collision detection and enforcement causes all stations to be synchronized and to move into a time slotted mode, the P-mode. In this mode the stations count four fixed length time slots corresponding to the four message priorities. A station attempts to transmit a message of priority i in the corresponding time slot.
Since the higher priorities are assigned earlier time slots, the highest priority gets access while the lower priority requests are blocked. In the P-mode however, two messages of equal priority can still collide. In

this case the A-mode is entered by all stations. This mode is subdivided
in up to four Ai-modes, in each of which the remaining contention is resolved in a way similar to the P-mode operation on the basis of the four
possible values of the ith 2-bit slice of the 8-bit station priority
of the contending stations. In each of the Ai-modes four time slots are
counted which are now preceded by extra priority slots to allow higher
priority requests, arriving during the contention period to participate
in the resolution.

To summarize we can say that the Twentenet access mechanism is a random
access CSMA/CD system when there is no contention. Upon collision it
changes to a deterministic time slotted system to handle contention,
giving access to the highest priority request.

5.3 A polling mechanism of class DPDC: IEEE P802.4 with priority option

The IEEE P802.4 standard is a token passing access method for a bus or
head end topology which is in the class DPDC and provides an optional
four level priority mechanism. Each station can thus have up to four
queues. The token is passed from station to station in a logical ring.
Within each station the token is passed from queue to queue starting
with priority 0 (highest) and ending with priority 3 (lowest). As soon
as a queue receives the token, the token-hold-timer is loaded with an
initial value and starts counting down. This timer determines how long a
certain priority level within a station may transmit messages. Messages
of this queue can be transmitted as long as at the beginning of a transmission the value of the token-hold-timer is still positive. A different
mechanism is used for priority 0 than for the lower priorities 1, 2 and
3. Priority 0 is given a guaranteed amount of transmission time in each
station. This is done by loading a constant value t_0 in the token-hold-
timer. The lower priorities i (i = 1,2,3) on the other hand are given an
amount of transmission time which is dependent on the state of the network. If the token arrives at queue i in station j, the token-hold-timer
is loaded with the value of max $[t_i - r_{i,j}, 0]$, where t_i is a constant
and $r_{i,j}$ is the token rotation time defined as the time since the token
arrived at this queue the last time, as measured by this station. All
stations experience the same average token rotation time denoted by $\bar{r}$.

This access method can thus be seen as a complex cyclic service queueing
system.

5.4 The performance evaluation/comparison

The performance of the two systems was compared using detailed discrete
event simulation models for the P-CSMA/CD system and the token passing
system. Analytical models were used for the P-CSMA/CD system and part of
the operating range of the token passing system. Further details on the
performance evaluation may be found in [8].

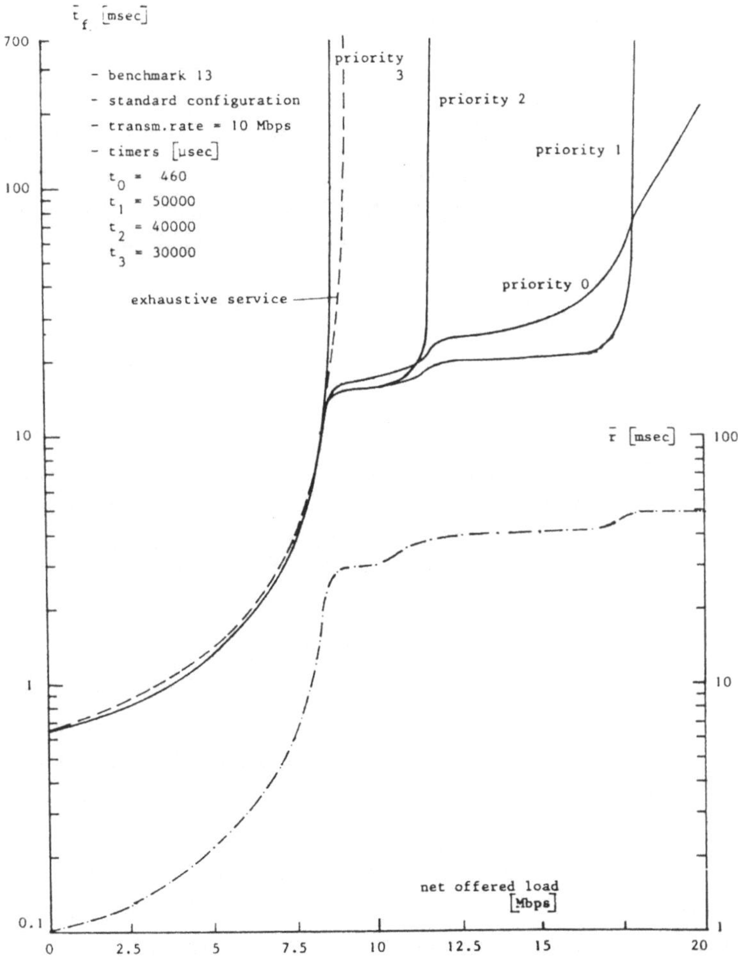

Fig 5 Mean Transfer Delay per priority in the P802.4 system under BM13

The performance analysis was done for 50 stations uniformly distributed
along a 1 km bus operating at 10Mb/s. The work load models were selected

to reflect particular real-time user environments (benchmarks 8,9 and 11). The values taken for the mean message lengths in the benchmarks were L_1 = 96 bit, L_2 = 1024 bit, L_3 = 10240 bit. Benchmark 13, which has a symmetrical load for all priority levels, was used to clearly reveal the priority behaviour in the two systems.

Figure 5 displays some characteristic results for the P802.4 system. For offered loads up to about 7.5 Mbps, there is no difference between the priorities. All queues receive exhaustive service as can be seen from the agreement between the simulation results and the dashed curve which represents the results of an analytical model for an exhaustive service cyclic queueing system with the same number of queues (200) and the same r_{min} [10]. For higher loads and especially in the overload region the behaviour becomes interesting and we notice two effects taking place: a limiting effect and an exchange effect. The limiting effect consists of the frequent refusal of service to the lower priority queues because the token rotation time exceeds the corresponding timer value t_i (i=3,2,1). It causes the lower priority queues to become unstable. The exchange effect manifests itself in the exchange of carried traffic of a lower priority i (i=3,2,1) for carried traffic of a higher priority, when the total offered load is increased. It starts to occur when $\bar{r}$ reaches t_i. The result is that for a while $\bar{r}$ and $\bar{t}_{f,i}$ for the higher priorities remain constant with increasing offered load. These results clearly demonstrate the nature of the token passing bus priority mechanism which does not discriminate against lower priorities up to particular load values where they are cut off abruptly.

Let us now turn to the behaviour of the P-CSMA/CD system as shown in Fig. 6. $\bar{t}_f$ is shown for the four priorities, averaged over all stations. The behaviour we observe is similar to the one of a single server head-of-the-line priority queueing system: at all load levels the priority mechanism is effective and discriminates against the lower priorities. This is clear from the differences in $\bar{t}_{f,i}$ which occur already at low loads. Except for the effect of the collision resolution overhead and the remaining service time (no preemption), the higher priorities are not affected by the lower ones. Comparing Figures 5 and 6, we conclude that the effect of the priority mechanism is gradual in case of the P-CSMA/CD system exhibits much lower $\bar{t}_f$ values than its counterpart, and at high loads or overload the TP system is much more efficient than the P-CSMA/CD system.

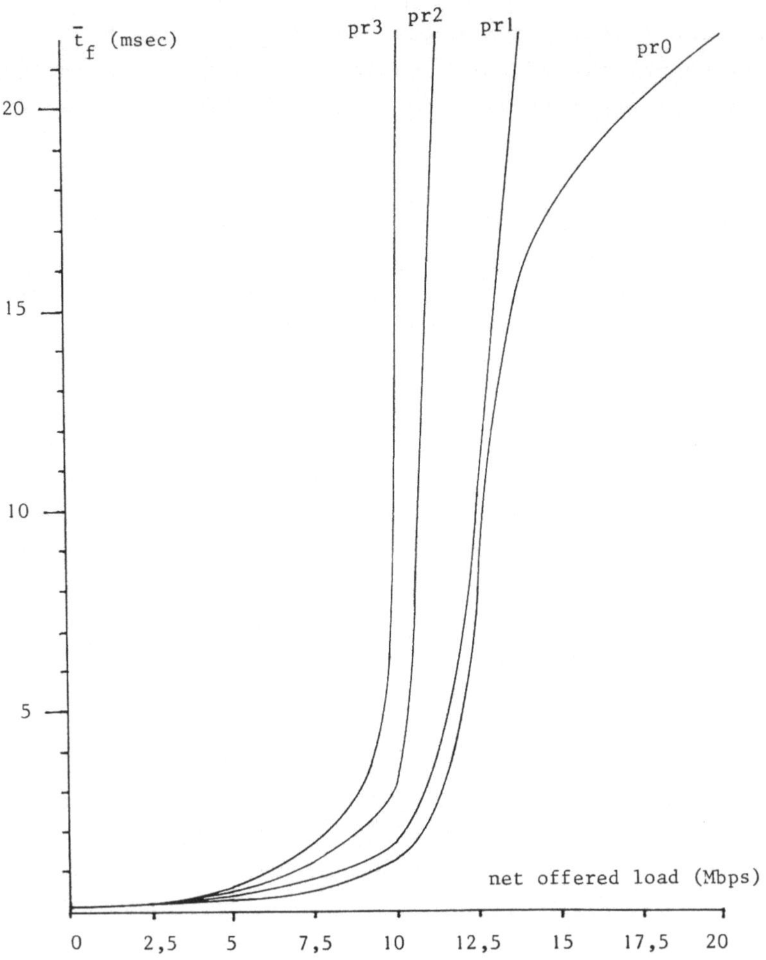

Fig. 6   Mean Transfer Delay per priority in the P-CSMA/CD system
under BM13

Let us now summarize the main conclusions of the performance analysis of
the two LANs with priority access mechanism:

- Both LAN types have system parameters which influence the performance
  significantly, e.g. the P-CSMA/CD type has a retry parameter and the
  P802.4 system has the timer values.

- When the systems are not operating under high load or overload the
  P-CSMA/CD system exhibits much lower mean transfer times and 95th percentile values for the high priority messages than the token passing
  system (Fig. 7). There are two reasons for this: the lower P-CSMA/CD

overhead and the priority mechanism. The P-CSMA/CD system discriminates at all load levels. In the token passing system, however, there
is initially no priority discrimination: the highest priority feels
the effect of all other priorities as well, leading to higher delays
than in a pure priority system.

- The efficiency of the P-CSMA/CD access mechanism decreases when the
load grows while the efficiency of the token passing system improves.
At high loads and for the lower priorities the P-CSMA/CD system becomes unstable much sooner, in the sense that the offerred load becomes larger than the carried load.

- The fairness of the access mechanism for messages of the same priority
is different in the two cases. Although the P-CSMA/CD system is inherently unfair (since it uses station priorities as well as message
priorities), it still gives better performance for high priority messages than the token passing system (even for the station with lowest
station priority) because it discriminates more effectively against
lower priority requests (Fig. 7).

	P-Token Passing	P-CSMA/CD lowest station priority	P-CSMA/CS highest station priority
mean	1482	221	88
95th Percentile	3500	1250	380

Fig. 7 Priority 0 transfer time comparison for Benchmark 8
at an offerred load of 5 Mbps: times in μsecs.

- The performance of the P-CSMA/CD system is not affected by the number
of stations when the offerred load is kept constant. The performance
of the token passing system on the other hand gets worse when the same
load is spread over a larger number of stations because of the increase in token passing overhead. However for the highest priority the
effects are small except when the number of stations is very small because then station queueing delays worsen the performance.

- The transmission rate has opposite effects in the two systems. Higher
  transmission rates decrease the efficiency of the P-CSMA/CD system but
  they increase the efficiency of the token passing system.

Besides the performance considerations mentioned above a complete evaluation of these systems would also have to take into account aspects
which were not investigated here, e.g. reliability, robustness and cost.
One of these also has an effect on realtime performance: recovery from
protocol error conditions is faster in the P-CSMA/CD case than in the
token passing case where token error conditions (e.g. lost token) are
inherently more time consuming and lead to transfer time degradation.
However this is a subject for further study.

6. References

[1] Bähre, R., Heger, D., Peschke, P. and Saenger, F.: The RDC-Ring, a
     fault-tolerant decentrally controlled and event driven fiber optic
     communication network. Proceedings of the European seminar on local
     area networks, RTS 83/1 ECA, Berlin (1983).

[2] COST 11 Bis News, Concerted Action Research in Teleinformatics.
     Computer Networks 7 (1983), 61-64.

[3] Heger, D. (Editor): Systemergänzungen und Piloterprobung eines
     fehlertoleranten Echtzeitrechnersystems mit verteilten Mikropro-
     zessoren (RDC-System). BMFT DV 81-007, Karlsruhe, 1982.

[4] Heger, D.: Zur Klassifizierung, theoretischen Beschreibung und Be-
     wertung lokaler Datensammelleitungen. Fortschritt-Berichte der VDI-
     Zeitschriften, Reihe 10, Nr. 24 (1983).

[5] Heger, D., Steusloff, H. and Syrbe, M. (Editors): Echtzeitrechner-
     system mit verteilten Mikroprozessoren. BMFT DV 79-01, Karlsruhe,
     1979.

[6] Heger, D. and Watson, K.: Modelling of load patterns and benchmarks
     for performance evaluation of local area networks. Informatik-Fach-
     berichte Bd. 61 (1983), 93-106.

[7] IEEE Std. 802.4, Local Area Network Standard, 1983.

[8] IITB (Editor): Final Report for COST 11 bis: performance analysis
     of LANs for real time environments, Fraunhofer Institut für Infor-
     mations- und Datenverarbeitung (IITB), Karlsruhe, Report No. 9797,
     1984.

[9] Kalin, T. (Editor): Proceedings of the European Teleinformatics
     Conference, Varese, Italy, 3-6 October, 1983. Elsevier Science
     Publishers (North-Holland).

[10] Watson, K.S., Performance Evaluation of Cyclic Service Strategies-
     a Survey. Proceedings of PERFORMANCE '84. Edited by E. Gelenbe.
     Elsevier Science Publishers (North-Holland), 1984.

Programmer's Interface and Communication Protocol for Remote Procedure Calls

M. Spenke
Gesellschaft für Mathematik und Datenver-
verarbeitung
POB 1240
D-5205 St. Augustin

Abstract: Remote procedure-calls are a useful paradigm for the struc-
turing of distributed computations. Client-processes perform procedure-
calls which are executed by server-processes on a possibly different
host. Synchronization and data-transfer over a network can be expressed
in terms of remote procedure-calls, which provide an inter-process
communication facility.
In this paper a set of communication primitives are described, which
can be embedded into existing sequential programming languages in the
form of library routines. These routines allow the programmer to construct distributed applications consisting of programs running on
different hosts of a local area network. The communicating programs
can be written in different programming languages and can run under
different operating systems.
An efficient and reliable communication protocol, that directly supports remote procedure-calls, is also described. It is tailored to a
hardware environment where messages may be lost but arrive with a
high probability at their target.

Keywords: Remote procedure-calls, client-server model, concurrent
programming languages, distributed computing, local area networks,
datagrams, unreliable communication channels.

INTRODUCTION

Remote procedure-calls (RPC) are an abstraction hiding some details
of a message-passing system. They allow the constructor of a distributed system to think in terms of the procedure-call paradigm, which
is well known from sequential programming: Client-processes can request services from server-processes by calling one of the procedures
the server provides. In the RPC-model communication is expressed by
in- and out-parameters of the procedures. Synchronization can be con-
trolled by the servers, which can delay the execution of a clients call.

Many recently developed concurrent programming languages like <u>Ada</u> (1),
<u>DP</u> (Distributed Processes)(2) and <u>SR</u> (Synchronizing Resources) (3)
are based on RPCs. In our environment however, where a number of hosts
with different operating systems and different programming languages
are connected by a <u>local area network</u>, it seemed more adequate to
design a set of <u>library routines</u> for interprocess-communication which
can be called from <u>existing</u> sequential languages. Nevertheless, it is
a good test to investigate if our set of communication primitives is
sufficient to implement the different forms of communication used in
concurrent programming languages.

The aim of this work is to provide a <u>programming interface</u> for the
construction of applications distributed over a local area network. Programmers will be able to write programs that run on different hosts
of the network and communicate via RPCs. The RPC-facility also con-
stitutes the basis for the implementation of <u>network services</u>: Each
user can make use of services offered on other hosts in the network
(e.g. a central printer-service) by invoking remote procedures. Furthermore, each user is able to offer network services to others by
providing <u>server-programs</u> that can be started by clients without
logging in at that host. Server-programs can be made available for net-
workwide use without the intervention of the system administrator,
just as users can mark their programs executable by others.

A higher level networking concept, that has been implemented on top
of the RPC-facility, is desribed elsewhere (4). It combines remote
login, remote command execution and remote fileaccess allowing <u>exi-</u>
<u>sting</u> programs to access remote files and devices and to communicate
over the LAN without recompilation.

Further sections of this paper describe and discuss the basic communication primitives chosen, further constructs for selective communication, the mechanisms to create a network of communicating processes,
the properties of the underlying datagram facility and the protocol by
which clients and servers can achieve reliable communication.

BASIC COMMUNICATION PRIMITIVES

This chapter gives a short outline of the most important RPC-routines.
The syntax of the examples and program-skeletons is based on the
<u>programming language</u> C (5).
Client processes can invoke remote procedures which are executed by

server programs. However, there is no strict distinction between clients and servers: A process may well be a server in one transaction and later function as a client. For example, a server may call a remote procedure of another server in order to satisfy a clients request. Furthermore, clients can demand services from different servers and a single server can process the requests of many different clients. Consequently an arbitrary network of communicating processes is possible.

A remote procedure is called by the routine rpc. Servers are addressed by a two-level network-address consisting of hostname and port. It is assumed that there is a single global name-space of all hosts in the local area network, so that hostnames can be directly mapped to the hardware addresses of the network controllers. Ports are simply numbers used as an address relative to a host. That is, each server-process can be uniquely specified by naming a host and a port-number on that host.

Some port-numbers are well known and can be used to call up basic services provided by each operating system. Others are dynamically assigned to servers that are willing to accept RPCs, and must somehow find their way to the clients before a service can be called.

Further arguments for the rpc-routine are an operation-code which selects one of the procedures the server provides and an arbitrary number of ASCII-strings - the actual parameters for the remote procedure. Other types of parameters are not allowed because they may have different representations on various machines. The result of a call to rpc is a pointer to a structure containing the return-code and the out-parameters returned by the server. The type-definition of this structure and a typical remote call are shown below.

```
    struct rpc_packet {
        char op_code;
        short int nr_of_parms;
        char *parm[MAXPARMS];
    };

    struct rpc_packet *reply;
    ...
    reply = rpc (host, port, op_code, parm1, parm2, ...,NULL);
    if (reply == NULL) error("RPC failed");
    if (reply->op_code==FAIL) error("bad return-code");
    ... = reply -> parm[2];
    ...
```

Figure 1: Client side of a remote procedure call

Servers willing to accept calls can occupy a port by a call to <u>listen</u>. They can either specify a certain port-number they want to be addressed by or leave the decision up to the RPC-software which will assign a dynamic port-number. The effect of a successful listen-call is that a port on this host is <u>occupied</u> by the server. A port can be occupied by only one server process. RPCs addressed to an occupied port are queued until the server decides to process them.

Conceptually, a server that occupies a port also gets the <u>access rights</u> for that port. This means that only clients which have obtained the port-number from the server have the right to request services from the server. This can be easily implemented by adding a password (a random number) to the port-number, which is checked by the server on each re- mote call and which is long enough so that exhaustive testing is im- possible. This is not visible at language level, since the password is just a part of the port-number. From this point of view there are no passwords but instead there are so many different possible port-numbers that it is impossible to guess one that is occupied.

A server can obtain the next request from the queue by a call to <u>read- request</u>. If the queue is empty, <u>read-request</u> will block until a client invokes a remote procedure. The description of the call is delivered to that server as a structure containing the operation code and the para- meters of the RPC. Typically, a server will switch according to the de- sired operation-code and process the request. Finally the results of the remote procedure are returned to the client by the routine <u>send-re- ply</u>. A return-code and an arbitrary number of ASCII-strings form the re- sult of a remote call.

```
struct rpc_packet *request;
conn = listen (&port);
/* Make port known to the clients somehow */
FOREVER {
   request = read_request (conn);
   switch (request->op_code) {
     case OP1:
        ...
        send_reply (conn,SUCCESS,parm1,...,parmn,NULL);
        break;
     case OP2:
        ...
        send_reply (conn,SUCCESS,parm1,...,parmn,NULL);
        break;
     default:
        send_reply (conn,FAIL,"illegal opcode",NULL);
   }
}
```

<u>Figure 2:</u> A typical server program

SELECTIVE COMMUNICATION

With the constructs described so far, servers can process requests as
they come in. Requests that are not allowed when the server reads them
can be rejected in the sense that a reply is sent indicating the failure
of the call. However, it is often necessary to delay some requests until
they can be processed. Therefore almost all concurrent languages have
constructs for selective communication. For example Ada includes the
select-statement, DP the when-conditions and SR the in-statement. These
constructs allow the programmer to specify a subset of acceptable calls.
Calls that are not accepted are delayed and thus the order of replies
sent can differ from the order of incoming requests.

We have chose a select call to define the subset of accepted requests:
An arbitrary number of operation-codes can be specified to be acceptable
in the following read-request calls. Requests containing other operation-
codes are delayed until a subsequent select call defines them as acceptable again.

```
task buffer is
   entry send(c: in character);
   entry rec(v: out character);
end;

task body buffer is
   -- definition of a character buffer
   -- with operations put, get, full, empty.
begin
   loop
      select
         when not full =>
            accept send(c: in character) do
               put(c);
            end;
      or when not empty =>
            accept rec(v: out character) do
               v:=get;
            end;
      end select;
   end loop;
end buffer;
```

Figure 3: The bounded buffer problem in Ada (6)

A standard example for selective-communication is the bounded-buffer
problem (2): A server process implements a buffer of finite length.
Clients can communicate by sending/receiving characters to/from the
buffer via RPCs. An attempt to add a character to a full buffer will
be delayed as well as an attempt to receive from an empty buffer. The

synchronization between the producer and the consumer is done by
blocking RPCs. Our solution of the bounded-buffer problem is compared
to the Ada-solution found in (6).

Our solution is very similar to the Ada-solution. However, since there
are no special syntactic constructs for communication the set of acceptable calls is specified by a subroutine-call and read-request and
send-reply do not form a syntactic bracket like accept and end.

```
/* definition of a character buffer
   with operations put, get, full, empty.
*/
conn = listen (&port);

FOREVER {
   if (empty()) select (conn,WRITE,0);
      else if (full()) select (conn,READ,0);
      else select (conn,READ,WRITE,0);
   request = read_request (conn);
   switch(request->op_code) {
      case READ:
         send_reply (conn, SUCCESS, get(), NULL);
         break;
      case WRITE:
         put(request->parm[0]);
         send_reply (conn, SUCCESS, NULL);
         break;
   }
}
```

Figure 4:   A bounded buffer in C using RPC-routines

The alternatives of a select-statement in Ada can be prefixed by a
boolean condition concerning the local state of the process. No conditions can be posed on the parameter-values of the incoming call.
Since accept-blocks can be nested, there is another way to break the
order of incoming requests: During the execution of a first remote call
another call can be processed.

However, if still more complex conditions determine the order in which
requests are executed, a straightforward solution in Ada may be impossible (6). One such example is the shortest-job-next scheduler: Of
all requests queued the one with the shortest execution time is to be
selected. The execution-time of a call is assumed to be computable from
the parameters of the request. In this case even simple conditions on
the parameters of a request are not sufficient, since it is necessary
to compute the minimum of some function of the parameters. The

language SR (3) includes such a mechanism: An in-statement can not only contain a boolean synchronization condition to define when an operation can be called by clients, but also an arithmetic expression of the parameters of the request. This scheduling expression is used to specify which of a number of pending calls with the same operation code shall be executed first: The request with the minimum value of the scheduling expression is selected.

Using a scheduling expression a short and concise solution of the shortest-job-next scheduler problem is possible. But obviously a scheduling expression is not a sufficiently general solution, because still more complex constraints may be required. For example it may be necessary to minimize a performance measure that depends on the overall order of requests chosen and thus to inspect the parameters of all pending requests of the same type. It may also be necessary to inspect the parameters of different types of requests to make the scheduling decision.

The subroutine select is also not sufficient to program arbitrary constraints. It is only appropriate in simple cases where constraints are posed on the names of procedures and the actual parameters are not concerned. For more complex cases a second version of send-reply is introduced: While usually a send-reply implicitly belongs to the last read-request, it is also allowed to specify explicitly which request will be answered. So a server can read incoming request packets, store them in an appropriate data structure and later answer them specifying the request packet to be answered. Form the viewpoint of the procedure-call model this means that the execution of a remote call cannot be prevented by the new construct, but several calls can arbitrarily overlap: Remote calls are started in the order they come in, but may be finished in a different order. Overlapping is not restricted to nested execution as in Ada.

Once stored in the local memory of the server, requests and their parameters can be inspected without any restriction. It is also possible for the server to determine the identity of the client. Any computable function can be used to determine the priority of the requests. In order to allow the server to read all pending requests before selecting one for execution, another subroutine is needed to avoid the blocking of read-request after the last pending request is read: The subroutine req-pending checks if there is a pending request.

The following short outline of a solution to the shortest-job-next problem sketches the application of the constructs.

```
conn = listen (&port);
...
FOREVER {
   while ( req_pending (conn)) {
      request = read_request (conn);
      store(request);
   }
   request = shortest_request();
   ...
   /* process request */
   ...
   send_reply (conn, request, op_code, parm1, ..., NULL);
}
```

Figure 5: A shortest-job-next scheduler

Obviously in this simple example more programming effort is necessary
than for the SR-solution. On the other hand our primitives seem to be
more general in the sense that any computable constraint on the selection of the next request may be programmed.

At first glance the language DP allows no constraints on the subset of
remote procedures that can be called by clients. Instead there is a
way to <u>suspend</u> the execution of an already started instance of a remote procedure until a certain condition becomes true. In the meantime other remote calls can be processed (which is the only chance
that the local state of the server might change and thus the condition
might eventually become true). So the execution of remote procedures
can be arbitrarily <u>interleaved</u>. This can be modelled by our constructs
in a straightforward fashion. However, to implement the general case
is a bit tricky, since saving local states of suspended an restarted
procedures requires a complex storage management.

STARTING SERVERS

No special subroutines are introduced to <u>start new processes.</u> Instead,
the features of the underlying operating systems are used. However,
there is still the open problem of how to start an application distributed over several hosts without logging in at each of the hosts involved. That is, a second entry into each of the involved operating

systems is needed.

This second entry is provided by the so called <u>spawner</u>, a server process of the operating system, which is invoked at the system start. The spawner constantly listens at a well-known port-number. Clients can tell the spawner to start a server process by calling a remote procedure. The necessary coding is sketched below.

```
struct rpc_packet *reply;

reply = rpc (host,SPAWNER_PORT
             ,START_SERVER,server,userid,passwd,NULL);
if (reply == NULL) error("remote system not active");
if (reply->op_code==FAIL) error("cannot start server");

service_port = reply->parm[0];
```

<u>Figure 6</u>: Starting a remote server process

The return-code FAIL may be obtained for several reasons:
o   The requested server may not be in the list of registered server-programs of the remote host.
o   The given userid may be unknown.
o   The password may be wrong.
o   The userid may not be authorized to use the requested service.

The last point needs some more explanation: Users are not only allowed to use network services, but may also enter server-programs into the list of registered services of a host without any intervention of the system-administrator. They can thus make services available to others. Therefore it is necessary to extend user authentication concepts to the network in a consistent way. The first step is that clients requesting a service have to name a user-identification and a valid password of the target host. The server-program will then be started under this user-identification.

Additionally, the facilities to specify <u>access-rights</u> of the underlying operating systems are used. Usually users can specify, if their programs shall be executable by others. Analogously, the supplier of a server-program can specify who shall be allowed to use the service. As far as possible the existing mechanisms of the involved operating systems are used for this purpose.

According to the access-rights three main classes of services may be distinguished:

o <u>Private Services</u>:
These are used in the construction of a distributed application which does not constitute a general service available to others. Only the supplier of the service itself is allowed to start the server-program. Therefore, the user-identification named in the <u>START-SERVER</u>-call must be equal to the owner of the server-program. The access-rights may also be restricted to a group of users, if the operating system supports this facility.

o <u>Controlled Services</u>:
Everybody who is an authorized user of the host may call the service. The server-program is executed under the user-identification named by the client. This kind of service is appropriate when the access-rights of the server process shall be determined by those of the client.

o <u>Free Services</u>:
Everybody can use such a service without identifying   himself to the system. The server-program is executed under the user-identification of the supplier of the service. Consequently the service is charge-free. This can be useful for the implementation of restricted but generally available services like for example a central printer service, a mail-system or a bulletin board. Another application may be that the server-program needs access to some private data of the supplier of the service. It lies totally in the responsibility of the owner of a server-program to take care that clients can only perform the intended operations on the data.

One of the important consequences of our design is that all users gain a relatively free access to the local area network at the programming level. It is our intention to provide a basis for the development of networking applications, e.g. distributed data-bases or compilers for concurrent programming languages. Users are not only confronted with complete and specialized networking solutions, but also have the chance to build and experiment with their own distributed applications. This seems particularly appropriate for a research institute where the majorty of the users are skilled programmers.

On the other hand, if the network is not only accessed by 'trusted' programs installed by the system administrators, there is a need to

extend protection and authentication concepts to the network. Our
approach is to extend the semantics of the existing access control
and access right facilities in a consistent fashion to the network.
In addition, access rights for the newly introduced network object
'port' were defined.

THE COMMUNICATION PROTOCOL

The implementation of remote procedure-calls on the basis of <u>reliably</u>
delivered messages is quite simple: The client sends a <u>request-message</u>
to the server, the server receives and analyzes the request, performs
the desired actions and sends back a <u>reply-message</u> to the client, which
has been waiting for it.

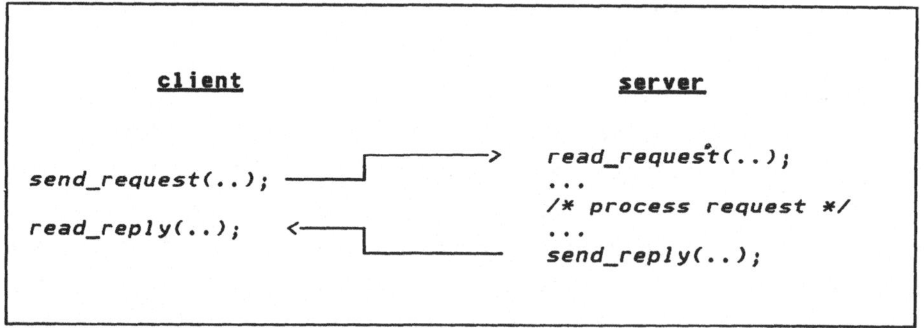

Figure 7:   RPC implementation by reliable messages

However, our implementation of the library routines is based on a simple <u>datagram-facility</u> that allows only unreliable transmission of
messages between hosts in the local area network. This facility is
provided by the ethernet hardware and driver-level software which
implements the basic-block-port interface known from the Cambridge-
Ring (2).

The basic-block-port interface has the following <u>properties</u>:
o Packets can be sent to <u>network-addresses</u> consisting of the
   <u>ethernet-address</u> of a host and a <u>port-number</u> on the host.

o Packets that are sent to a port which is not occupied by any process
   are ignored by the target host.

o Processes can <u>occupy</u> a port indicating that they are going to receive packets from that port. The occupy-operation does not yet block and wait for a packet but merely reserves the port.

o Each port can be occupied by <u>at most one</u> process. Thus an occupy-operation to an already occupied port fails.

o Processes can ask the datagram-service for the assignment of a free port-number.

o Packets arriving for occupied ports are stored on the target machine.

o Processes can <u>receive</u> packets which have arrived for a port occupied by them or wait until a packet arrives.

o Processes can ask if there is a packet for them (nonblocking-read).

o There is no <u>flow-control</u>, i.e. if too many packets arrive for one port, they are simply thrown away.

o Packets may be lost during the transport, but arrive with a high probability at the target machine.

One way to implement RPCs on top of an unreliable datagram-facility could be to first implement a "reliably delivered message"-service requiring acknowledgements for each message. We have chosen however to implement RPCs directly on top of the datagram-service. One property of this approach is that in general no additional acknowledgement-messages are necessary: only one request-packet and one reply-packet are needed. Additional packets are necessary only if packets are lost (retransmissions) or if the server cannot send the reply-packet after a sufficiently short time (explicit acknowledgement).

Another consequence of our approach is that clients recognize crashs of the communication medium (resulting in an aborted RPC), whereas servers do not recognize if there are no clients requesting services or all request messages get lost.

In order to guarantee the properties stated above, the client processes have to obey the following <u>rules</u>:

o Request-packets contain the necessary information to uniquely identify a single RPC in the net, a so-called <u>call-identifier</u>. The call-identifier consists of a unique identification of the host within the net (e.g. ethernet-address), a unique identification of the client-process within the host (e.g. process-id) and a unique identification of the call within the client-process (e.g. a sequence-nr.). In addition the request contains the port-number, where the client will wait for the reply-packet.

o The request-packet is periodically retransmitted until the reply-
   packet is received, even after receipt of an acknowledgement.

o The initial transmission of the request as well as each retransmission is expected to be answered by the server within a reasonable time (let's say two seconds for the ethernet). The answer can
   be the reply-packet or a wait-packet (acknowledgement) indicating
   that the request has been received but is not processed yet.

o If an answer has not arrived within the maximum time, it is assumed
   that a packet has been lost (either the request or the answer).

o If several packets are lost in sequence (say five), it is assumed
   that the communication medium crashed.

o When a wait-packet is received, it is assumed that the request has
   arrived at the server and the reply will soon follow. But it is still
   not guaranteed that the reply-packet will eventually arrive, since
   the reply can be lost or the communication net can break down. That
   is why even after a wait-packet retransmissions are necessary (possibly in large intervals).

o When a reply-packet arrives, it is checked if the packet contains
   the same call-identifier as the request-packet.

The server process has to obey the following rules:

o The server usually waits for incoming request packets.

o Even when the server is processing a request it checks periodically
   if there are any requests on the queue (say each second).

o The server maintains a sufficient amount of information to recognize
   duplicate calls (retransmissions) by their call-identifier. If the
   server dies, it must be guaranteed, that he is not restartet before
   all clients have given up the retransmission of their request.
   (in our example about 15 seconds will be enough.) Otherwise, it would
   be possible, that a retransmitted request is executed again.

o The server stores the contents of reply-messages sent off until retransmissions are impossible.

o Duplicate calls are acknowledged if they are not yet processed, or
   answered again if the reply-message is already stored.

o Reply-packets contain the call-identifier.

o If the server is busy, incoming requests are stored and acknowledged.

o If processing a request takes too long, an acknowledgement is sent.

o Stored replies are discarded as soon as another request from the same
   client arrives - indicating that the reply arrived, or if sufficient
   time has passed to be sure that there will be no further retransmission.

The protocol defined by these rules is implemented in the RPC library
routines described above and thus hidden from the programmer. However,
the protocol only defines the _behaviour_ a client expects from his server and vice versa. There is no reason why the same protocol could not
be hidden in other language constructs or be directly implemented by
the code generated by a compiler.

At first glance it seems quite inefficient that clients periodically
retransmit their requests. But obviously there is no way to avoid some
kind of _polling_, if clients are expected to detect breakdowns of the
communication medium. However, the amount of polling can be tuned by
changing the interval between retransmissions. The time until a communication breakdown can be detected also directly depends on the retransmission interval. Therefore, there is a _trade-off_ between polling overhead and fast failure detection.

A similar protocol is described in (8). It does not use polling by the
clients in long duration calls. As a consequence servers have the responsibility to assure that lost reply-packets are detected, since otherwise the client would wait forever. Therefore, they wait for an acknowledgement by the client indicating that the reply has arrived. Another
consequence is that clients cannot detect failures in the communication
medium. In our protocol however, clients do not have to acknowledge the
results of long duration calls. Instead, servers will recognize that
the reply of a long duration call was lost through a retransmission of
the request.

The Newcastle Connection (9) also uses a similar communication protocol
(7, 10). However, it is not suited (and also not intended) for general
use, since the implementation of the protocol is mixed up with the implementation of the special calls used in the Newcastle Connection
software. Furthermore, the protocol uses knowledge about the semantics
of different calls, e.g. that it only takes a very short time to perform
a certain call.

The transmission of bulk data by RPCs results in an explicit acknowledgement for each transmitted packet. Therefore higher level routines for
bulk data transmission are also included. They are currently implemented as a series of RPCs, but they can be later reimplemented using
a window-mechanism to increase efficiency without changing the call-

interface.

CONCLUSION

A set of communication primitives has been designed and implemented, that can be embedded into existing programming languages in the form of library routines. A sequential programming language extended by these communication primitives was compared to existing concurrent programming languages. It turned out, that the primitives chosen are somewhat more basic than the communication constructs of concurrent programming languages. Therefore it is possible to program communication in the style of the different proposed languages. On the other hand, some advantages of a full programming language get lost when using library routines: There is no compiler that can check the program for correctness, e.g. it is not checked if there is a corresponding send-reply to each read-request. No special syntax is available for communication constructs, which would make programs more readable and force the programmer to a certain style. No network-wide set of data-types other than ASCII-strings is defined. However, the communication primitives seem to be well suited as a target language of compiler for higher languages.

RPCs are also used to provide a uniform interface for (server-) process creation on any host of the local net. The details of process creation in different operating systems are hidden from clients that want to start a server on a remote host.

For the implementation of the communication primitives a reliable remote procedure-call protocol has been designed that hides the problems of an unreliable communication medium. The protocol is reasonable in the context of the client-server model, where it is quite natural that clients play the active role in a transaction: They send off their requests repeatedly and are not satisfied until they finally receive a reply. The servers however only react to requests and do not care if their replies really arrive at the client. They are confident in that the clients will eventually inform them if the reply is lost.

The protocol is efficient in the sense that usually only two messages are necessary for one RPC. No special connection establishment packets are needed. On the other hand the transmission of bulk data by RPCs results in an explicit acknowledgement for each transmitted packet. Therefore, a reimplementation of the higher level routines for data transfer using a window-mechanism may further increase efficiency without changing the call-interface.

The protocol is <u>simple</u> because there is only <u>end-to-end acknowledgement</u> of packets. As a consequence clients can not recognize why their requests are not answered. The reason may be a failure of the communication medium, a crash of the target machine, the fact that the addressed port has no one listening to it, an endless loop of the server-process or an extreme overload of the server or the target machine.

REFERENCES

(1)   Preliminary Ada Reference Manual. SIGPLAN Notices (ACM) 14, 6
        (June 1979), part A.
(2)   Brinch Hansen, P. "Distributed Processes: A Concurrent Programming
        Concept", Communications of the ACM 21, 11 (Nov. 1978), 934-941
(3)   Andrews, G.R. "Synchronizing Resources" ACM TOPLAS 3, 4
        (Oct. 1981), pp 405-430
(4)   Spenke, M. "The ESPERANTO-Net: A Networking Concept for Inhomo-
        genous Operating Systems", Gesellschaft für Mathematik und Daten-
        verarbeitung, in preparation.
(5)   Kernighan, B.W. and Ritchie, D.M. "The C Programming language"
        Prentice-Hall, 1978
(6)   Welsh, J. and Lister, A. "A Comparative Study of Task Communi-
        cation in Ada" Software Practice and Experience, Vol. 11, 1981,
        pp 257-290.
(7)   Shrivastava, S.K., Panzieri F. "The Design of a Reliable Remote
        Procedure Call Mechanism", IEEE Transactions on Computers,
        Vol. C-31, No. 7, July 1982.
(8)   Andrew Birrell, Bruce Jay Nelson "Implementing Remote Procedure
        Calls", ACM Transactions on Computer Systems, Vol. 2, No. 1,
        Feb. 1984, pp 39-59

(9)   Brownbridge, D.R., Marshall, L.F. and Randell, B. "The Newcastle
        Connection or UNIXes of the World Unite!" Software Practice and
        Experience, Vol. 12 (1982), pp 1147-1162
(10)   Black, J.P., Panzieri, F. and Marshall, L.F. "Newcastle Connection
        Remote Procedure Call Protocol" University of Newcastle upon Tyne,
        internal paper.
(11)   Andrews, G.R. and Schneider, F.B. "Concepts and Notations for
        Current Programming" Computing Surveys, Vol. 15, No. 1, March
        1983, pp 4-43.

Paketvermittlung im IDN
von H. Gabler

Zusammenfassung

Die Deutsche Bundespost bietet seit 1980 einen paketvermittelten
Dienst an. Der Aufsatz berichtet über den Ausbaustand des
DATEX-P-Netzes nach vier Betriebsjahren und vermittelt einen Überblick
über die angebotenen Dienstleistungen und die Nutzung durch die etwa
10 000 Teilnehmer. Das Netzverhalten, wie z. B. Verfügbarkeit, Nachrichtenlaufzeit, Durchsatz, wird vorgestellt. In Zusammenhang mit den
Verkehrsbeziehungen zum Ausland wird auch die Situation in der USA
beleuchtet. Zum Schluß werden Aussagen über die weiteren Ausbaupläne
des DATEX-P-Netzes getroffen und die wesentlichen Forderungen an eine
Nachfolgetechnik angeführt.

Summary

The Deutsche Bundespost introduced its public packet switched data
network in 1980. The paper reports on the status of DATEX-P after four
years of operation and gives a survey on the services offered, on the
traffic characteristics arising from about 10 000 ports and on network
performance (including data on availability, message transfer delay
and throughput). The paper tackles the international traffic relations
and touches specifically the situation in the USA. Some statements
concern future planning. The essential characteristics of the envisaged next generation packet switch are highlighted.

1 Einleitung

Das Integrierte Text- und Datennetz (IDN) ist ein Nachrichtennetz, das
in gemeinsamen Einrichtungen der Post Daten- und Textnetze zusammen-
faßt. Im Netzteil DATEX-P werden paketvermittelte Datenverbindungen
hergestellt. Die folgenden Ausführungen geben einen Überblick über den
gegenwärtigen Stand des DATEX-P-Netzes und vermitteln einen Ausblick
über die weiteren Ausbaupläne der Deutschen Bundespost. Grundkenntnis-
se über die technischen und betrieblichen Leistungsmerkmale, die in
paketvermittelten Netzen angeboten werden, werden dabei vorausgesetzt
[1, 2, 3].

2 Technik

Das DATEX-P-Netz wurde Mitte 1980 nach erfolgreichem Abschluß eines
Pilotprojektes in Betrieb genommen. Es ist übertragungstechnisch auf
die im IDN generell verwendete PCM-Technik abgestützt. Zwischen den
Vermittlungsstellen werden 64 und 128 kbit/s - Kanäle verwendet, in
der unteren Netzebene werden für den Anschluß der Geschwindigkeiten
9,6 kbit/s zusätzlich Multiplexer ZD-A2 bzw. ZD-A3 eingesetzt. Als
Vermittlungsrechner wird die Technik SL-10 der Fa. Northern Telecom
Ltd. verwendet, deren Angebot bei einer internationalen Ausschreibung
im Jahre 1979 den gestellten Anforderungen am nächsten kam.Vermitt-
lungstechnische Konzentratoren werden bisher nicht verwendet. Aufgaben
des Netzmanagement werden in übergeordneten Zentren wahrgenommen. Im
DATEX-P-Netz teilen sich diese Funktionen das Datennetzkontrollzentrum
(DNKZ, 2 Rechner SL-10) in Düsseldorf und der Datensammelrechner (DSR)
in Darmstadt (Abb 1).
Das DNKZ sammelt alle Alarm-, Statistik- und Gebühreninformationen und
übermittelt sie in regelmäßigen Abständen zum DSR zur weiteren Nach-
verarbeitung. Da die wichtigsten Informationen am Kontrollplatz des
DNKZ laufend angezeigt werden, besteht dort ständig ein umfassender
Überblick über Zustand und Auslastung des Netzes. Im Fehlerfall ist
somit eine sofortige Eingriffsmöglichkeit vom DNKZ aus gegeben, u. U.
sogar ohne Einsatz der am Ort befindlichen Kräfte, weil vom DNKZ aus
alle Bedienfunktionen, wie in der Vermittlungsstelle selbst, ausge-
führt werden können.

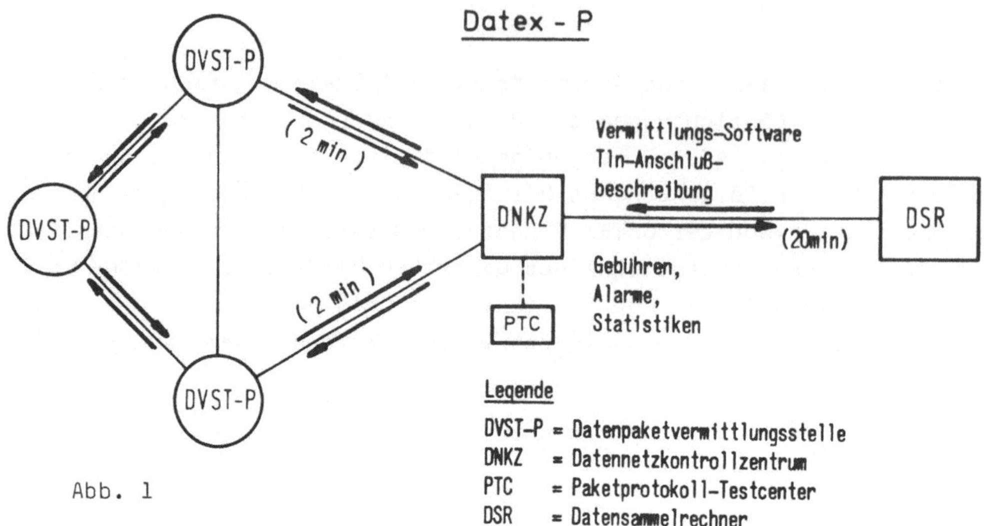

Der Auslandsverkehr wird zur Sicherheit und Lastverteilung auf drei
Vermittlungsstellen abgestützt.

Derzeit wird das Netz, neben den beiden Rechnern für DNKZ-Funktionen,
aus 35 Vermittlungsstellen an 17 Standorten gebildet. (Abb 2)

Abb. 3
DATEX-P: Aufbau einer
SL-10 Vermittlungs-
einrichtung

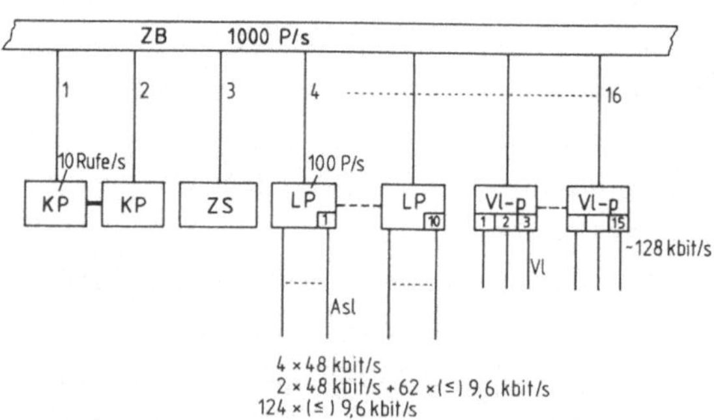

Bei der Technik SL-10 (Abb 3) handelt es sich um ein Multi-Prozessor-
System, dessen modulare Struktur es gestattet, sich dem jeweiligen
Verwendungszweck und dem erforderlichen Aufbaugrad gut anzupassen.
Seit Einführung des Systems wurden von der Herstellerfirma verschiedene Verbesserungen der Hardware und Software vorgenommen, die zusammen
mit zahlreichen Optimierungsuntersuchungen des FTZ zu einer dras-
tischen Steigerung der dynamischen Belastungsfähigkeit führten. Statt

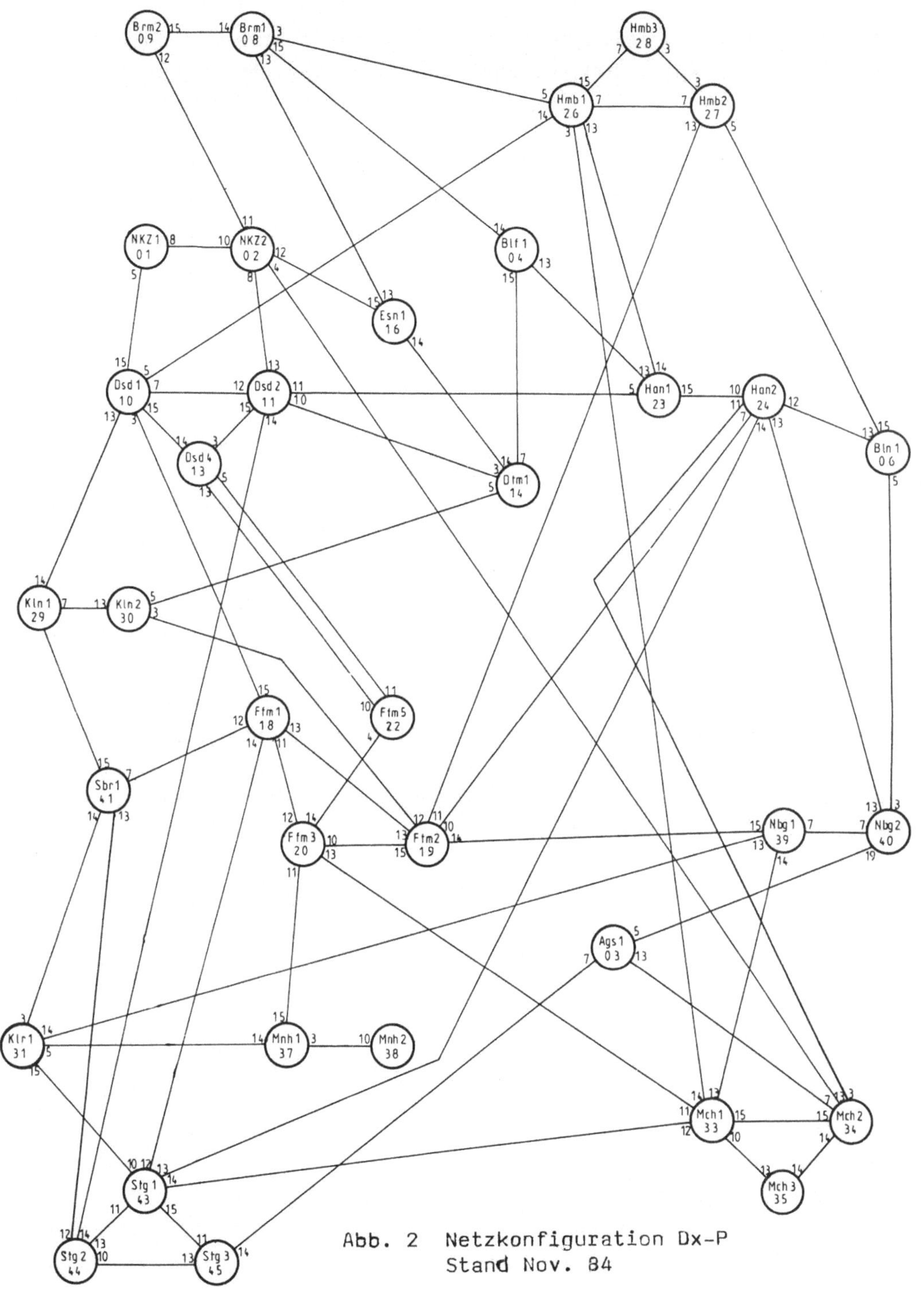

Abb. 2 Netzkonfiguration Dx-P
Stand Nov. 84

ursprünglich ca. 170 Anschlüsse werden nach den neuesten Ergebnissen
bei der derzeitigen Teilnehmer- und Verkehrsstruktur nunmehr etwa 500
Anschlüsse (400 X.25, 100 asynchron) an eine Vermittlungsstelle heran-
geführt.

3 Dienste

Recht umfangreiche Publikationen und Dokumentationen der Deutschen
Bundespost informieren über die Dienstleistungen bei DATEX-P. Die
Deutsche Bundespost folgt bei der Bereitstellung ihrer Dienste möglichst konsequent den Empfehlungen des CCITT. Dies bietet die beste
Gewähr für die Kompatibilität der weltweit eingesetzten Datenendgeräte
und vereinfacht ausserordentlich die internationale Zusammenschaltung
derart komplexer Fernmeldenetze. Leider führen Neuerungen in der Normung auch gelegentlich zu Modifikationen bei den bestehenden Endgeräten. Diese, wenn auch nur geringfügigen Änderungen, werden offensichtlich von den Geräteherstellern unterschätzt. Obwohl z. B. die Neuerungen in der Schnittstellenempfehlung X.25 seit der Vollversammlung im
Jahre 1980 veröffentlicht waren und die Deutsche Bundespost im Okt. 83
über ein Jahr vor der Einführung im Netz alle Hersteller auf die Notwendigkeit zur Anpassung hingewiesen hatte, bereitete die zeitgerechte
Umstellung durchaus noch Probleme. Die Deutsche Bundespost befindet
sich hier oftmals in einer schwierigen Situation. Sie steht einerseits
unter dem Druck, international ratifizierte Neuerungen in ihren Netzen
einzuführen und andererseits die Rückwirkungen auf tausende ihrer Kunden gebührend zu berücksichtigen.

Die Tabelle 1 stellt verschiedene Bezeichnungen von DATEX-P vor, die
für die Beschreibung der einzelnen Dienstleistungskomponenten verwendet werden. Tabelle 2 beschreibt die Verbindungsmöglichkeiten im
DATEX-P-Netz.

Diese knappe Übersicht läßt eine ausführliche Beschreibung der insgesamt angebotenen Leistungsmerkmale nicht zu. Zu einer grundsätzlichen
Orientierung möge Tabelle 3 dienen. Sie umreißt die Leistungsmerkmale
des Basisdienstes DATEX-P 10, d. h. für Verbindungen zwischen Datex-
hauptanschlüssen, welche die Schnittstelle/das Protokoll X.25 erfüllen. Dies werden in der Regel paketorientierte Datenendeinrichtungen
sein. Die Paketfähigkeit kann auch durch eine vorgeschaltete Zwischen-
einrichtung (Black-Box, Protokollkonverter oder ähnliches genannt) erreicht werden.

The table below reads with the **rufender Anschluß** (calling connection) across the top and the **gerufener Anschluß** (called connection) down the left side.

Column headers (left to right):

Hauptanschluß							Zugang (über PAD) aus dem öffentlichen		
für den Basisdienst; DATEX-P				über PAD für die zusätzlichen Dienste; DATEX-P			DATEX-L· Netz; DATEX-P	Fernsprech- Netz; DATEX-P	
10H				20H	32H	42H	20L	20F	42F
mit Protokoll				mit Protokoll			mit Protokoll		
X 25	X 29	P32B	42B	X 28	P32A	P 42A	X 28	X 28	P42A

Matrix (● = Möglich, ✳ = arbeiten oberhalb Ebene 3 nur mit angegebenen Protokollen, ✕ = Nicht möglich):

gerufener Anschluß	X 25	X 29	P32B	42B	X 28	P32A	P 42A	X 28	X 28	P42A
Hauptanschluß · für den Basisdienst; DATEX-P · 10H · mit Protokoll · **X.25**	●	✳	✕	✳	✕	✕	✕	✕	✕	✕
X.29	✳	✕	✕	✕	●	✕	✕	●	●	✕
P32B	✳	✕	✕	✕	✕	●	✕	✕	✕	✕
P42B	✳	✕	✕	✕	✕	✕	●	✕	✕	●
über PAD für die zusätzlichen Dienste; DATEX-P · 20H · mit Protokoll · **X.28**	✕	●	✕	✕	●	✕	✕	●	●	✕
32H · **P32A**	✕	✕	✕	✕	✕	✕	✕	✕	✕	✕
42 H · **P42A**	✕	✕	✕	●	✕	✕	●	✕	✕	●
Zugang (über PAD) aus dem öffentlichen · DATEX-L-Netz · DATEX-P · 20L · mit Protokoll · **X.28**	✕	✕	✕	✕	✕	✕	✕	✕	✕	✕
Fernsprech-Netz · DATEX-P · 20F · **X.28**	✕	✕	✕	✕	✕	✕	✕	✕	✕	✕
42F · **42A**	✕	✕	✕	✕	✕	✕	✕	✕	✕	✕

PAD ... Packet Assembly Disassembly Facility; Paketformung und -auflösung, Codeumsetzung, Prozedurumsetzung

Erläuterungen

● Möglich

✳ Diese Anschlüsse arbeiten oberhalb Ebene 3 (X.25) nur mit den
angegebenen Protokollen. Wenn neben diesen Protokollen das X.25-
Protokoll auch eigenständig betrieben werden kann, sind auch
Verbindungen zu X.25-Anschlüssen möglich.

 Nicht möglich

Tab. 2 Verbindungsmöglichkeiten in DATEX-P

Tabelle 3: Leistungsmerkmale DATEX-P10

Legende
(x) = Bereitstellungszeitpunkt
     noch nicht festgelegt

	beim Verbindungsaufbau frei wählbar	bei Herstellung des Anschlusses bzw. durch Änderungsantrag
Übertragungsgeschwindigkeit des Hauptanschlusses 2400/4800/9600/48000 bit/s		x
Benutzerangaben im Verbindungsanforderungspaket	x	
Art der Verbindungen		
– gewählte virtuelle Verbindung	x	
– feste virtuelle Verbindung		x
Einfach-/Mehrfachanschluß,		x
Anzahl der Kanäle		
– Vorbereitung für gewählte und feste virtuelle Verbindungen		x
– Vorbereitung für ankommenden, abgehenden und wechselseitigen Verbindungsaufbau		x
Fenstergröße in der Paketebene	(x)	x
Teilnehmerbetriebsklasse		x
Subadresse		x
Gebührenübernahme bei ankommendem Ruf		x
Anforderung nach Gebührenübernahme	x	
Sammelrufnummer		x
Durchsatzklassen	(x)	
D-Bit	x	
Unterschiedliche Paketgrößen	(x)	(x)

Abb. 5
Relative Veränderung
des Verkehrsaufkommens
bei DATEX-P

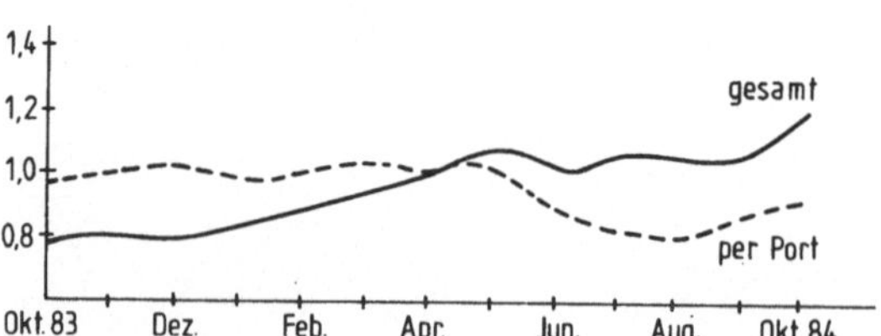

Bevor Datenendgeräte an das IDN angeschlossen werden können, müssen
sie von dem Zentralen Zulassungsamt (ZZF) in Saarbrücken eine Zulassung erhalten. Die Einhaltung der Schnittstellenbedingungen wird dort
mit einem automatischen Testsystem geprüft. Im Vorfeld der Zulassung
haben die Hersteller die Möglichkeit, Endgeräte im Benehmen mit dem
FTZ an der gleichartigen Testanlage PETRUS zu testen. Nach den bisherigen Erfahrungen haben neuentwickelte X.25-Datenendeinrichtungen ohne
vorhergehende Implementationstests mit dem FTZ nur geringe Chancen,
die technischen Zulassungstests zu bestehen. Die Testbedingungen des
Systems PETRUS wurden in Zusammenarbeit mit Herstellern erarbeitet und
werden laufend verfeinert.

Bezeichnungen im DATEX-P-Dienst

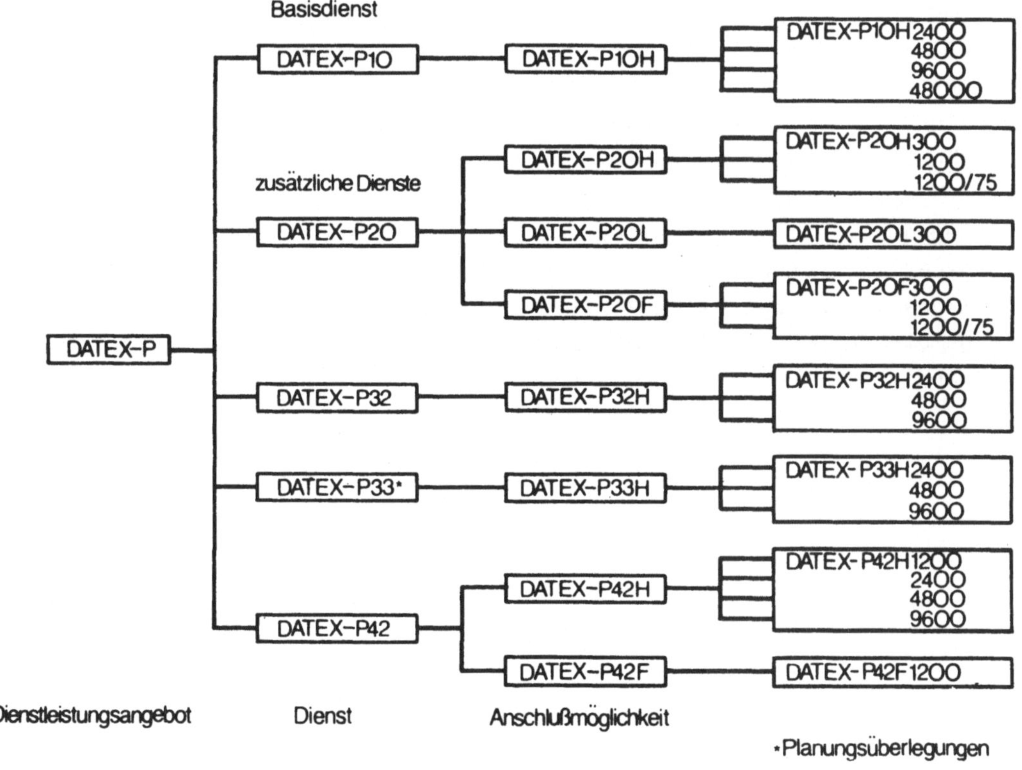

Tab. 1

4 Teilnehmer; Nutzung der Dienste

Den bisherigen und den erwarteten Teilnehmerzuwachs zeigt Abb 4. Die
derzeit ca. 10 000 eingetragenen Hauptanschlüsse wachsen mit knapp 5%
pro Monat sehr in Einklang mit den Prognosen, so daß von gelegent-
lichen lokalen Sonderheiten abgesehen auch keine Beschaltungsengpässe
mehr bestehen. Neben den Teilnehmern mit Hauptanschlüssen benutzt eine
nicht genau bekannte Zahl (geschätzt 1000) von Teilnehmern über P20F
und P42F (Fe-Netz) oder P20L (Dx-L) das paketvermittelte Netz. Darüberhinaus sind über 1000 Teilnehmerkennungen (NUI) für P20 vergeben.
Der gegenüber der ursprünglichen Firmenangabe weit höhere Beschal-
tungsgrad verlangt eine sehr aufmerksame Beobachtung des Verkehrsver-
haltens der Teilnehmer. Abb 5 zeigt, daß sich die Verkehrsänderungen
in den letzten 12 Monaten durchaus in überschaubare Grenzen hielten.

Von den einzelnen Teilnehmergrupppen wird DATEX-P sehr unterschiedlich
genutzt. So erzeugen 85% der Teilnehmer nur 25% des gesamten Verkehrs
im Netz. Ein nicht unbedeutender Anteil der Anschlüsse erzeugt nur einen äußerst schwachen Verkehr, d. h. oft besteht über mehrere Tage
überhaupt kein Verkehrsaufkommen.

Im Gegensatz zur Verkehrsstruktur bei den öffentlichen Paketvermitt-
lungsnetzen in den meisten anderen Ländern ist der Anteil der X.25
Basisanschlüsse bei DATEX-P mit 84% vergleichsweise hoch. Tabelle 4
zeigt die Verteilung der Anschlüsse nach Dienst und Übertragungsgeschwindigkeit.

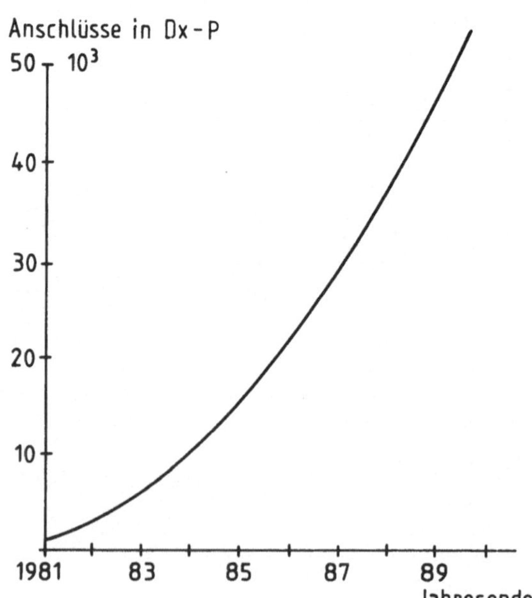

Abb. 4

Tabelle 4
Anzahl der Anschlüsse je Dienst und Übertragungsgeschwindigkeit

Dienst	Übertragungs-geschwindigkeit	Verteilung der Anschlüsse
Hauptanschlüsse:		
P1OH	2400 bit/s	25,5 %
	4800 bit/s	32,0 %
	9600 bit/s	42,0 %
	48000 bit/s	0,5 %
	Gesamt	84,0 %
P2OH	110-300 bit/s	
	1200 bit/s	
	75/1200 bit/s	11,0 %
P32H	2400 bit/s	
	4800 bit/s	
	9600 bit/s	
	Gesamt	4,0 %
P42H	1200 bit/s	
	2400 bit/s	
	4800 bit/s	
	Gesamt	0,1 %
Gesamtanzahl der Hauptanschlüsse		ca. 10 000

64% der X.25-Hauptanschlüsse benutzen Gewählte Virtuelle Verbindungen
(SVC), der Rest - die Zahl ist abnehmend - Feste Virtuelle Verbindun-
gen (PVC). Eine wichtige Größe für die richtige Dimensionierung des
Netzes ist die Tagesverkehrskurve. (Abb 6)

Die Anzahl der Logischen Kanäle je Hauptanschluß richtet sich stark
nach der Übertragungsgeschwindigkeit und schwankt zwischen durch-
schnittlich 31 bei 48 kbit/s und 2,2 bei 2,4 kbit/s. Im Durchschnitt

treffen in DATEX-P 4,4 Logische Kanäle auf einen Anschluß.

Abb. 6 Tagesverkehrsver-
lauf (gemittelt) im
DATEX-P für einen Wochen-
tag (Nov. 84)
Hauptverkehrsstunde $\hat{=}$
12,5% des Gesamtverkehrs
pro Tag

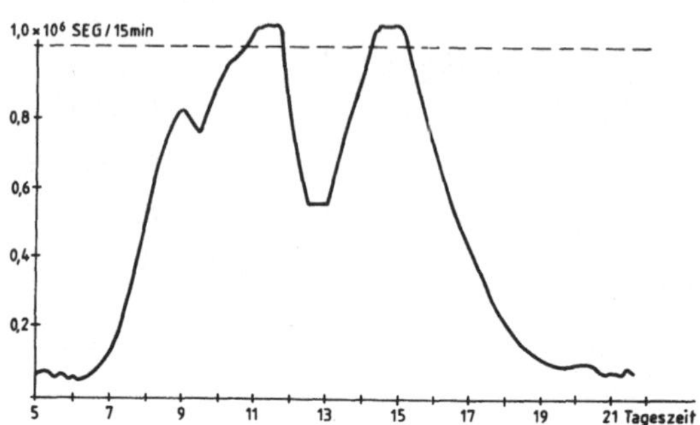

Teilnehmerverzeichnis

Es ist ungewöhnlich, daß für DATEX-P vier Jahre nach der Einführung
des Dienstes noch kein Teilnehmerverzeichnis vorliegt. Der Grund liegt
darin, daß von vielen Benutzern der Sinn eines öffentlichen Teilneh-
merverzeichnisses bei vielen Gesprächen, z. B. auch im Benutzerkreis
DATEX-P infrage gestellt wurde, weil die Art der Endgeräte und der Anwendung eine Verbindung zwischen verschiedenen Teilnehmergruppen ohne-
hin nicht zuläßt. Zahlreiche Teilnehmer wünschten sogar, daß ihre DA-
TEX - Rufnummer nicht veröffentlicht wird. Das nunmehr veröffentlichte
"Amtliche Verzeichnis der DATEX-L- und DATEX-P-Teilnehmer" berücksich-
tigt diese Wünsche. Die DATEX-Teilnehmer können entscheiden, ob neben
der Adresse noch weitere Informationen über ihren Anschluß in das Verzeichnis aufgenommen werden sollen.

Gebühren

Nach mehreren Betriebsjahren ist es offensichtlich, daß mit den derzeitigen Gebühren auch bei größeren Teilnehmerzahlen keine Kostendeckung erreicht werden kann. Die Gebührendegression bei Übermittlung
von mehr als 0,2 Mio. bzw. 0,4 Mio. Segmenten veranlaßte die meisten
Teilnehmergruppen das Leistungsmerkmal "Gebührenübernahme durch
Gerufenen" in Anspruch zu nehmen, so daß in der Praxis nur noch die

günstigste Mengenstaffel zur Anwendung kam. Überdies kam die eigentliche Absicht der DBP, eine optimale Übermittlungsmöglichkeit für interaktiven Verkehr zur Verfügung zu stellen, nur teilweise zur Wirkung, weil durch die attraktive Volumendegression in hohem Maße auch Stapel-betrieb mit großem Verkehrsvolumen in DATEX-P abgewickelt wurde ohne daß wegen der zu niedrigen Gebühr in der höchsten Mengenstaffel eine Kostendeckung erreichbar war. Bei Stapelverkehr von Terminal zu Terminal ist eine Paketbildung unzweckmäßig. Für Stapelverkehr bieten sich die leitungsvermittelten Netze als die bessere Lösung an. Die gegenüber der Leitungsvermittlung um ein mehrfaches höheren Kosten der Paketvermittlung können bei dieser Betriebsweise weder durch betriebliche noch übertragungstechnische Kosteneinsparungen aufgefangen werden. In den Diskussionen zwischen DBP und den im Ausschuß für Datenfernverarbeitung vertretenen Verbänden konnten sich auch die Kunden der DBP dieser Situation nicht verschließen. Die Tabelle 5 zeigt die Erhöhung der Volumengebühr, wie sie bis zum Jahre 1987 in 3 Stufen zur Anwendung kommen wird.

Ein Segment besteht aus bis zu 64 Bitgruppen (Oktetts) zu je 8 Bits; bei DATEX-P20 entspricht ein Zeichen einem Oktett.

gültig vom 01.07.85 bis 31.12.85

5.2 Volumengebühr (national) Pf/Segment

Mengenstaffel[4] / Zeitabschnitte	Taggebühr 08.00-18.00	Nachtgebühr I 6-8 und 18-22	Nachtgebühr II 22.00-06.00
Erste 0,2 Mio Segmente	0,33	0,18	0,09
Zweite 0,2 Mio Segmente	0,18	0,12	0,06
alle weiteren Segmente	0,12	0,08	0,04

gültig vom 01.01.86 bis 31.12.86

5.2 Volumengebühr (national) Pf/Segment

Mengenstaffel[4] / Zeitabschnitte	Taggebühr 08.00-18.00	Nachtgebühr I 6-8 und 18-22	Nachtgebühr II 22.00-06.00
Erste 0,2 Mio Segmente	0,33	0,18	0,09
Zweite 0,2 Mio Segmente	0,18	0,12	0,06
alle weiteren Segmente	0,16	0,10	0,05

gültig ab 1. Januar 1987

5.2 Volumengebühr (national) Pf/Segment

Mengenstaffel[4] / Zeitabschnitte	Taggebühr 08.00-18.00	Nachtgebühr I 6-8 und 18-22	Nachtgebühr II 22.00-06.00
Erste 0,2 Mio Segmente	0,33	0,18	0,09
alle weiteren Segmente	0,20	0,12	0,06

Tab. 5

Auszug aus den Hauptgebührenpositionen DATEX-P

5   Netzverhalten

Verfügbarkeit

Die Verfügbarkeit des DATEX-P-Netzes gab in der Vergangenheit gelegentlich Anlaß zu berechtigten Teilnehmerbeschwerden. Ungünstig wirkte
sich bei Systemfehlern die unvollständige Redundanz der Vermittlungstechnik aus. Da überdies das Betriebssystem bei Knotenausfällen nur
mit Band nachgeladen werden konnte, führten Systemausfälle wegen der
Ladezeiten zu unnnötig langen Ausfallzeiten. Ende 1983 wurde nach
sorgfältiger Analyse aller betrieblichen und technischen Schwächen und
mit großzügiger Unterstützung des Herstellers der Vermittlungstechnik
die Verfügbarkeit des DATEX-P-Netzes deutlich verbessert. Überdies
werden die Bandgeräte der Vermittlungsstellen derzeit durch Plattenge-
räte ersetzt, so daß die Ladezeiten und damit die Ausfalldauer einer
Vermittlungsstelle in Zukunft drastisch verringert werden. Seit
dem Abschluß des Stabilisierungsprogrammes im 1. Halbjahr 1984 ist die
durchschnittliche Knotenverfügbarkeit nicht mehr unter den Mindest-
wert von 99,8 gefallen.

Dienstgüte

Meßergebnisse an den wichtigsten Dienstgüteparametern wurden in [4]
veröffentlicht.

Das DATEX-P-Netz ist so gestaltet, daß drei Übermittlungsabschnitte im
Regelfall nicht überschritten werden. Damit gelingt es die Netzlauf-
zeit niedrig zu halten. Die Netzlaufzeit wird definiert als das Zeit-
intervall vom vollständigen Empfang eines Informationsblocks in der
Ursprungs-Vermittlungsstelle bis zum vollständigen Ablegen dieses
Blocks im Ausgangspuffer der Anschlußleitung des Empfängers in der
Ziel-Vermittlungsstelle.

Tabelle 6 zeigt die im DATEX-P-Netz ermittelten Netzlaufzeiten für Datenpakete mit 128 Oktetts Benutzerdaten in Abhängigkeit von der Anzahl
der benutzten netzinternen Übermittlungsabschnitte.

Anzahl der Übermittlungs- abschnitte	Netzlaufzeit [ms]			
	Durch- schnitt	min	max	95 %
1	110	74	172	≤ 141
2	126	103	181	≤ 144
3	141	132	197	≤ 162
4	173	158	224	≤ 193

Tabelle 6: Netzlaufzeit von Datenpaketen im DATEX-P-Netz

Der Verbindungsaufbau stellt eine besondere Form des Dialogs zwischen den beteiligten Datenendeinrichtungen dar. Tabelle 7 zeigt die Abhängigkeit der Verbindungsaufbauzeiten von der Anzahl der benutzten netzinternen Übermittlungsabschnitte

Anzahl der Übermittlungs- abschnitte	Verbindungsaufbauzeiten [ms]			
	Durch- schnitt	min	max	95 %
1	340	272	494	≤ 405
2	380	319	644	≤ 427
3	400	332	643	≤ 448
4	418	384	465	≤ 461

Tabelle 7: Verbindungsaufbauzeiten im DATEX-P-Netz

Neue Teilnehmer im DATEX-P-Netz, die ihre Anwendung aus den festgeschalteten Leitungen des HfD in das vermittelte Netz überführt haben beklagen sich häufig über den verringerten Durchsatz. Das Problem liegt in der zusätzlichen "Intelligenz" des Paketnetzes gegenüber den "unintelligenten" Leitungen des HfD. Z.B. geben Verarbeitungsprogramme im allgemeinen Anwender-Datenblöcke zur Übermittlung frei, die erheblich größer sind als die maximalen Paketlängen, wie sie im DATEX-P-Dienst verwendet werden können. Sie werden deshalb vor der Übermittlung in die zulässigen Paketlängen von 128 Oktetts unterteilt und bei der empfangenen DEE wieder zusammengesetzt, bevor sie an das dortige

Verarbeitungsprogramm übergeben werden. Zur Erhöhung der Übertragungs-
sicherheit verlangt die sendende DEE von der empfangenden häufig noch
eine zusätzliche Empfangs-Bestätigung (Quittierung) für einen gesende-
ten Anwender-Datenblock. Erst dann gibt sie den nächsten zur Übermittlung frei. Dies entspricht einer Fenstergröße w = 1 für Anwender-Datenblöcke. Da während des Wartens auf diese Bestätigung die weitere
Übermittlung angehalten ist, reduziert sich der erreichbare Durchsatz.
Die Reduzierung ist um so größer, je kleiner die Anwender-Datenblöcke
sind, d. h. je häufiger auf Quittungen gewartet werden muß. In der
nachfolgenden Tabelle 8 ist die Abhängigkeit des Durchsatzes von der
Größe der Anwender-Datenblöcke dargestellt.

Länge der An-wender-Daten-blöcke Oktetts	Durchsatz Dp/s
256	2.13
512	3.94
1024	4.59
2048	5.23

Tabelle 8: Abhängigkeit des Durchsatzes von der Größe der Anwender-
Datenblöcke

Meßbedingungen für alle angeführten Meßwerte:

- TANDEM-R16-Rechner als Datenquelle
- TANDEM-R16-Rechner als Datensenke
- Fenstergröße w = 2 (Paketebene)
- Übertragungsgeschwindigkeit 9600 bit/s
- volle Datenpakete (128 Oktetts)
- ein interner Übermittlungsabschnitt im DATEX-P-Netz

6 Verkehr mit dem Ausland

Etwa 10 % des Gesamtverkehrs wird bei DATEX-P mit dem Ausland abgewickelt. In letzter Zeit suchen auch kleinere und industriell noch
nicht sehr entwickelte Länder mit Hilfe der Paketvermittlungstechnik

Generell sei jedoch vermerkt, daß die DBP die Verkehrsaufnahme mit jedem neuen Land, sobald es dazu in der Lage ist, einleitet. Wenn die
direkte Verbindung der Netze nicht möglich ist, wird die Verbindung
über ein Transitland geschaltet.

Situation in den USA

Für die Verbreitung neuer Techniken und Verfahren ist im Bereich der
Datenkommunikation die Situation in den USA immer von besonderer Bedeutung. Obwohl die USA als das Mutterland der Paketvermittlung betrachtet werden muß, fand diese Technik in öffentlichen Netzen dort
nur sehr zögernd Eingang. Seit 1977 sind dort fast ein Dutzend kleiner
öffentlicher Paketvermittlungsnetze im Betrieb, in die sich fast
ebensoviele Hersteller teilen. Erst mit der Auflösung von Teilen der
AT&T ("divestiture") und der Bildung von 22 regional selbständigen Be-
triebsgesellschaften (BOCs = Bell Operating Companies), organisiert in
sieben Regional Holding Companies (RHC) änderte sich die Situation.
Praktisch jede BOC bietet nunmehr einen öffentlichen Paketvermitt-
lungsdienst an oder plant dies zumindest für die nahe Zukunft.

Abb. 7 zeigt die Zuordnung der BOCs zu den RHCs. Ergänzend dazu
erläutert die Tabelle 10, welche Hersteller nach dem Wissensstand des
Verfassers die Vermittlungstechnik liefern. Einige Gesellschaften sind
gengewärtig noch in der Angebotsauswertung.

Abb. 7

Tabelle 10: Regional Holding Companies (RHC) und Bell Operating Companies (BOC) mit ihren wichtigsten Systemlieferanten.

Paketvermittlungslieferanten , einschl. "Independents"

		SIE	NT	TYM	WE	BBN	GTE
NYNEX (Corp.)	1. New England Tel.	X					
	2. New York Tel.	X					
Bell Atlantic (Corp.)	3. Bell of Pennsylvania	X					
	4. Diamond State Tel.	X					
	5. New Jersey Bell				X		
	6. - 9. The C & P Companies	X					
AMERI-TECH	10. Illinois Bell		X				
	11. Indiana Bell	X					
	12. Michigan Bell					X	
	13. Ohio Bell		X				
	14. Wisconsin Bell	X					
	15. Southwestern Bell			X			
USWEST (Inc.)	16. Mountain Bell						
	17. Northwestern Bell						
	18. Pacific Northwest Bell						
PACIFIC TELESIS (Group)	19. Pacific Bell		X				
	20. Nevada Bell		X				
Bell SOUTH	21. South Central Bell						
	22. Southern Bell		X				X

SIE   Siemens AG
NT   Northern Telecom
TYM   Tymnet
WE   Western Electric
BBN   Bolt Beranek & Newman
GTE   GTE Telenet

Zugang zu den Informationsnetzen der Industrieländer. Tabelle 9 zeigt den gegenwärtigen Stand der möglichen Verkehrsbeziehungen zwischen der Bundesrepublik und dem Ausland.

Tabelle 9: DATEX-P-Übersicht
Verkehrsbeziehungen mit dem Ausland (Stand Okt. 1984)
Länder, die über ein Transitland erreicht werden, sind mit * gekenn-
zeichnet.

Ägypten *	Jungferninselnn *
Alaska *	Kanada
Argentinien *	Kamerun *
Australien *	Kolumbien *
Bahamas *	Korea (Rep) *
Bahrain *	Luxemburg *
Barbados *	Marokko *
Belgien	Mexico *
Bermudas *	Niederlande
Brasilien *	Neuseeland *
Chile *	Norwegen
Costa Rica *	Österreich
Dänemark	Panama *
Dominikanische Republik *	Philippinen *
Elfenbeinküste *	Portugal *
Finnland	Puerto Rico *
Frankreich	Reunion *
Fr.-Antillen *	Schweden
Fr.-Polynesien *	Schweiz
Gabun *	Singapore *
Griechenland *	Spanien
Großbritannien	Südafrika *
Guam *	Taiwan *
Hawaii *	Thailand *
Hongkong *	Trinidad und Tobago *
Irland *	Tunesien *
Israel *	Vereinigte Arab. Emirate *
Italien	USA
Japan	

7 Weiterer Ausbau des DATEX-P-Netzes

Mittelfristige Ausbaupläne

Der derzeitige technische Stand der Vermittlungstechnik SL-10 erlaubt
aus heutiger Sicht einen Netzausbau auf mindestens ca. 30 000 Anschlüsse. Wegen der wachsenden Anzahl von Übermittlungsabschnitten bei
einer Verbindung, ist es allerdings notwendig, die Anzahl der für die
Verkehrslenkung maßgebenden Vermittlungsstellen zu reduzieren. Bereits
in den nächsten Monaten wird damit begonnen, jeweils mehrere Knoten in
einer Region zusammenzufassen ("Clusterbildung"). Die Regionen werden
dann eine zweite Netzebene bilden.

Die Herstellerfirma ist zuversichtlich, daß durch geeignete Verbesserungen am Knotenrechner und in der Leitweglenkung und durch den Anschluß von Konzentratoren die Anschlußkapazität des Netzes noch deutlich gesteigert werden kann. Es ist nicht sicher, ob diese Leistungs-
steigerung von der Deutschen Bundespost in Anspruch genommen werden
wird, weil bereits alle Maßnahmen für die Einführung eines leistungsfähigeren Nachfolgesystems eingeleitet worden sind.

Langfristige Ausbaupläne

Bereits bei der Einführung der Technik SL-10 war festgelegt worden,
daß dieses System schritthaltend mit dem technologischen Fortschritt
ab etwa 13 000 Teilnehmern von einer leistungsfähigeren Nachfolgetechnik abgelöst werden soll. Das System SL-10 erwies sich als leistungsfähiger als ursprünglich angenommen, so daß in Anbetracht der nicht
unerheblichen Einführungskosten für jede neue Technik, keine Notwendigkeit für eine rasche Ablösung bestand. Durch die Entscheidung der
Bundespost, die Paketvermittlungstechnik im ISDN erst in einem zweiten
Entwicklungsschritt zu integrieren, wird zugleich die Anforderung an
die Anschlußkapazität des Nachfolgesystems umrissen. Um den Anschlie-
ßungsbedarf bis mindestens zum Jahre 1995 zu decken, muß das System
dem Verkehrsbedürfnis von 150 - 200 000 Teilnehmern genügen. Das System wird nach Auswertung der z. Zt. noch laufenden öffentlichen internationalen Ausschreibung ausgewählt und soll ab etwa 1987 bei dem weiteren Netzausbau zum Einsatz kommen.

Die nachfolgende Auflistung umreißt die wichtigsten Leistungsmerkmale,
die die Deutsche Bundespost von diesem System fordern muß.

- Vermittlungstechnik

     Kapazität   10 000 Anschlußleitungen
                           30 000 Pakete/sek.

     Verfügbarkeit   99,997 % (15 min/Jahr Totalausfall erlaubt)

     Aufbau   modulare Bauweise, die wirtschaftlichen
                           Einsatz auch bei kleinen Teilnehmerzahlen
                           ermöglicht
                           geringer Raumbedarf
                           niedriger Energieverbrauch

     Betrieb   24 h Betrieb
                           Systemänderungen ohne Betriebsunterbrechun-
                           gen

- Netz   Hierarchische Struktur
                           Konzentratortechnik
                           2 Mbit/sec Verbindungsleitungen

                           Dynamische Leitweglenkung
                           Maßnahmen zur Überlastabwehr

- Netzübergang   Zusammenarbeit mit dem bereits bestehenden
                           Teil des DATEX-P-Netzes
                           Kompatibilität mit den bestehenden Diensten

Literatur

1   Benutzerhandbuch Dx-P
2   Der paketvermittelte Datexdienst DATEX-P v. D. RUNKEL u.
     W. TIETZ
     Der Fernmelde-Ingenieur 36. Jg./ Heft 6, Juni 1982
3   Datenkommunikation in den Fernmeldenetzen der DBP,
     v. H. GABLER u. W. TIETZ. Informatik-Spektrum 4, (1981)
4   "Delay and Throughput Analysis for the German Packet Switched
     Public Data Network DATEX-P" v. K. P. STEINRUCK, G. GUTZMEROW
     Globecom '84 IEEE Global Telecommunications Conference,
     Nov. 1984, Atlanta, USA.

                    "Zugang zu internationalen Netzen"

                       W. Zorn, M. Rotert, M. Lazarov

                           Universität Karlsruhe

Kurzfassung

Beim Blick auf die internationale Netzlandschaft stellt man
fest, daß derzeit eine erhebliche Anzahl von Rechnernetzen
im Wissenschaftsbereich existieren (ARPANET, CSNET, BITNET
u.a.), die sowohl in ständigem Wachstum, als auch in einer
zunehmenden Verflechtung untereinander begriffen sind. Aus
deutscher Sicht stellt sich die Frage, wie neben dem Aufbau
einer nationalen Infrastruktur Anschlüsse an diese Netze realisiert werden können.

Der folgende Beitrag gibt einen Überblick über existierende
internationale Netze einschließlich deren Interkonnektionen
für den ELECTRONIC-MAIL-Dienst. Es folgt die Darstellung des
Netz-Istzustandes in Deutschland. Die speziell in Karlsruhe
bei der Realisierung eines CSNET-HOST's gewonnenen Erkenntnisse
und Erfahrungen werden dargestellt. Adressierungsfragen werden
diskutiert sowie aktuelle Probleme aufgezeigt.

Abstract

Looking over the German frontiers we realize especially in the
scientific area a remarkable number of computer-networks (ARPA-
NET, CSNET, BITNET a.o.), which are growing rapidly and tend to
interconnect with each other in multiple ways.

From the German point of view the question is how to come along
with both the erection of a nation-wide network and the access
to international networks.

The following paper first tries to give a general survey of
existing international networks and their services including
ELECTRONIC MAIL-Interconnections. The network-status of Germany
is presented subsequently. Special experiences and results
gained during the realization and operation of the CSNET-HOST
at Karlsruhe are presented. Adressing questions are discussed
as well as actual problems.

1. Einleitung, Übersicht

Beim Blick über die Grenzen der technisch/wissenschaftlichen
Rechnernetze in Deutschland hinaus trifft man auf eine erhebliche Anzahl und Vielfalt internationaler sowie weiterer nationaler
Netze, von der die folgende Auswahl eine Vorstellung vermitteln
soll:

USA, NORDAMERIKA, CANADA	EUROPA
- ARPANET	- EARN
- CSNET	- EUNET
- BITNET	- JANET (GB)
- MAILNET	- COM (S)
- EDUNET	- SUNET (S)
- USENET	- FUNET (SF)
- VNET	u.a.m.
- CCNET	
- CDNNET	
u.a.m.	

Angesichts der Vielfalt dieser Netze stellen sich zahlreiche
Fragen:

* welche Dienste bieten die einzelnen Netze an
* welche Netze sind demzufolge von Interesse
* wer darf deren Dienste in Anspruch nehmen
* wie realisiert man am einfachsten einen Zugang
* wie sind die Netze untereinander verbunden
* welche Probleme gibt es beim Netzverbund
* wer trägt welche Kosten

und schließlich

* welche Netzzugänge sind bereits jetzt in
  Deutschland realisiert
* welche weiteren Aktivitäten sind notwendig

Der vorliegende Beitrag versucht, die genannten Fragen zu behandeln, wobei hierzu zunächst ein Grobüberblick über einige der wichtigsten Netze gegeben wird (Kap. 2). Danach werden die Interkonnektionen zwischen diesen Netzen einschließlich der Adressierung speziell für den Bereich ELECTRONIC MAIL
behandelt (Kap. 3). Es folgt die Darstellung des Netz-Istzustandes in Deutschland einschließlich der vorhandenen internationalen Zugänge (Kap. 4). Hierbei wird auf den in Karlsruhe rea-
lisierten CSNET-Zugang etwas detaillierter eingegangen (Abschnitt
4.3). Probleme des Netzverbundes, insbesondere im Hinblick auf
eine Vereinheitlichung der Adressierung ebenso wie der Anwender-
schnittstelle werden in Kapitel 5 behandelt. Es folgt eine Zusammenstellung derzeit wichtiger offener Probleme (Kap. 6).

2. Netz-Charakteristika

Die folgende Zusammenstellung gibt eine Übersicht über die
wichtigsten Eigenschaften der einzelnen Netze:

o CSNET   das COMPUTER SCIENCE NETWORK wird von der
             amerikanischen NATIONAL SCIENCE FOUNDATION
             (NSF) gefördert und verbindet derzeit ca.
             150 nicht kommerzielle Forschungseinrichtungen
             (Universitäten, Forschungszentren) unterei-
             nander. Zugelassen werden dabei auch interna-
             tionale Teilnehmer (ein HOST pro Land) zur
             Anbindung von nationalen Netzen (z.Zt. Deutsch-
             land, Großbritannien, Israel, Korea und Schwe-
             den) [EDMI83], [CIC85].

             Die von CSNET angebotenen Dienste umfassen

             o ELECTRONIC MAIL (mit INFO-GROUPS)
             o FILETRANSFER
             o REMOTE JOB ENTRY
             o NAME-SERVER

             CSNET enthält das ARPANET als integriertes Teilnetz.
             Anschlüsse an CSNET sind möglich über PHONENET,
             TELENET und X25NET. Je nach Anschlußart variieren
             die Protokolle (MMDF - MULTI MEMO DISTRIBUTION
             FACILITY, PMDF - Pascal Version von MMDF, SMTP -
             Simple Mail Transport Protocol, TCP/IP o.ä. wie bei
             ARPA [LAND8X]) und damit verbunden auch die Dienste.
             Über PHONENET ist z.B. nur MAIL möglich. CSNET
             besitzt GATEWAYs zu
                          - BITNET
                          - MAILNET
                          - u.a.m.

o EARN   - Im Jahr 1983 stellte IBM die Idee des EURO-
               PEAN ACADEMIC AND RESEARCH NETWORK - EARN - vor,
               wobei diese Idee durch folgende Leistungen von
               IBM besonders attraktiv gemacht wurde [HEB85]:

             - für die Dauer von 4 Jahren werden die Leitungs-
               kosten übernommen. Dies gilt für die europä-
               ischen Verbindungen ebenso wie für das in
               Deutschland durch 23 Pilot-Teilnehmer definierte
               "Rückgrat".

             - die Knotenrechner für die Anbindung der nationa-
               len Netze an die internationalen Leitungen, i.a.
               IBM 43XX-Anlagen, werden kostenlos zur Verfügung
               gestellt.

             - die langen Erfahrungen mit dem IBM-internen Netz
               VNET werden EARN zugänglich gemacht.

EARN bietet standardmäßig folgende Dienste an:

- ELECTRONIC MAIL
- FILE TRANSFER
- NETWORK INFORMATION CENTER mit Diensten
  wie:
    . verschiedene Abfragmöglichkeiten
      im Dialog
    . HELP, Knoteninformationen, Status
    . Schwarzes Brett
    . verteiltes Computer-Konferenz-System
      (noch im Test)

EARN basiert - wie auch das amerikanische
"Schwesternetz" BITNET und das IBM-interne VNET -
auf folgenden Techniken

- BSC-Leitungsprotokoll, genauer gesagt, die durch
  die IBM-Produkte JE82/NJE, JE83/NJI, bzw. RSCS-
  NETWORKING definierte Variante MULTILEAVING.

- STORE AND FOREWARD-Prinzip auf Basis RSCS
  (REMOTE SPOOLING COMMUNICATION SUBSYSTEM),
  d.h., die Daten werden in jedem Knoten zunächst zwischengespeichert und anschließend
  weitergesendet.

- 9600 Baud Standleitungen. Abhängig von der
  Entfernung zum nationalen Knoten werden auch
  geringere Leistungsgeschwindigkeiten eingesetzt.

o BITNET: ist das amerikanische "Schwesternetz" zu EARN.
            Beide umfassen z.Zt. über 400 Knoten [BIT83].
            BITNET besitzt GATEWAYs zu

                        - CSNET/ARPANET
                        - USENET
                        - MAILNET
                        - EDUNET
                        u.a.m.

o EUNET   Das EUROPEAN UNIX NET dient zur Kopplung von
            Anlagen unter UNIX oder UNIX-Dialekten [EUUGX].
            Für einen EUNET-Anschluß benötigt man eine
            Nachbarinstallation, welche bereits EUNET-Kno-
            ten ist. Die Struktur von EUNET wird damit weit-
            gehend dezentral bestimmt.

            EUNET umfaßt derzeit 20 Installationen in
            Deutschland, 230 in Europa und mehr als 2000
            im USENET, dem amerikanischen Teil des Netzes.

            Die im EUNET angebotenen Dienste sind

* NEWS
* ELECTRONIC MAIL

Die Datenübertragung geschieht mittels eines
STORE AND FORWARD-Verfahrens unter Verwendung
von UUCP (UNIX TO UNIX COPY PROTOCOL).

Als Übertragungsmedium wird in den meisten
Fällen das öffentliche Fernsprechnetz verwendet, in letzter Zeit auch zunehmend DATEX-P.
Oft gibt es nicht nur einen sondern mehrere
Wege, die zum Zielrechner führen. Der Weg
einer Nachricht muß normalerweise vom Absender vollständig spezifiziert werden. Zu
diesem Zweck existiert eine Liste aller Installationen und ihrer Verbindungen untereinander, die monatlich veröffentlicht wird.
Angeschlossene Installationen kann man in
drei Kategorien einteilen:

      BACKBONE SITE (Hauptknoten)
      SECONDARY FEEDER (Zwischenknoten)
      TERMINAL SITE (Endknoten)

BACKBONE SITE ist ein Hauptknoten innerhalb
eines Landes oder einer Region, über welchen
insbesondere der Fernverkehr läuft. BACKBONE
SITEs leisten darüberhinaus technische Unterstützung und sind für die Wartung und Distri-
butierung der Netz-Software zuständig. Für
Deutschland ist die Universität Dortmund z.Zt.
BACKBONE SITE.

Die Unterscheidung zwischen FEEDER und BACKBONE
SITE ist fließend. Im wesentlichen sind FEEDER
für das reibungslose Weiterleiten von NEWS und
MAIL von und zu ihren jeweiligen TERMINAL SITEs
verantwortlich. TERMINAL SITEs schließlich treten als reine Nutzer im EUNET auf.

EUNET besitzt GATEWAYs u.a. zu

      - CSNET
      - EARN

o USENET: ist das amerikanische "Schwesternetz" zu EUNET
mit derzeit ca. 2000 Knoten. Es besitzt
GATEWAYs u.a. zu

      - CSNET
      - BITNET

o EDUNET: EDUNET, das von der EDUCOM-Organisation getragen
wird, ist ein Rechnernetz für Universitäten,

Colleges und andere nicht kommerzielle Organisa-
tionen [EDUNX]. Es umfaßt derzeit über 300 teil-
nehmende Institutionen in USA, Canada und Japan.

EDUNET propagiert zahlreiche anwendungsbezogene
Dienste wie

- FILETRANSFER (KERMIT)
- MAIL (u.a. MAILNET)
- Programmbibliotheken
- Informationsbörse
- Produktbörse (DISCOUNT GUIDE)

EDUNET ist ein heterogenes Netz, welches den Anschluß auch kleinerer Systeme ermöglicht (PC's).

EDUNET unterhält GATEWAY's u.a. zu

- BITNET
- MAILNET

o MAILNET: MAILNET ist ein von EDUCOM initiiertes preiswer-
tes Netz im amerikanischen Universitätsbereich
(z.Zt. mehr als 60 Teilnehmer) mit Schwerpunkt

- MAIL [EDUCX]

MAILNET ist ein sternförmiges Netz mit zentralem
Knoten beim MIT ("hub"). Eine Besonderheit von
MAILNET ist die Integration von ca. 12 verschiedenen MAIL-Systemen (u.a. zu COM) auf ca. 8 verschiedenen HOST's.

MAILNET besitzt GATEWAYs u.a. zu

- BITNET
- CSNET
- EDUNET
- COM

o COM: COM ist ein Kommunikationssystem mit zentralem
Knoten an der Universität Stockholm ("QZ")
[PALM83]. Wesentliche Dienste sind

- MAIL
- CONFERENCING

An der Universität Stockholm werden z.Zt. über
1.000 Adressen verwaltet, zusammen mit weiteren
COM-Installationen (USA, Irland, Skandinavien)
sogar über 10.000.

COM ist auf DEC 10/20-Anlagen implementiert. Ein
portables Derivat von COM stellt PortaCOM dar,
welches auf über 12 Anlagen implementiert ist,

u.a. auch auf SIEMENS BS2000.

COM unterstützt GATEWAYs u.a. zu

- CSNET/ARPANET
- MAILNET
- Netzen nach GILT-Standards

An weiteren wichtigen nationalen Netzen sind zu nennen in:

CANADA: CDNNET, auf X.400 basierend
                   (EAN-System [NEUF83])

Großbritannien: JANET, größtes Rechnernetz in
                   Europa mit über 200 Knoten,
                   auf den COULERED BOOK-Proto-
                   kollen basierend [COLE84]

Schweden: SUNET   [WALL85]

Deutschland: DFN,   (im Aufbau befindlich) [ULLM85]

Finnland: FUNET, ("   "   "   ) [RIKK84]

3. Interkonnektionen

3.1 Topologie

Wie bei der Vorstellung der einzelnen Netze in Kap. 2
bereits erwähnt, existieren zahlreiche GATEWAYs zwischen
den einzelnen Netzen, wobei die Betrachtung derzeit sinn-
vollerweise auf die Verbindung der MAIL-Dienste beschränkt
bleiben soll.

Der Netzverbund mit seinen wichtigsten Übergängen ist im
folgenden sowohl grafisch (s. Abb. 1), als auch tabellarisch
(s. Tab. 1) dargestellt.

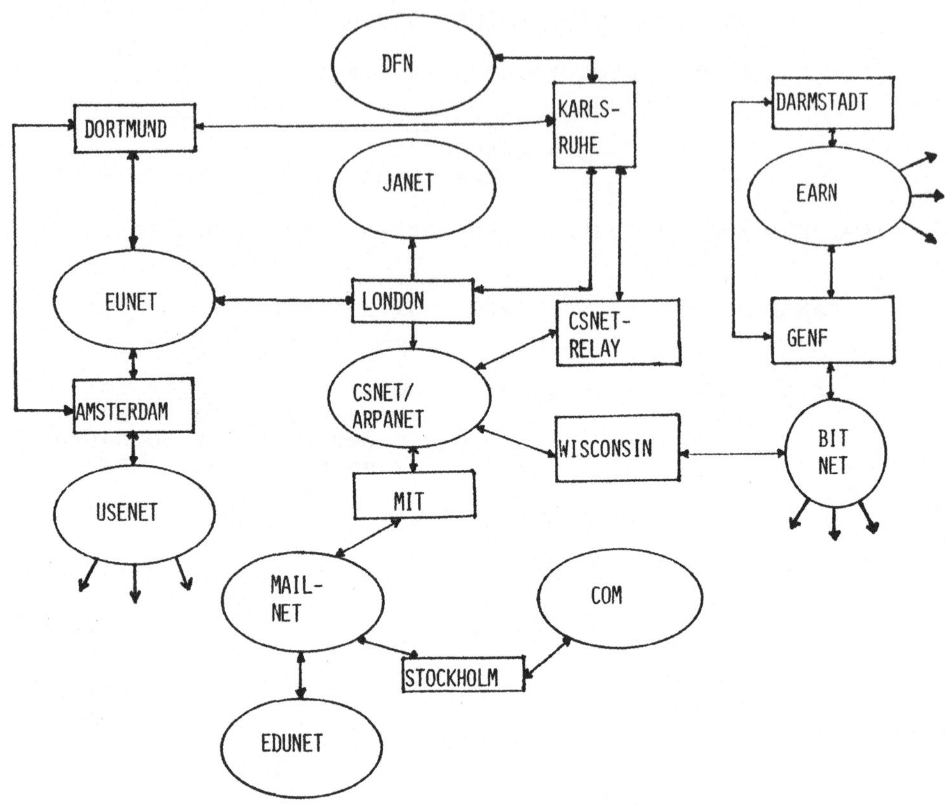

Abb. 1: Interkonnektion der technisch/wissenschaftlichen Rechnernetze (I)

Gateway für direkte Verbindung	ARPANET	COM	CSNET	DFN x	BITNET/EARN	USENET/EUNET	JANET	MAILNET	ISRAEL x FRANCE x SUNET x
ARPANET		MIT-Multics	CSnet-relay	Karlsruhe	WISCVM	Berkeley	UCL-CS	MIT-MULTICS	Csnet-relay
COM	1		MIT-MULTICS	-	-	-	-	MIT-MULTICS	-
CSNET	DIR	1		Karlsruhe	WISCVM	Karlsruhe	UCL-CS	MIT-MULTICS	ISRAEL x FRANCE x SWEDEN x
DFN x	IND	2	DIR		-	unido x	Karlsruhe x	-	Karlsruhe
EARN (BITNET)	DIR	2	DIR	DIR x		unido x	-	-	-
EUNET (USENET)	DIR	2	DIR	DIR x	DIR		ukc	-	Karlsruhe
JANET	DIR	2	DIR	DIR x	1	DIR		-	UCL-CS
MAILNET	DIR	DIR	DIR	1	1	1	1		MIT-MULTICS
ISRAEL x FRANCE x SUNET x	IND	2	DIR	1	1	1	1	1	

x = noch nicht vollständig implementiert

DIR = Direkte Verbindung

IND = eingeschränkte Verbindung (Services), d.h. über Relay-Host

1 = Anzahl der zu durchquerenden Netze

2
.
.

UCL = University College London

WISCVM = University of Wisconsin

unido = Universität Dortmund

Tab. 1: Interkonnektion der technisch/wissenschaftlichen Rechnernetze (II)

Abb. 1 ebenso wie Tab. 1 zeigen, daß praktisch zwischen
beliebigen Teilnehmern sämtlicher angegebener Netze Nachrichten in Form von ELECTRONIC MAIL ausgetauscht werden
können, wenn auch z.T. in umständlicher und nicht notwen-
digerweise symmetrischer Weise. In der Darstellung (s. auch
Tab. 1) wurde unterschieden zwischen direkten (DIR) und
indirekten (IND) Verbindungen, wobei bei den letzteren ein
oder mehrere Netze mittels Transfer-Aufträgen passiert
werden.

Während beispielsweise zwischen BITNET und MAILNET eine direkte Verbindung existiert, läuft eine Nachricht von CSNET
in das COM-System z.Zt. über den MAILNET-Knoten zu MIT.
Noch komplizierter ist die Route derzeit für eine Nachricht
aus dem EARN in das EUNET (s. auch Abschn. 5.1).

3.2 Adressierung

Die folgenden Beispiele sollen die Vielfalt der Adressier-
ungsschemata veranschaulichen, die von einem einzigen sen-
denden Benutzers (in diesem Fall innerhalb des CSNET) verwendet werden müssen.

Sender: CSNET-Teilnehmer

Empfänger: Teilnehmer in
----

    * CSNET: postmaster@nsf-cs
    * ARPANET: joe@utexas-20.arpa
    * BITNET: ira%cunyvm.bitnet@wiscvm.arpa
    * MAILNET: dan%educom.mailnet@mit-multics
    * COM: jacob_qz%qzcom.mailnet@mit-multics
    * xxNET: jim.CII-HB%HIS-PHOENIX-MULTICS
                        %CISL-SERVICE-MULTICS@mit-multics
    * CDNNET: john.ubc@csnet-relay
    * JANET: jim%RLGB@ucl-cs

Betrachtet man die gesamte internationale Netzwelt, so besteht nahezu eine "babylonische" Adreßverwirrung. Ein Zitat
von Michael O'Brien von der CSNET-Verwaltung ("Mr. Protocol")
verdeutlicht dies:

"Ich habe seit einiger Zeit den "Krieg der Adressen" beobachtet
und amüsierte mich über die Kreativität (nicht nur der Benutzer, auch der Software), die dabei an den Tag gelegt wird.
Der vernachlässigte Bereich der Adreßkompositionen ist eine
der ergiebigsten Arenen der zweiten Hälfte des 20. Jahrhunderts.

Während Künstler noch die Erfindung der Photographie bewundern
oder Fabriken bauen, die wie riesige Suppenschüsseln aussehen,
während Musiker ihre Instrumente zerschlagen, ohne den Takt zu
verlieren, komponieren Netzbenutzer Symphonien, wo es auch eine
einfache Adresse täte." (Aus dem Englischen).

4. Netzstatus in Deutschland

4.1 Gesamtüberblick

Von den derzeit im deutschen Wissenschaftsbereich in
Betrieb bzw. im Aufbau befindlichen internationalen
Netzen sind im Hinblick auf einen MAIL-Verbund ins-
besondere die folgenden von Interesse

- CSNET
- TELEBOX/DFN
- EARN
- EUNET

Abb. 2 zeigt die derzeitige Verbreitung der Netze und deren
internationale Verbindungen. Nicht enthalten sind in diesem Überblick die auf deutschen Protokollen basierenden
Netze wie BERNET, NRW-Jobverbund und Niedersächsischer
Rechnerverbund NRV.

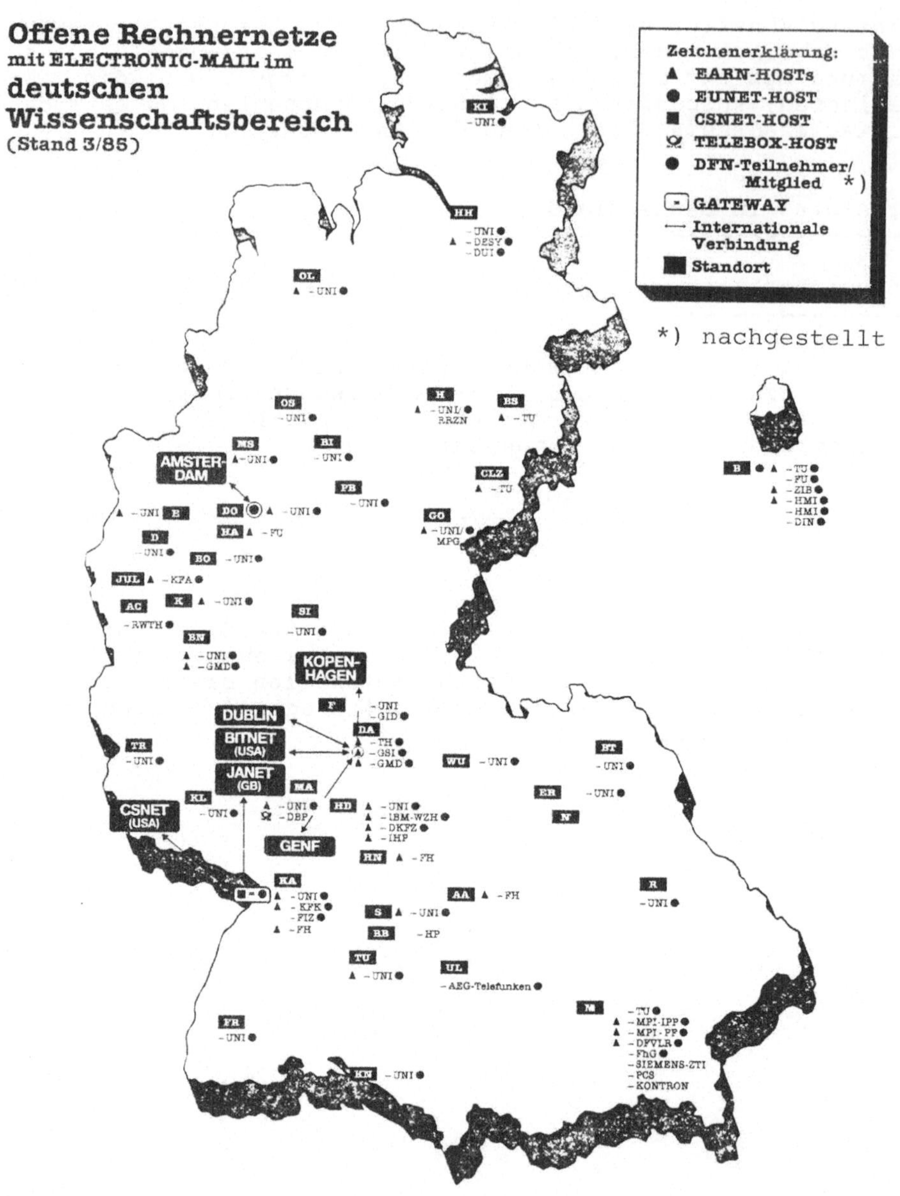

Abb. 2: Status der technisch/wissenschaftlichen Rechner
------- netze in Deutschland mit ELECTRONIC MAIL [NNN1/85].

Hinsichtlich der Auslandsverbindungen sind derzeit folgende
Knoten von Bedeutung:

- EARN-Zentralknoten (GSI Darmstadt) mit
      Verbindungen nach

    - GENF
    - DUBLIN
    - KOPENHAGEN
    - WASHINGTON (BITNET)

- CSNET-HOST (Universität Karlsruhe, IRA)
      mit Verbindungen nach

    - CSNET-RELAY
    - LONDON (JANET)

- EUNET-BACKBONE (Universität Dortmund, IRB)
      mit Verbindungen nach

    - AMSTERDAM (europäischer BACKBONE)
    - Karlsruhe (CSNET)

DFN-Teilnehmer haben über DATEX-P Dialogzugriff auf
den CSNET-HOST in Karlsruhe bzw. betreiben bereits EARN-
bzw. EUNET-HOSTs.

4.2 Interkonnektionen

Die in Abb. 2 dargestellten Netze sind z.T.auf Umwegen
über internationale GATEWAYs praktisch sämtlich miteinander
verbunden. Ein erster deutscher GATEWAY existiert in Form einer Verbindung zwischen dem Karlsruher CSNET-HOST und dem
Dortmunder EUNET-BACKBONE (HOSTNAME "unido"). Zwischen EARN
und CSNET existieren GATEWAYs z.Zt. lediglich in USA (z.B.
University of Wisconsin).

Die folgende Tab. 2 zeigt das Adressierungsschema für die
einzelnen Netzübergänge

nach von	CSNET	EARN	EUNET
CSNET	user@HOST USER%SUBHOST@HOST	user@HOST.EARN USER@HOST.BITNET	user%host.UUCP @Germany
EARN	USER@HOST.CSNET	NODEID/USERID	(über Spezial- Gateway)
EUNET	...!unido!USER @HOST.CSNET	...!unido!USER @HOST.EARN ...!unido!USER @HOST.BITNET	host!...!host! user

Tab. 2: Adreßschemata für einzelne Netzübergänge

4.3 Karlsruher CSNET-HOST

Der Karlsruher CSNET-HOST ist auf einer VAX-11/750-Anlage
unter 4.2 Berkeley UNIX realisiert.

Die Implementierung des CSNET MAIL-Service erfolgte im Juli
1984. Dabei fanden die CSNET-Phonenet Protokolle Verwendung.
Technisch realisiert wurde der Anschluß mit Hilfe eines PAD
über DATEX-P und TELENET. Dies bedeutet, daß die für Modem-
Wählverbindungen entwickelten Phonenet- Protokolle durch
X.25 hindurch "getunnelt" werden.

Nach einer kurzen Anlaufphase wird die Verbindung derzeit
von ca. 20 Installationen genutzt. Das hieraus resultierende
Verkehrsaufkommen beträgt ca. 1,5 MB/Monat.

Der offizielle Name für den deutschen CSNET-Host ist
"Germany". Diese Namensgebung erfolgte auf Wunsch der
CSNET-Verwaltung, die für jedes Land lediglich einen
GATEWAY vorsieht. Für lokale und nationale Belange
wurden die ALIAS-Hostnamen

- uka
- DFN
- Karlsruhe

gewählt. Diese Namen sind in die offiziellen Tabellen

eingetragen, welche auf allen **CSNET-Hosts** installiert
sind. Somit kann im CSNET an

"user@germany"

in verkürzter Schreibweise adressiert werden.

Im Dezember 1984 wurde der Gateway CSNET/EUNET in Betrieb
genommen. Der Anschluß an den deutschen Zweig des EUNETs
erfolgt über die Universität Dortmund. Damit können aus
dem CSNET ankommende Nachrichten direkt in das EUNET weitergereicht werden und umgekehrt. Obwohl das EUNET über USENET
in USA mehrere Gateways in das CSNET besitzt, verringert
sich die Nachrichtenlaufzeit über den deutschen CSNET-HOST
von zwei Tagen bis in den Stundenbereich.

5. NETZVERBUND

5.1 Adressierung

Wichtig für die netzüberschreitende Adressierung ist
nicht nur die Kenntnis der Route, d.h. der Name des oder der
GATEWAYs, sondern insbesondere der unterschiedlichen Adreßkonventionen der einzelnen Netze. Hierbei gibt es unterschiedliche Verfahren der Identifikation der Teilnehmer,
z.B.

- Knoten-bezogene

- Routen-bezogene

- geographische

Ein Vergleich mit der "gelben Post" soll die Problematik
verdeutlichen:

Die Briefadresse wird normalerweise in der Form

        Name
        Straße, Hausnummer
        PLZ Ort
        Nation
angegeben.

Hierbei handelt es sich um eine geographische Beschreibung,
wobei der Post die Aufgabe zukommt, anhand der geogra-
phischen Sender- und Empfängeradresse die jeweilige
Transport-Route festzulegen. Diese Route ist für den
Teilnehmer weitgehend unsichtbar.

Die Adressierung bei ELECTRONIC MAIL erfolgt weitgehend

- Knoten-, bzw.
- Routen-bezogen,

wobei zum Dienst der "gelben" Post folgende Analogie
hergestellt werden kann:


```
ELECTRONIC MAIL                      Postbrief
---------------                      ---------

- GATEWAY-HOST                       - Auslandspostamt
- HOST                               - Leitgebiet
- SUBHOST                            - Knotenamt
      .                                    .
      .                              - Postamt
- SUBHOST                            - Briefträger
- USER                               - Empfänger
```

Bei dieser Form der Adressierung treten u.a. folgende Probleme auf:

- Teilnehmer werden mit Routen-
  information belastet

- Adressen ändern sich bei Routen-
  änderungen, z.B. aufgrund neuer
  GATEWAYs

- Adreßvielfalt nimmt zu

- Namensverwaltung über NAME-/DIRECTORY-
  SERVER wird erschwert

- Wahrscheinlichkeit für Fehl-
  adressierungen oder -transporte
  nimmt zu

Ein Ansatz zur Lösung dieses Problems, der z.Zt. von Seiten
der verschiedenen Netzbetreiber verfolgt wird, beruht auf dem
Domänenkonzept und folgender Adreßstruktur [CROK82]:

USER.SUBDOMAIN ... SUBDOMAIN.DOMAIN

z.B. in einfacher, z.T. bereits realisierter Form

user%host@country.CSNET

5.2 Verbundkonzeption

Bei der Konzeption eines künftigen Netzverbundes im deutschen Wissenschaftsbereich sollte speziell im Hinblick auf den Dienst

- ELECTRONIC MAIL/MHS

von folgenden Randbedingungen bzw. Annahmen ausgegangen werden:

1. dem noch zu installierenden DFN/MHS-System wird eine zentrale Bedeutung zukommen.

2. Ableger der internationalen Netze werden auch künftig in Deutschland betrieben werden.

3. Die Interkonnektionen über nationale GATEWAYs werden ebenso wie die internationalen Direktverbindungen zunehmen.

Es ergibt sich damit die in Abb. 3 dargestellte mögliche Verbundstruktur.

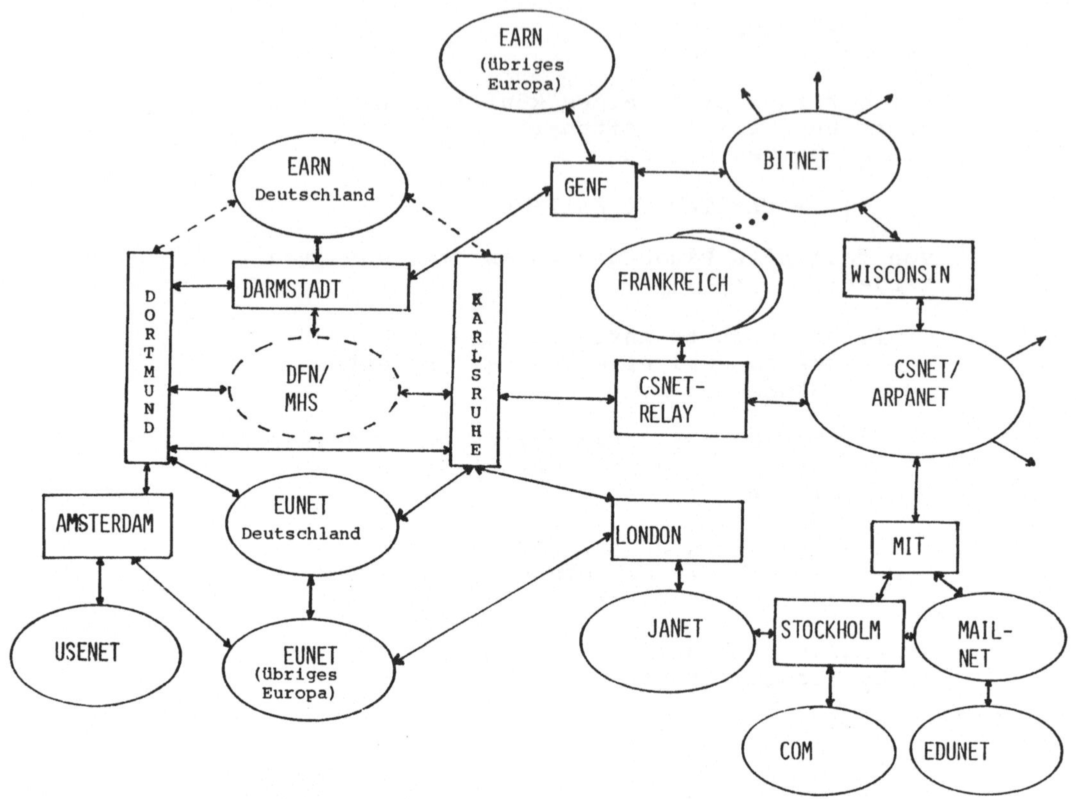

Abb. 3: mögliche Einbindung der deutschen Netze
------- in den internationalen Netzverbund

5.3 GATEWAY-Struktur

Ausgehend von der im vorigen Abschnitt angenommenen
Verbundstruktur ergeben sich folgende Anforderungen
an die zentralen GATEWAYs, wie sie in Abb. 3 am Beispiel Darmstadt, Dortmund und Karlsruhe dargestellt
sind:

1. ein zentraler GATEWAY wird von einer
   "Brücke" zu einer "Drehscheibe" werden.

2. die über einen GATEWAY erreichbaren
   Netze werden als Domänen verwaltet.

3. Die Benutzerschnittstelle ist für die
   verschiedenen Netze einheitlich.

Eine mögliche Realisierungsstruktur für einen solchen
GATEWAY zeigt die folgende **Abb. 4.**

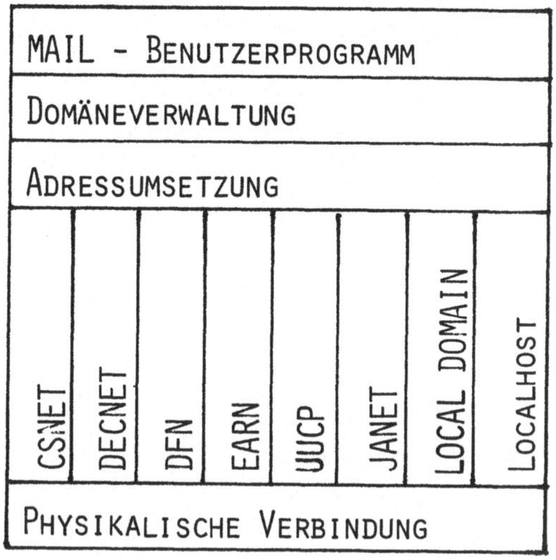

MAIL - BENUTZERPROGRAMM

DOMÄNEVERWALTUNG

ADRESSUMSETZUNG

CSNET | DECNET | DFN | EARN | UUCP | JANET | LOCAL DOMAIN | LOCALHOST

PHYSIKALISCHE VERBINDUNG

Abb. 4: Struktur eines multifunktionalen GATEWAYs

5.4 Zugang über lokale Netze

Die Nutzung der internationalen Netze wird entscheidend
bestimmt durch die Art des lokalen Zugangs. Dies sei am
Beispiel von LINK, dem lokalen Informatiknetz Karlsruhe
veranschaulicht (s. Abb. 5).

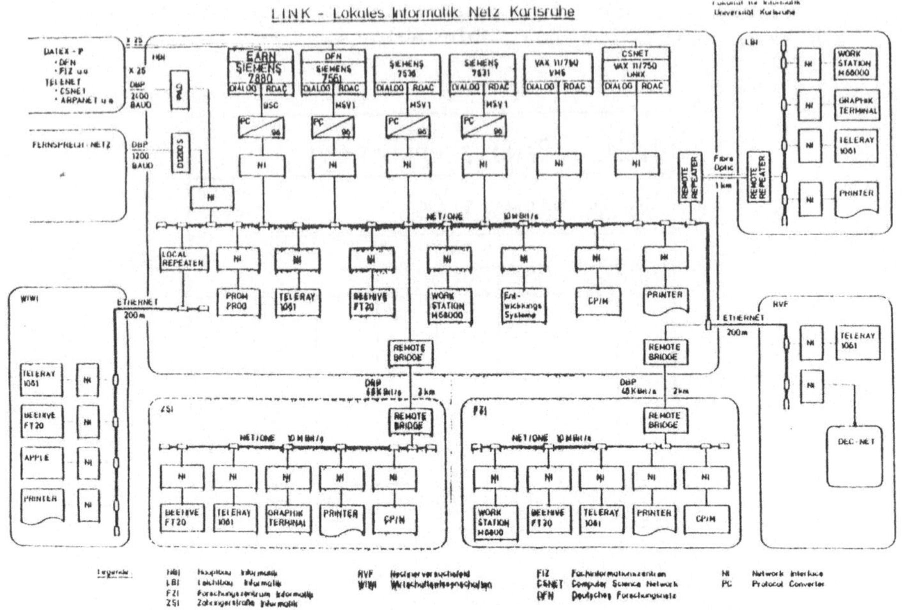

Abb.5: Lokales Informatiknetz Karlsruhe LINK
------ mit CSNET-, EARN- und DFN-HOSTs [LAZO84]

Im LINK sind die verschiedenen internationalen und nationalen HOSTs (CSNET, EARN, DFN) an das ETHERNET-Trans-
portsystem (NET/ONE) angeschlossen und hierüber von
jedem lokalen Terminal aus im Dialog erreichbar.
Trotz dieses unbestritten bequemen Zugangs ist folgende Situation unbefriedigend:

- ein Benutzer kann über ein Netz nur erreicht
  werden, wenn er an dem betreffenden lokalen
  HOST eine Benutzerkennung besitzt. Will z.B.
  ein EARN-Nutzer einem CSNET-Nutzer, welcher
  drei Zimmer weiter sitzt, eine Nachricht schik-
  ken, so erreicht ihn diese auf dem Umweg über
  EARN, BITNET, GATEWAY in WISCONSIN, ARPANET,
  CSNET-RELAY, CSNET HOST Germany.

Hieraus leitet sich die Forderung nach einer lokalen
Interkonnektion in Verbindung mit einem lokalen NAME-
SERVER ab, welcher dafür sorgt, daß jeden Benutzer
eine Nachricht, gleich aus welchem Netz sie stammt,
an "seinem" Rechner erreicht.

6. Probleme, Ausblicke

Zusammenfassend sollen folgende offene Probleme genannt
bzw. ergänzt werden, die netzübergreifender Natur
sind:

- Adreßkonventionen: es muß möglichst schnell
        international eine einheitliche Adreß-
        struktur auf Basis eines Domänen-Konzeptes
        vereinbart werden

- Namensverwaltung: für die Ermittlung erreich-
        barer Netzteilnehmer muß ein NAME SERVER-
        Mechanismus eingeführt werden

                - international
                - national/regional
                - lokal

- GATEWAY-Realisierungen: zur Verkürzung der Über-
        tragungswege und damit zur Kosteneinsparung
        müssen zusätzliche GATEWAYs an geeigneten
        Standorten realisiert werden

- Gebühren-Modelle: rechtzeitig vor Auslaufen der
        verschiedenen Netz-Subventionierungsprogramme
        müssen kostendeckende Gebührenmodelle er-
        stellt und erprobt werden

- Netz-Zugangsregelungen: Der Widerspruch zwischen
        administrativ unterschiedlichen Netzzu-
        gangsberechtigungen und über GATEWAYs
        technisch möglichem Durchgriff muß
        aufgelöst werden durch

                * Einführung einer differenzierten
                  Benutzeradministration in den
                  GATEWAYs

                * Harmonisierung der Zugangsberechti-
                  gung soweit möglich

                * Trennung unverträglicher Netze samt
                  Nutzergruppen

Literatur

[CIC85] CSNET CIC   "CSNET NEWS"
                                  HEFT NR. 7, Winter/Spring 85
                                  (und früher)

[COLE84] Cole, R.:   "Network Connection Facilities
                                  at UCL"
                                  Proceed. ICCC84, pp 742-746,
                                  North Holland 1984

[CROK82] Crocker, D.H.:   "Standard for the Format of
                                  ARPA Internet"
                                  Text menages, RCF822.
                                  Network Information Center,
                                  SRI International,
                                  Menlo Park, California, Aug. 82

[EDMI83] EDMISTON, R.D.:   "AN Overview of the Computer
                                  Science Network (CSNET)"
                                  COMPCON 83, 26th IEEE
                                  Computer Society Inter.
                                  Conference, San Francisco,
                                  1983

[EDUCK] EDUCOM   "EDUCOM Bulletin"
                                  Jahrgang 1984 (und früher)

[EDUNX] EDUCOM   "EDUNET NEWS"
                                  Jahrgang 1984 (und früher)

[EUUGX] EUUG: "European UNIX Systems
                                  User Group Newsletter"
                                  Jahrgang 1985 (und früher)

[FUX83] Fuchs, I.H.:   "BITNET - Because it's Time"
                                  Perspectives in Computing,
                                  Vol.3, No.1, March 1983

[GUUGX] GUUG   "GUUG - Nachrichten"
                                  Jahrgang 1984 und 1985,
                                  Heft 1 und 2

[HEB85] Hebgen, M.:   "EARN (European Academic and
                                  Research Network) - Ein Computer-
                                  netz für Wissenschaft und
                                  Forschung in Europa"
                                  Das Rechenzentrum, Jahrgang 8,
                                  Heft 1/1985

[HUL85] Hultzsch, H.:   "EARN - ein Computer-Netzwerk
                                  für die Wissenschaft"
                                  DFN-Mitteilungen Nr.1, 1985

[ISO84] ISO/TC97   "Directory Service for OSI--
         /SC16/N1957   Systems", Draft Service
                       Specification, June 1984

[LAND8X] Landweber, L.H.:   "Use of Multiple Networks in
         Solomon, M.H.   CSNET",
                            Computer Science Department,
                            University of Wisconsin, Madison

[LAZO84] Lackner, H.:   "LINK - lokales Informatik-
         Zorn, W.   netz Karlsruhe"
                        Elektronische Rechenanlagen,
                        Heft 5, 1984

[NEUF83] Neufeld, G.:   "EAN: a Distributed Message
                        System"
                        Proceeding CIPS, National
                        Meeting, Ottawa, May 1983,
                        pp 144-149

[NNN1/85] Zorn, W.:   "Netzstatus" in
          Rotert, M.   Neueste Netz-Nachrichten,
          Hebgen, M.   Heft   Nr. 1, März 1985
          Karrenberg, D.

[PALM83] Palme, J.:   "COM/PortaCOM Conference
                        System: Design Goals and
                        Principles"
                        QZ Computer Centre,
                        Stockholm, Schweden, 1983

[RIKK84] Rikkilä, A.:   "Finish University Network"
                        Finish State Computer Center,
                        Espoo, Finnland, 1984

[SZUR80] Szurkawski, E.S.:   "MMDF DIAL-UP LINK PROTOCOL"
                            CSNET Design Note DN-4,
                            April 1980

[ULLM85] Ullmann, K.:   "Deutsches Forschungsnetz
                        - DFN - "
                        Das Rechenzentrum, Heft 1, 1985

[UNIX83] Berkeley: "The UNIX Programmer's Manual"
                        Seventh Edition, Virtual VAX-11
                        Version. Bell Laboratories,
                        modified by the University of
                        California, Berkeley. March, 1983

[WALL85] Wallberg, Hans: "Present Status and Future
                           Plans of SUNET", 1985

COMMUNICATIONS TECHNOLOGY
FOR MASS-BASED OFFICE SYSTEMS
– THE CSS* CASE STUDY –

Sigram Schindler
Ute Flasche
Ralf Guido Herrtwich
Thomas Luckenbach

Technische Universität Berlin **
TELES Berlin ***

ABSTRACT

Mass-based office systems are likely to become the most important applications of modern PC and telecommunications technology. CSS is likely to become a particularly important system of this kind — due to the intentions associated with it and the functionality provided by it. CSS has been defined by the Commission of the European Communities primarily for its own use, but it is generally available for a low distribution fee. The Commission's main contractor for the realization of CSS is ICL/European Institutions, the latter subcontracted TELES, which performed the complete design and implementation of a highly portable CSS machine.

This paper shows how to integrate the various existing communications services in a systematic way into a modern office system implementation such as the CSS machine realized by TELES. It then explains why adding another communications service module to this CSS machine — e.g. in order to provide interworking with another electronic office system — is a straightforward activity which does not affect the bulk of the remaining CSS machine at all. The paper also outlines another fundamental property of the TELES implementation of a CSS machine: the possibility to test the proper functioning of any of these machines remotely — e.g. by the CSS Launching Team in Berlin.

The paper goes far beyond discussing only technical aspects of modern communications technology. For one of its most important areas, namely for the area of office/administration technology, it also outlines the significant user requirements and political boundary conditions as well as their technical implications. In particular, several aspects of the philosophy are discussed how CSS shall be launched into broad acceptance. This more general part of the paper should provide a survey about and some understanding of the whole broad area of interrelations to be taken into account when developing communications technology for the mass market.

Probably, the most convincing way to prove the suitability of the CSS technology for the mass market is to show its suitability for the industrially less developed areas/countries — this is done in the terminating section of this paper.

---

*   The Committee Support System, Architectural Definition, /1/,
document available by Mr. Ken Thompson,
Commission of the European Communities, Directorate General III ITTF,
200 Rue de la Loi, B-1049 Brussels

**   Technische Universität Berlin, Fachbereich Informatik,
Fachgebiet Kommunikations- und Betriebssysteme,
Sekr. FR 6-3, Franklinstr. 28/29, D-1000 Berlin 10

***   Telematic Services GmbH — Informationstechnologien
Am Sandwerder 36, D-1000 Berlin 39 (Telegramm: TELES Berlin)

1.
INTRODUCTION

Computer communications technology is currently undergoing a transition process, primarily due to the advent of electronic office systems. So far, computer communications technology has been understood to be "hi tech", i.e. to be suitable for a few hundred or thousand more or less sophisticated computer systems, such as typical mainframes, for which particularly trained personal is responsible. In the future, computer communications technology should become suitable for many ten thousands of quite ordinary systems, such as typical PC's, which are operated by people without any particular technical qualification. Until now, one computer system would have used one specific communications service — if it were interconnected to a network, at all. In the future, an open multifunctional office workstation (realized by means of some quite ordinary PC) should be able to use any usual communications service. This obviously does not only mean that, for a user, computer communications technology must become much simpler and more robust than it presently is — also internally, i.e. in its implementation, computer communications technology must become much more flexible.

This paper elaborates on these requirements and presents our approach to meeting them as we developed it for and realized it in an office system designed for wide-spread use, namely the COMMITTEE SUPPORT SYSTEM (CSS). The approach described here is in no respect restricted to be used in the CSS only — it is of quite general nature and may be taken in the design of any other mass-based office system.

The next section of this paper outlines some of the main characteristics of CSS, first, in order to explain our demonstration case. The third and forth sections discuss the various communications services to be considered when realizing a CSS machine and how the flexibility mentioned above has been achieved. The problem of interworking between CSS and other electronic mail systems is surveyed in section five, as well as the philosophy adopted by us to solve it. Section six surveys the different kinds of tests to be performed for assertening the local and the communications functionalities assumed to be provided by any CSS machine implementation and explains, for the TELES implementation, how these tests (and which of them) can be performed remotely by any other TELES CSS machine, the user of which has the qualification required for performing these tests. In section seven, the paper describes the current state of work on CSS, the basic version of CSS, the CSS launching support planned for this basic CSS in '85 and '86; it terminates by enumerating the enhancements of CSS currently being in preparation at TELES. The final part of the paper, section eight, then summarizes those aspects of CSS which make it attractive for the mass market, in industrially highly developed areas/countries as well as in the less developed ones.

From this brief survey we can derive already, that this paper is concerned mainly with communications technology issues of mass-based office systems. Obviously, the requirements to be met by such systems also deal with issues such as simplicity of the man machine interface and the ability to handle a variety of character repertoires, control functions and their codings. These aspects of CSS machines, in particular testing their conformity with the CSS Architectural Definition will only be outlined in this paper. They have already been discussed in detail in separate papers, e.g. in /11/, or will be discussed in papers to come.

In total, the paper goes far beyond discussing only technical aspects of modern communications technology. For the area of office/administration technology, it also outlines the most important user requirements and political boundary conditions as well as their technical implications. In particular, several aspects of the philosophy are discussed how CSS shall be launched into broad acceptance. This more general part of the paper should provide a survey about and some understanding of the whole broad area of interrelations to be taken into account when developing communications technology for the mass market.

Probably, the most convincing way to prove the suitability of the CSS technology for the mass market is to show its suitability for the industrially less developed areas/countries — this is done in the terminating section of this paper.

2.
THE COMMITTEE SUPPORT SYSTEM —
AN EXAMPLE OF A MASS-BASED OFFICE SYSTEM

Electronic office systems which support the total functionality of the new international recommendations/standards for "Message Handling Systems" (MHS) /2/ or "Message Oriented Text Interchange Systems" (MOTIS) /3/, as currently designed by CCITT and ISO, resp., will be very powerful. Their implementation will be quite complex and, therefore, they will hardly be available within the immediate future. In order to bridge this (timely and technological) gap, the Commission of the European Communities (CEC) initiated and supported the development of an electronic office system, CSS, which can be viewed as the smallest and yet useful subset of any future MHS-based electronic office system. As far as document exchange aspects are concerned, CSS is designed and implemented to be fully "upward" compatible to any future MHS-based electronic office system. As far as aspects of character repertoires/control functions/codings, of local functionality and of the man machine interface (all of them obviously to be provided by any complete electronic office system) are concerned, CSS is far beyond the scope of MHS — simply because MHS does not deal with these fundamental aspects at all. A detailed examination of these latter aspects can be found in /4/.

2.1.
The Intentions Associated With CSS

One of the main intentions which the CEC associated with CSS was and is to let it become a catalyst. On the one side, the catalyst CSS should accelerate the process of introducing international standards, in particular from the areas of office/administration/text/communications technologies, into the design of advanced products for these areas. The other way in which CSS shall serve as a catalyst is to speed up the processes of learning about the potentials of these new information technologies for the office/administration area in broad groups of population and of integrating the use of these potentials into everyday's business.

Let us start with commenting on the latter of these two objectives. One of the requirements CSS has to meet, in order to trigger these latter educational processes, is that it must be technically suitable for virtually every environment in which a commonly used type of modern computers (of any computational power) and a commonly used type of communications channels (of any transmission quality) are available. In other words: nobody should be excluded from using CSS for performing and participating in these learning/inventing/business processes, if he only has some of the commonly used computer equipment on which to run a CSS machine and if only this computer equipment may have some communications link (to another computer) on which this CSS machine may communicate with another one (on the other computer). The whole range of usual computer systems must be suitable for realizing CSS machines, those running under UNIX or DOS or CP/M or VMS or ..., including their variants. The whole range of usual communications services must be suitable for realizing CSS machines, such as X.25, X.29/X.28/X.3 and TELETEX. In the worst case, even a TELEX or telephone link should be sufficient for communications from or with a CSS machine.

But this "generosity" of CSS should not be misunderstood: Its objective is not to provide the means for interconnecting all kinds of outdated devices on inappropiate communications links. The hope is that, by facilitating the use of inadequate devices and/or links for realizing CSS machines,

(a)   CSS grants a support to the users of these CSS machines which would stimulate them to become innovative — this includes managing to get at adequate equipment/lines — to a degree not achievable without this support, and

(b)   these innovations would appropriately take into account the main lines of development in information technologies, as they are indicated by the new international standards in these areas.

The first of the two objectives mentioned above may also deserve a brief comment. The economical objective behind this support the CEC gives, to making international standards succeed against their company specific competitors, needs no further explanation, once one takes into account the sizes of European national markets (to which European companies frequently are bound) and that prices for new equipment can only be kept low if large series are being produced and sold. The large markets required for this purpose are not there, a priori, for European industries; but they may be created by international standards. Note that, for a new technology, the size of its target market is particularly crucial during its innovation phase: if a new technology has to overcome its innovative stage of development in a small market, it frequently would die — simply because its products initially would be sold only in very small numbers, they therefore could not become cheap. I.e., they would remain too expensive to become broadly accepted. Thus, it is this process of launching into merchandising new technologies which is very likely to fail if it is restricted to isolated national European markets. Success and pace of the process of transferring technological innovation into competitive commercial products are strongly depending on the size of their market.

Various accompanying measures are planned to make CSS attractive. Four of the most important ones are that CSS

(a)   is available already by spring 1985, in a basic but fully functional and tested version,

(b)   will cost, in this basic version, only about 200 ECUs (for a binary copy, one copy to be used on only one computer system),

(c)   has a multi-lingual user interface as well as user manuals in all ten EC languages, right from the beginning, saving most potential users in European countries the extra effort to get familiar with technical terms in other languages than their native ones,

(d)   is supported, in its launching phase, by a "CSS Launching Team", i.e. by a group of communications experts which is exclusively devoted to the task of helping to bring up CSS in selected larger groups of users, such as larger firms or administrations.

It probably makes no sense to talk about figures, how many CSS machines would be operational by what time. But as CSS can be used for document exchange by a dispersed living family, as it can by small dispersed firms, as it can by dispersed groups of small companies, as it can by large corporations, as it can by administrations, etc., it may become as popular as many other widely used software products in the PC area, such as WORDSTAR, VISICALC or MULTIPLAN. Note, that among these popular products there is no commonly usable document exchange system. Thus, presently there is no competitor to CSS.

It may even be that it must forever remain unclear how many CSS machines have actually been realized — due to one of the main objectives associated with CSS. Namely, due to the intention to make its users invent and implement distributed application systems running on top of CSS, i.e. distributed applications that would use CSS as a kernel of an embedded document handling and exchange system — without explicitly exposing CSS to the users of these distributed applications. So far, a marked interest of large companies can be observed to take CSS as a first step and to embed it transparently into their future distributed office systems, as they will be developed in later steps.

In addition to the "developmental" reasons (described at the beginning of this subsection), there is an urgent "technical" reason for introducing CSS by the CEC, namely its own need for an electronic system supporting the exchange of a huge number of working papers between the members of its various committees — hence the full name "Committee Support System". However, this title should not be misunderstood: CSS is not only suitable for committee work, but also for each corporation or administration the members of which are located in different buildings, cities or even countries and the work of which causes activities such as

- transmitting documents to single persons or all members of some group,
- determining where which documents can be found,
- fetching documents by someone from someone,
- processing documents somehow.

In the next subsection we will discuss CSS in slightly more technical terms, in order to give the reader a rough idea about its functionalities. It then becomes quite obvious that there is no restriction, whatsoever, of CSS to be used by committees only — but that CSS is universally applicable in the whole office/administration area.

2.2.
The Functionalities of CSS

CSS is a first step towards a "paperless office of the future" based on international standards.

The intimate relation of CSS to these international standards will be explained in subsections 2.2.2 and 2.2.3, where some of its communications/text/device/coding aspects are discussed. As opposed to these two subsections dealing with international standards and technical provisions for them in CSS, subsection 2.2.1 explains why CSS provides an electronic office, i.e. it briefly outlines the office organization aspects of CSS.

2.2.1. The Office Modelled by a CSS Machine

The users of CSS should still be able to perform their well-known office/administration tasks — now with electronic support but without the need of handling paper. Therefore, CSS is designed to model that part of the usual office equipment and office activities, which has nothing to do with handling paper.

The office workplace of any CSS user (frequently called his "electronic office") is realized by a separate **CSS machine.** An office workplace (= the CSS machine realizing it) may, at any point in time, be used by at most one CSS user. But, there may be several CSS users who are entitled to use a particular CSS machine. Documents may be sent out by a CSS machine and/or fetched from it at any time when it is switched on — irrespective whether it is being used by one of its users at this time or not. Next, this CSS machine and its functioning will be outlined briefly — a detailed description can be found in /12/.

The (electronic) documents in a CSS user's office are located in his **store,** which serves (and would internally be structured) as his well-known paper-oriented file cabinet. In order to find out which documents are in a particular user's store a user would request a **summary** of this store — this store may belong to his own machine or to that of another user.

A set of one or more documents can be sent from a CSS user to other CSS users or automatically fetched by a CSS user from other CSS users. The technical aspects of these document exchange capabilities will be discussed in the next subsection. Here, we shall model only those requisites of an office (i.e. put them into terms of CSS) that are required for conveniently organizing document exchange.

In order to send a document, a CSS user would put it into the **outtray** of his CSS machine. Documents which a CSS user receives from other users are put into the **intray** of his CSS machine. A **summary** of the outtray or intray of his CSS machine will inform a CSS user which documents are to be sent or have been received, resp., by his CSS machine.

The addresses of all CSS users with whom some CSS user wishes to communicate are maintained in the **address list** of his CSS machine. An address list entry determines, which communications service shall be used and which subscriber number the target CSS user has (according to this communications service to be used).

In many cases a document has not only to be sent to one CSS user but to a group of CSS users (e.g. to all members of a committee). Therefore, CSS allows each user to establish individual **distribution lists** and — when sending a document — to give the name of a distribution list rather than stating the name of a target CSS user.

In principle, each CSS user can exchange documents with each other CSS user. In order to restrict these communications, each CSS user can maintain in his CSS machine an **access list** determining which CSS users are permitted to send documents to him and/or fetch documents from him (with or without passwords). By this, closed user groups can be established within CSS.

The **post-out register** and **post-in register** of a CSS machine serve to maintain all the information about transmission attempts of documents from or to the CSS machine, resp. — no matter whether these attempts were successful or not.

A computer system may host several CSS machines concurrently. The history of all document exchange activities of all these CSS machines as a whole (i.e. reports on all their document exchanges, including the unsuccessful ones) as well as all important information about CSS machine creation/operation/deletion, can be found in the **system log.**

The system log can be accessed by a particular CSS user only, the so-called **MASTER.** Among all CSS machines located on the same computer there is one MASTER machine, assigned to a user who is entitled to supervise the CSS operation on this computer. The MASTER is responsible for creating/deleting CSS machines on the computer system on which he is CSS MASTER. For the rest, the CSS machine of a MASTER is the same as the CSS machine of any other CSS user. If a computer system has only one single CSS user he automatically is the CSS MASTER on this computer system.

2.2.2. Document Exchange with CSS

Probably the most significant features of the CSS functionalities are those concerned with document exchange: The document exchange functionality of CSS is much more powerful than that of other telematic services, such as TELEX, TELETEX, TELEFAX or VIDEOTEX. All these latter document exchange services obviously are only "push" services, i.e. a user may push a document out from his telematic machine in order to transfer it to some target machine. Of course, a service of this kind is also available on a CSS machine. But, in addition to this, a CSS machine provides also a "grasp" functionality: a CSS user may grasp a document in some other CSS machine (if he is authorized to do this according to the access list on this other CSS machine) and fetch it from there into his own CSS machine. This functionality is not available in any of the other telematic services. Let us explain this document exchange service of CSS in some more technical detail.

CSS documents are structured into (TELETEX) pages. A document being transferred between two CSS machines is preceded by a "page zero", i.e. by an administration page which contains information about sender, recipient, submission time, subject, format, repertoire and the size of the document. The information on the administration page is human readable and encoded according to recommendation X.430 /5/. This administration page is generated automatically by the CSS machine when sending out a document, and it is interpreted by the recipient CSS machine. Here, in particular, the access rights of the sender are checked, e.g. in order to determine whether the receipt of the document is permitted.

If a CSS user wishes to fetch a document from another CSS user, the former would send a particular control document to the latter. This control document consists of an administration page, only, specifying which document(s) is (are) to be fetched (1).

A CSS machine receiving such a control document would interpret it (again, including checking the access rights of the CSS user sending it). If the receiving CSS machine considers the fetch request to be valid, it would put the requested document into its outtray. This is done fully automatically without requiring human intervention of the user to whom this CSS machine belongs. The owner of a CSS machine will only indirectly be informed about which documents were fetched from his CSS machine — namely when he examines his post-out register.

The usefulness of the fetch functionality cannot be overestimated: For complex organizations being based on a number of locally dispersed (electronic) offices, it allows to remove one of the most usual source of troubles — the temporary unavailability of persons required for handing out information held by these offices. Once the access rights are established properly, access to the information held by an office (i.e. by the CSS machine modelling it) is permanently possible, as long as the CSS machine is switched on and independently of whether a person for handing the information out is available or not. Thus, the fetch functionality of CSS machines allows an efficiency of cooperation between offices (modelled by CSS machines) which is absolutely unachievable without it.

The total relation between CSS and international standardization is very complex. It falls into four quite different and rapidly developing areas of international standardization. These are the areas of

(1) the OSI communications standards,

(2) the MHS/MOTIS document exchange recommendations/standards,

(3) the ODA/TELEMATIC document architecture standards/recommendations, and

(4) the ISO standards and CCITT recommendations on character repertoires/control functions/codings.

The relation of CSS to the first area will become clear from section three and four of this paper, its relation to the second area will be part of the discussion in section five. The relation concerning the third area will only briefly be mentioned in section 7 — the standards/recommendations on document architecture are still in their very early stage of development. Finally, the relation concerning the fourth area is outlined subsequently in subsection 2.2.3.

2.2.3. Document Preparation, Presentation and Representation in CSS

This subsection is concerned with the CSS facilities for the preparation and presentation of CSS documents. Presently, only character-oriented documents of the TELETEX formats are supported by the CSS document processing tools. Future enhancements are envisaged and are discussed in section 7.3.

---

(1) If the requestor does not know the name of the document to be fetched from another CSS user, he may fetch a summary of the other's store first.

2.2.3.1. The CSS Editors

For document preparation two different editors are available: a comfortable screen editor and a more simple line editor (which may be used when working with a device which is not capable of "screen-mode" operations).

The editing functionality is nearly the same for both editors and ranges from the usual editor commands (like insert, delete, copy, move, etc.) to formatter-oriented operations (like filling and/or indenting lines within a specified range of text or distinguishing between different graphic renditions of text).

In addition, the s c r e e n editor provides a variety of travelling commands to move the cursor to a particular position in the text. Its commands may be input via function keys, if these are available. More about the functionality of the CSS editors can be found in /15/.

However, the most interesting feature of both CSS editors originates from the CSS requirement to support texts in all European languages. This requirement results in the necessity of supporting at least a rather large character repertoire which would include the full TELETEX repertoire (defined in recommendation T.61 /19/) as well as the full Greek alphabet. But as CSS machines shall be as universally applicable as possible, CSS text processing is not restricted to this minimum requirement. Instead, the CSS editors are kept independent of particular character repertoires.

The basis for this "generality" is provided by a particular standard which specifies how to designate different character repertoires and their encodings and how to switch between these character repertoires. This standard is called ISO 2022, "Code Extension Techniques", /20/. Therefore, the CSS editors are also called "ISO 2022 editors".

2.2.3.2. Editor Input Filters, Editor Output Filters, and Document Output Filters

After a moment's thinking one sees that documents not obeying the ISO 2022 encoding rules for their representation (e.g. non-character oriented documents like TELEFAX documents, X.409 documents, or program object code) cannot be processed by the CSS editors. Nevertheless, they may be transmitted between CSS machines. Therefore, e d i t o r   i n p u t   f i l t e r s need to be introduced which filter out all non-ISO2022 informations (2).

Documents also have to be output from time to time - and text manipulation itself is often accompanied with some presentation of the text to be manipulated as well. Thus,

— a g e n e r a l CSS document (which may not be processed by one of the CSS editors) as well as

— an I S O 2 0 2 2 document (which is processable by the two CSS editors)

must be presentable on a concrete output device having concrete output capabilities. These output capabilities will — at least in most cases — not suffice to directly visualize what has been encoded in this general document or ISO 2022 document, resp. Therefore, d o c u m e n t   o u t p u t   f i l t e r s   and   e d i t o r   o u t p u t   f i l t e r s are needed which perform the mapping of a general document or ISO 2022 document, resp., to some "equivalent" document which requires, for its visual presentation, only the specific output capabilities of the output device to be used. This may be done by

---

(2) Of course, the application of filters is only possible if the encoding scheme of the informations to be filtered is known. Otherwise, it would be impossible to recognize, by this filter, the different code symbols of its input.

- leaving away all information not directly presentable, or
- choosing more or less reasonable fall-back presentations (e.g. 'ss' for 'ß'), or
- simply recode the information for which the output device just uses different encodings.

More about the CSS filters can be found in /21/.

2.2.3.3. The Screen Mode Terminal Interface

It is a fundamental property of the CSS screen editor that the effects of the editor commands are directly presented as an image of the corresponding part of text on the output device - thus enormously supporting the dialogue between the user and the editor. After performing an editor command on the internal representation of the document being edited, the revised image on the screen is reestablished by sending appropriate control codes to the device (for cursor movements, text insertions or deletions, etc.). Unfortunately, the functions and control codes (provided by most of the widely used terminals) for these screen updating activities. are not exactly the same.

In order to keep the editor independent of this large number of slightly different device-specific functions/encodings, a "virtual screen-mode device" interface is provided to it. This interface is called "screen mode terminal interface" (SMT interface) and is based on the relevant standards in this area: on ISO 646 specifying the basic terminal control codes, on ISO/DIS 6429 specifying additional control codes for character-imaging devices, and on CEPT recommendation TCD 6-1 for the VIDEOTEX service /22—24/. DIS 6429 itself is far to complex to be realized by all screen oriented terminals. But fortunately, a small subset of DIS 6429 (together with some minor additions) suffices for efficiently supporting a character oriented scrren editor, such as the CSS screen editor.

From what has been said in subsection 2.2.3.2 it follows that it is the task of the editor output filter to realize the SMT interface for a concrete output device (e.g. by recoding the appropriate control codes), more precisely: for a particular driver of a concrete output device. More about the SMT interface can be found in /11/.

3.
COMMUNICATIONS SERVICES AND CSS

The measure and pace of the acceptance which CSS will achieve are strongly depending on the flexibility and robustness of its communications facilities. Therefore, the question of how to realize the communications functionality of CSS deserves a detailed examination. This section is devoted to this issue. It consists of two subsections: Firstly, we briefly discuss a series of technological facts which must be clearly understood whenever one designs a distributed office application system for mass-based use, such as CSS. After this discussion of basic characteristics of communications technology for mass-based office systems we, secondly, outline how we take the various communications services into account in our actual CSS machine design and briefly discuss their pros and cons.

The use of the "value-added" communications service VIDEOTEX by CSS will be discussed in the next main section of this paper.

3.1.
Basic Communications Technological Characteristics

The purpose of this subsection is to provide an overview about the fundamental communications technological requirements to be met by any distributed office system designed for wide-spread use. Therefore, we will not make detailed and formal requirement statements — instead a colloquial discussion of the issues concerned is given.

3.1.1. Standard/Quasi-Standard, LAN/WAN and
Connection-oriented/Store-and-forward Communications Services

CSS machines must be realizable by any kind of commonly used communications service. These are X.25-based, X.21-based, X.3/X.28/X.29-based, telephone-based, UUCP-based, TELETEX-based, TEX/FAX-based, VIDEOTEX-based, TELEX-based, ISDN-based, MHS-based and all OSI-based services for "wide area networking" (WAN) purposes on one side and on the other side the bus/ring- and IEEE/ISO/ECMA-based as well as the PABX- and CCITT-based services for "local area networking" (LAN) purposes. While the use of a particular one of these communications services may have its specific advantages and/or disadvantages for a user, there must not be a fundamental technical difference between interfacing a CSS machine to a connection-oriented or to a store-and-forward communications service, to a standardized or to a quasi-standardized communications service, to a WAN or to a LAN communications service.

In the list of communications services given above we included, for the WAN area, the UNIX quasi-standard UUCP, but we did not include MNP and X.PC which have been heavily advertised by US companies since more than two years as the future quasi-standards for the WAN area. So far, these latter two protocols have found only a very restricted acceptance on the American market /13/ and it is extremely unlikely that they will still make it into the European market. Therefore, it seems not to be worthwhile to implement them in CSS machines, at least for the time being. (But, if this requirement should arise, it also could easily be met by our CSS design, as described in subsection 3.2).

A true quasi-standard for mainframes in the WAN area are the SNA protocols, also not mentioned above. This is due to the fact that, presently, CSS is primarily targeted at the European PC market segment, where these protocols are not (yet?) that important. For the rest, note that a port of a CSS machine implementation to an SNA-oriented mainframe would use only a tiny fraction of the SNA protocols, and for the implementation of this fraction on a PC the same comment applies as the one given on MNP and X.PC at the end of the preceding paragraph.

As all the protocols quoted in the first paragraph will be supported by the extended CSS machines (see section 7), the overwhelming part of CSS machines will operate on top of communications services based on international standards/recommendations.

3.1.2. Interworking Capabilities

Although it is desirable to have as many actual CSS users as possible right from the beginning, it would be unreasonable to let CSS users only communicate with other CSS users. This would exclude large communities of users of other telematic/electronic mail services from communicating with CSS users. Therefore, it will be useful to allow interworking of CSS machines with other machines which

- either are only capable of providing the document exchange services existing already, such as TELEX, TELETEX, TELEFAX, ...

- or provide some other electronic message system, such as EUROCOM, TELEBOX, COSAC, COMEX, ...

Due to the importance of this requirement it will be discussed in a section of its own, namely in section five of this paper.

3.1.3. Single- and Multi-Service Usage

A CSS machine may need direct access to a variety of communications services, firstly, due to the nature of the applications implemented on top of it and, secondly, due to the communications services required for communicating with the other CSS machines involved in these applications. Thus, this requirement a CSS machine implementation must meet, namely to provide direct access to different communications services, results from the needs to allow realizing a CSS application by means of heterogenous communications services, to allow an increased multitude of users to participate in CSS and to make cooperations based on CSS as robust as possible (because communications may be maintained even if a certain network breaks down). In addition, this communications flexibility obviously allows to optimize also other target functions in these cooperations such as transmission cost or transmission speed.

Whether or not to provide the means for accessing different communications services by a single CSS machine mainly depends on the costs caused by this. PC technology has allowed to reduce these costs, as far the CSS machine implementation is concerned, to a degree making it almost negligible. Thus, a decisive factor may be the cost of getting the local access interfaces to the respective networks, as defined by the national PTTs or RPOAs.

In total, from a technical point of view, there is no reason to stay with the traditional design of using only a single communications service per machine: even in the low cost area of PC technology, CSS machine designs/implementations providing the ability to use a variety of communications services alternatively as well as concurrently are by far superior.

Obviously, access to only one single communications service may be needed by a CSS machine if another CSS machine which is connected to the same communications service provides a "gateway" to other communications services. This would be a special kind of interworking and will be discussed in some more detail in section five.

3.1.4. Interaction- and Transaction-Oriented Transfer Service Elements

A transfer service element of some communications service may provide two possibilities of usage to its users: First, it may provide a series of service primitives by which to use it (for exchanging, in a piecewise fashion, at a SAP in the sense of the OSI architecture, after this transfer service element has been initiated there and before it has been terminated there, the total information to be transmitted by the total execution of the transfer service elements). This would be called, for obvious reasons, an **interaction-oriented** transfer service element. Second, the transfer service element may only be initiated at the SAP after the complete information to be transferred as one service data unit has become available. The exchange, at this SAP, of this service data unit then takes place in one step. Subsequently, the execution of this transfer service element at this SAP would terminate automatically. This process of surrendering a whole service data unit (between a service user and a service provider) in one single step is frequently called a transaction, and accordingly, the corresponding transfer service element would also be called **transaction-oriented.**

Both kinds of transfer service elements impose different application rules on the programs using them. In case an interactive transfer service is provided, the software to use it is slightly more complicated. This, however, is compensated by an important advantage, e.g. if the two modules realizing the service user and the service provider are located on different computers and if the service data units to be transferred are large documents. If a transaction-oriented transfer service is being provided, the entire document must be available and then be exchanged as a whole, at the time the service is invoked, and this may obviously imply storage capacity problems on the computer providing the transfer service, and cause unneccessary delays in executing the document transfer completely, whereas these problems do not arise if an interaction-oriented transfer service element is provided.

3.1.5. Logical and Physical Separation of Communications Functionality

There are several good reasons for designing/implementing a CSS machine such that the local CSS functionalities may be realized by modules on one computer system while its communications functionality may be realized by some modules hosted by another computer system. Some of these reasons are the following:

- A computer hosting the local CSS functionalities may be unable of providing a communications service in addition to that, e.g. due to its limited storage and/or computing capacity.

- The realization of the CSS communications functionality requires a great deal of the processor time of a computer (e.g. for repeated document distribution activity on very fast interconnections) while the users of this computer are concurrently working with CSS (or some other application program). I.e., heavy network operation of a computer may make its reply time for the other users intolerable.

- There may already be some equipment that realizes the communications functionality, but this equipment is not capable of hosting CSS in addition to that.

The latter aspect is particularly important under two kinds of circumstances. First, there are all kinds of modules on the market providing access to one or several of the previously mentioned communications services, self-contained modules or modules embedded into larger computer systems. If being economically advantagous, these modules should be usable in realizations of CSS machines. Second, in a local PC network (as it may be realized by a LAN or — probably even more important — by a PABX) it usually would be unreasonable to provide all the communications services required by all these interconnected PCs. Instead, it usually would be sufficient to have these communications services provided by only one or a few of them, acting as one or several gateways for the other PCs, if required.

Of course, the requirement of being able to achieve physical separation of functionalities is not only restricted to local CSS functionalities on one side and all the potentially required communications functionalities on the other side. If a higher-layer communications service used by CSS makes use of another lower-layer communications service, these two services may be provided by two modules located in two different computers, again. A typical example for this situation is a TELETEX module residing in one computer making use of an underlying X.25 module residing in another system.

Having a CSS machine design/implementation allowing this kind of physical separation between different functional modules also makes it easier to overcome problems due to certain operating system or programming language constraints, which a computer system may imply to which CSS is to be ported. In this case it may sometimes be more efficient, especially due to the complexity of communications software, to make use of a separate and already fully functioning communications computer than to port the communications software to this computer system (in order to make it provide the communications functionality required for realizing a CSS machine).

As a consequence of these considerations one sees that, for a CSS machine design for wide-spread use, it must be irrelevant whether its different modules are located on the same or on different computer systems. In either case they therefore must communicate with each other by means of the same mechanism, i.e. a universal interprocess communication (UIPC) mechanism as it is described in /7/. This UIPC mechanism can be considered as a "quasi-standardized" interface between different processes, which is independent of whether the communicating processes are hosted by one or by several computers, i.e. which provides the "system independence" required.

3.2.
The Realization of Communications Functionality in CSS

The software for realizing a CSS machine consists of several functional modules as described in /6/. One of these modules (3) is the communications module which is responsible for all communications activities in which a CSS machine is involved. It consists of at least two other (sub-) modules: First, there is the so-called **communications server** providing to a CSS machine an interface to all communications services which it may use for transfering CSS documents. Second, there are the various modules representing the single **communications services** that actually are provided fot transmitting CSS documents.

The first question needing clarification is which of these modules are considered to be part of the CSS machine and which are not. The general rule here is that implementations of communications services up to the Network Service (and including it) do not belong to a CSS machine, while those of the higher layer communications services are part of the portable CSS machine. This implies, that the CSS machine includes the TELETEX communications service module realizing the Transport and Session Layer protocols, T.70 and T.62 /18/.

Presently, the only exception from this general rule is a communications module for accessing the asynchroneous interface to the PSTN, which obviously provides some kind of lower layer communications service. Other exceptions are foreseeable also for the higher layers of the CSS communications architecture: realizing a CSS machine on top of proprietary communications service modules implementing the P1/P3 protocols of X.400, i.e. on top of the reliable Message Transfer Service of the MHS recommendations, would mean that also higher layer service implementations would not be considered to be part of this CSS machine.

3.2.1. The CSS Communications Server Module

The communications server module is designed to handle the following operations:

- to send a document,
- to fetch a document or a summary,
- to send a fetched document or a summary, and
- to receive a document or a summary.

In order to realize these operations documents must be exchanged between the communicating partners together with appropriate administration informations. These administration informations are expressed via a special control page (the above mentioned "page zero") as the very first page of the document to be transmitted. It contains informations like "document name", "document sender", and "document recipient". Constructing, exchanging, and interpreting these informations is equivalent to performing a particular Application protocol (with respect to the OSI architecture). The precise characteristics of this protocol are

---

(3) The others being the user interface, the editor and the command interpreter, roughly speaking.

dependent on the capabilities of the communications partner. For communicating with an other CSS machine a particular CSS document exchange protocol has been developed which is based on the relevant document exchange standards, /2/. In case of communicating with some non-CSS machine an appropriate interworking protocol must be performed, instead. Thus, the communications server module encapsulates within it the modules realizing the various interworking (application) protocols. In other words, it is the task of the communications server module to perform the appropriate Application protocol. See section 5 for more about interworking.

The choice of the appropriate Application protocol is independent of the underlying communications service that is actually used to perform a particular document transfer — a variety of communications services may be used to provide this functionality. We will comment on the different communications services currently being used later in this section, after outlining the functionality of the communications server module in the subsequent paragraphs.

In case of send operations the Communications Server module is provided with the document to be sent and the name of the recipient. It then will determine whether the document recipient is known to the sending CSS machine, i.e. whether the name of the recipient is contained in its address list. If an address list entry for him can be found, it will contain an identification of the communications service that shall be used to access the recipient's CSS machine, the recipients's address according to the service to be used and an identifier for the particular Application protocol to be used.

When a document is received by a communications server the page zero of the document has to be analyzed first, mainly to identify the prospective recipient of the document and check the corresponding access rights. Depending on whether the document transmission has been successful or not a positive or negative response is sent back to the initiating CSS machine.

There may be documents received by a CSS machine which do not have a page zero attached to it. Those documents may have been sent out from non-CSS machines (like TELEX or TELETEX systems) which do not make use of the interworking rules described in section 5 - i.e. which do not use an appropriate Application protocol. Since no recipient can be identified automatically for these documents they are put into the intray of the CSS MASTER on the system receiving the document. The MASTER is responsible to forward this document to a qualified user - if possible.

Fetch requests are transmitted as special documents consisting of a page zero only. In case of receiving a fetch request a communications server has to determine whether the requestor is allowed to fetch a certain document. Only if this permission can be derived from the respective access list, the fetched document will be sent. Othewise a negative response will be returned.

Let us conclude this subsection about the functionality of the communications server with a remark on the charging of document transfer in CSS: CSS itself is not responsible for charging a user for his document exchange activities — this is done by the underlying communications services, more precisely by their providers, e.g. a PDT. However, the communications server has to make sure that the initiator of a document exchange has to pay for all communications activities resulting from this document transfer, especially that the person fetching a document from another machine has to pay for all communications activities necessary to accomplish the fetching. Note this charging philosophy of CSS avoids most of the accounting problems that may arise if the store-and-forward Message Transfer Service of the MHS recommendations is used. While all these accounting problems can be solved, agreeing on these solutions may require some time and in the meanwhile the communications service may not be available — until this time this communications service would probably not be very attractive for realizing CSS machines.

3.2.2. The Communications Service Modules

This section shall briefly discuss the advantages and disadvantages of the dominating communications services when being used in CSS machines. In general, a CSS machine would not use all of the following communications services. The following list is rather intended to illustrate the variety of communications services usable and to allow prospective users to select a scenario according to their individual requirements. The trade-off between software and machine availability, reliability, flexibility, performance and costs should determine, for each CSS user or for each CSS application, which of these communications services are appropriate for his (its) CSS machine(s).

3.2.2.1. TELETEX Service

TELETEX seems to be the most "natural" modern communications service for the transmission of documents in general and CSS documents in particular. The main reason for this is that TELETEX provides data transfer, synchronization and recovery mechanisms that are page-oriented, i.e. they focus on the page as a logical and physical unit of data to be handled. This is exactly what is required by CSS machines. Therefore, all CSS users are encouraged to have the TELETEX communications service module in their CSS machines.

TELETEX would usually make use of an X.25 Network Service. However, the use of TELETEX does not depend on the availability of an X.25 network. Any other connection-oriented Network Service may also be used. The possible configurations for using CSS in combination with TELETEX and X.25 are the following:

(a)   CSS, TELETEX, X.25 all installed on the same computer;

(b)   CSS and TELETEX on one, X.25 on another computer;

(c)   CSS on one, TELETEX and X.25 on another computer;

(d)   CSS, TELETEX, X.25 all on different computers.

In all of these configurations the X.25 network may be substituted by another appropriate network, even bare telephone lines may be used — the communications service of which, if not reliable enough, should be improved by some Data Link (i.e. error correction) protocol.

3.2.2.2. TELEX Service

The TELEX service is the oldfashioned but "natural" communications service for document transfer. The deficiencies of TELEX are well-known: it is very slow, very unreliable with respect to bit errors, and its character repertoire is rediculously poor. But the advantages of TELEX cannot be ignored: it is very cheap, very reliable with respect to overall operation, and it is accessible almost everywhere in the world through millions of TELEX devices — frequently even were no telephone is available. Consequently, it is very likely that, for many CSS applications, the TELEX service will be the only communications service accessable.

3.2.2.3. X.25 Service

The most common use of X.25 for CSS will be the support of a TELETEX connection. However, documents may also be transfered by means of an X.25-based Network Service only. In this case, an essential deficiency will be the lack of an appropriate resynchronization mechanism that allow to resume a document transfer, after a transmission failure has been detected, with only an acceptable loss of data. Another feature of X.25 service may prove to be quite useful: its capability of multiplexing. It allows documents to be transmitted concurrently to different recipients by using different virtual connections on the usually single data link available.

3.2.2.4. PSTN Service

The public switched telephone network may always be used if low transmission error rate or high throughput rate are of no dominant concern. More precisely, one frequently has the situation that a slow transmission rate is still tolerable, while the number of bit errors in the document transmitted must be negligibly low. In these cases one would, for exchanging documents, at least run a Data Link Protocol which provides the required flow control and error correction functionality.

Another problem of using the telephone network for long distance document exchange, apart from bad transmission quality, is automatic dialing. In some European countries, the modems (by which the computers hosting the CSS machines would be connected to the telephone network) allow only a small set of numbers to be dialed automatically — and it is not quite clear when more powerful modems will be approved by the national PTTs concerned.

However, telephone networks are quite attractive for short-distance transmissions, such as for inhouse applications, because the number of bit errors is porportional to the length of the wire (used in this transmission). Here the advantage of telephone networks to be low cost technique and the still acceptable transmission quality they provide go nicely together. This is one of the reasons why one may expect that a very large part of the local document exchanges (i.e. of those exchanges taking place within one company/administration) would be realized by means of telephone- and PABX-based networks.

3.2.2.5. X.21 Service

In several European countries X.21-based networks are more popular than X.25-based ones, if a latter one is available at all. In particular, the public TELETEX service may be provided only on top of X.21. Finally, it is likely that fast (i.e. 64Kbit/sec) X.21 connections will soon be publically available while fast X.25 connections are harder to realize. Last not least, X.21 will become a very popular ISDN interface due to the serious delays in developing the S_0-ISDN interface. In total, the X.21 network service/interface /9/ should be supported by CSS machines right from the beginning.

3.2.2.6. UUCP Service

For the UNIX community the UUCP (UNIX-to-UNIX-copy) file transfer software has become an important tool to exchange short messages between different (and usually geographically-dispersed) UNIX systems. Since most UNIX machines currently provide UUCP and the UNIX community is very large it seems to be useful to support document exchange via UUCP. Conceptually, UUCP can be executed on top of any Network service, but in reality the telephone service is used in most cases.

What makes UUCP difficult to use for document transfer in an advanced office system is that the original UUCP may require too much human intervention. Whenever a file transfer fails UUCP terminates and must be restarted completely. This implies that UUCP will have to retransmit the entire file in case an error occurs (and is detected) in its transmission. Consequently, the cost and duration of transmission — esp. in case of large documents or of an unreliable underlying Network service such as provided by old telephone lines — may become extreme. Furthermore, UUCP can only be operated as a transaction-oriented service, having the negative implications described in section 3.1.4.

Changing the UUCP implementation to make it more intelligent is not so easy: it is considered to be one of the messiest parts of UNIX. Besides this, there is the problem of UUCP being proprietary software, just as UNIX, and the changes required must be legalized by AT&T.

In total, there are so many difficulties with UUCP and it is so much outdated, that many UNIX experts consider the future of UUCP to be pretty obscure.

3.2.2.7. LAN Service

There is no question that CSS machines must be able to use LAN services: they are just ideal for document exchange as they are very fast, very reliable and usually cause no transmission cost. But there also is a problem with LAN services: there is a large number of quite different LANs on the market, most of which are proprietary. Fortunately, the process of developing international standards for this area progressed very rapidly during the last two years and, within the CEC's ESPRIT project, contracts for implementing them have been placed. As soon as these products become available they will be integrated into CSS. More detailed information on this issue would be provided in a paper to come.

4.
CSS AND THE VIDEOTEX SERVICES

There are two main reasons why the realization of CSS by means of VIDEOTEX services has not been discussed in the previous section of this paper. Firstly, VIDEOTEX is not mentioned in the CEC's Architectural Definition of CSS /1/. During the early phase of setting up the CSS project by the CEC, VIDEOTEX services have not yet been considered to be a big issue, and currently there still is no internationally accepted concept for their organization, too. Due to these "political" aspects, the inclusion of VIDEOTEX into the definition of CSS might have turned out to be a major stumble block for the early and rapid development of the whole CSS project. Secondly, the technical, organisatorial and commercial aspects of VIDEOTEX realizations of CSS are of a rather different nature than those discussed in the previous section — due to the fact that the VIDEOTEX service is a "value added" service already, which means that it allows a much greater variability in realizing a CSS machine than it is the case with ordinary communications services. The probably most important of these aspects will be discussed in this section of the paper. This implies that we shall not discuss all the potential possibilities of making use of the VIDEOTEX services in CSS, but that we shall focus on the two presently most attractive, because really low-cost, ways of VIDEOTEX-based realizations of CSS machines. We will call the corresponding CSS realizations "plain" and "external computer (EC)" VIDEOTEX CSS machines.

Before we go into these two main alternatives for implementing CSS on top of VIDEOTEX services let us very briefly outline the technical characteristics of the latter, as we assume them for this paper. Firstly, we talk about a CEPT-based VIDEOTEX service. Secondly, we assume there are information user (dumb) VIDEOTEX terminals, information provider (intelligent, i.e. PC-based) VIDEOTEX terminals, external VIDEOTEX computers maintained by private people/organizations, and a central VIDEOTEX database maintained by the public VIDEOTEX service provider.

In addition to the public VIDEOTEX service provider there will be a large number of private VIDEOTEX service providers, namely in "inhouse" VIDEOTEX systems. While the inhouse VIDEOTEX systems will stick to exactly the same access protocols as the public service providers, the transmission rates applied by the former will frequently be 64 KBit/sec for the terminals as well as for the external computers, while the public systems will stay with definitely slower transmission rates for the next couple of years. The low-cost technique for using VIDEOTEX on 64 KBit/sec lines — i.e. a technique based on ordinary PCs — is now available /10/. It is well-known that it is hard to make professional use of a VIDEOTEX system unless its supports sufficiently fast transmission rates.

It is apparent from these introductory remarks on VIDEOTEX that the authors' considerations currently are based on the "Btx-Dienst" of the Deutsche Bundespost. But only minor changes are required to make them applicable to the other European VIDEOTEX systems, too — anyway nothing new can be found in these other cases.

4.1.
The Plain VIDEOTEX CSS Machine Realizations

Let us start with outlining the scenario characteristic for this case. Here, the communications channel between the VIDEOTEX service users cooperating with each other according to the CSS conventions, is established by the VIDEOTEX service provider alone — unlike to EC VIDEOTEX CSS, explained in the next subsection. Hence the name "plain" VIDEOTEX CSS.

A plain VIDEOTEX CSS machine (including its intray, outray and store) may be realized

(a) either (almost) completely by the local computer system acting as a very powerful information provider VIDEOTEX terminal,

(b) or by heavily using the storing services of the VIDEOTEX service provider for implementing the storing capability of a CSS machine — the local computer system then acts as a considerably less powerful information provider VIDEOTEX terminal.

Let us refer to these two design/implementation alternatives by the terms "terminal (plain) VIDEOTEX CSS machine" and "central (plain) VIDEOTEX CSS machine".

These scenarios have nothing to do with the interworking between dumb VIDEOTEX terminals and plain VIDEOTEX CSS machines. (This interworking would obviously be possible and based on the same phisolophy which is applied to interworking of CSS machines with TELEX or TELETEX terminals.) Thus, the term "plain" should not be misunderstood as expressing that we are dealing with a somehow incomplete CSS machine — it shall merely indicate that no "external VIDEOTEX computer" is involved in its implementation.

4.1.1. A Simple Comparision Between Both Realizations

Note, first of all, that in both designs the CSS editors would be available only on the local computer systems — it seems unlikely that an ISO 2022 editor, such as the CSS screen editor, would be provided by a public VIDEOTEX provider, in the near future at least. This means that a (b) type CSS machine, i.e. a central VT CSS machine, must copy a document from its store (in the central database) into its local memory before it can edit it, and then back into the central database. This may easily become a major drawback of this design. From this point of view, the alternative implementation structure, the terminal VT CSS machine, is much more attractive. In any case VIDEOTEX terminals are required that are able to perform "bulk-update" operations.

Nevertheless, central VT CSS machines get along with the lowest demands concerning the capabilities of the local computer system acting as VIDEOTEX terminals and, therefore, will in many cases be the cheapest way at all to realize a small number of CSS machines. Note also that, as far as document exchange is concerned, the performance of central VT CSS machines may be good — depending on the implementation of the central VIDEOTEX service provider.

4.1.2. Another Drawback of Terminal VT CSS Machines

Let us point out another important technical difference between central and terminal VT CSS machines, which shows a drawback of the latter ones. To a central VIDEOTEX CSS machine a connection may be established from outside of it at any time and documents may subsequently be fetched from or sent to it, while a terminal VT CSS machine must be "switched on" for this purpose and must continually perform polling the central VIDEOTEX database to discover whether there are any requests for it, such as wishes to fetch a document from it or to send a document to it. A terminal VT CSS machine cannot be accessed from outside of it — for any step of communications with this machine it itself must also take the initiative, not only the machine requesting the communications step.

There would be only one straight way out of this problem of terminal VT machines (whether they serve for CSS or some other purpose), nevertheless it is not very likely to be opened rapidly in all European countries: Namely to change the VIDEOTEX regulations and allow dialing to a VIDEOTEX terminal just as dialing to a normal telephone and then allow to send information (on the so established connection) irrespective whether this information has been requested by the called terminal or not. The way to work around this problem has been mentioned in the preceding paragraph already: it requires any terminal VIDEOTEX CSS machine to inspect, after having established (by itself!) a connection to the VIDEOTEX service provider, some message page(s) for CSS messages directed to it. This frequently useless but never "costless" connection establishment by a terminal CSS machine may be initiated by its user's intervention or without this user's intervention, i.e. automatically by the computer of the VIDEOTEX terminal.

Note, that this automatic polling would require a telephone interface in the PC and its modem for automatic dialing — which again might not that easily be usable in some European countries. Thus, the only always ready-to-use alternative is to have the user of a terminal VT CSS machine initiate the checking of its message pages, whenever he finds this appropriate. Depending on the capabilities of the modem of the VIDEOTEX terminal and/or the regional legal situation, the dialing process required initially may be performed half or fully automatically by the modem.

4.1.3. Missing Agreements for Plain VIDEOTEX CSS

Let us terminate this technical discussion about plain VIDEOTEX CSS machines by pointing out that pages of the central VIDEOTEX database may be used for realizing the intray, outtray, store, ... of plain CSS machines and must be used for communications between plain VIDEOTEX CSS machines. These pages may internally be organized in quite different ways. Thus, various alternatives for implementing plain VIDEOTEX CSS machines are possible, and therefore, an agreement is required on which pages to use and how to use them for these purposes — otherwise the CSS machine software on the VIDEOTEX terminal of one manufacturer would only be able to cooperate with the same manufacturer's CSS machine parts in the central database.

4.1.4. Advantages of Plain VIDEOTEX CSS

Inspite of all its disadvantages, plain VIDEOTEX CSS also may have important advantages with respect to its cost, its availability and to its confidentiality.

- Cost: The tariff structure of the VIDEOTEX service provider may be such that using pages of the central database, as described above, is cheaper than any other alternative.

4.3.
Cost and Effort Considerations

We shall terminate this section about how to realize CSS machines on top of the VIDEOTEX services by three statements covering the three probably most important related issues: cost per CSS machine realization, cost per CSS user terminal and effort to achieve these realizations (starting from the current state of work).

— While the hardware and communications investments required for realizing a very small number of VIDEOTEX CSS machines are very low if they are designed as plain VIDEOTEX CSS machines, designing them as EC VIDEOTEX CSS machines becomes much cheaper, in total, when realizing large numbers of CSS machines.

— While a user of a plain VIDEOTEX CSS machine always must have a PC, a user of an EC VIDEOTEX CSS machine may get along with a dumb VIDEOTEX terminal (but he will get a lot of convenience when performing editing, by also using a PC instead of a dumb terminal).

— While the current CSS design must be changed and reimplemented in its storage handling sections, in order to make it realize a central VT CSS machine, no change at all is required for making it realize a terminal VT CSS machine or an EC VIDEOTEX CSS machine — solely suitable communications service modules must be added in both cases.

5.
INTERWORKING

As already has been mentioned above, one basic feature of CSS should be its universal availability. It should cost as few efforts as possible to get access to a CSS machine — no matter whether as local user or as a remote communications partner. The first case requires that a CSS machine should be installable on whatever communications medium is already locally available, i.e. the potential new CSS user shall not be forced to buy particular communications hardware/software. The second case requires that document exchange with a CSS machine should be possible from outside the CSS — e.g. from other electronic mail systems.

Both cases bring up the problem of interworking between different communications media/services. Of course, this does not mean that CSS will be capable of dealing with every interworking situation one can ever imagine. Instead, only the important and also reasonably realizable interworking situations will be considered.

For the CSS users, interworking shall be hidden as far as possible. Unfortunately, this cannot always be completely achieved because interworking may pose some restrictions on the communications capabilities of a CSS machine.

This section is concerned with first discussing some general aspects of the interworking problems with which CSS has to deal and, second, with outlining some concrete CSS interworking situations.

5.1.
The Interworking Problem

There are two particularly important issues of interworking. Namely: on which layer(s) of the communications architecture does the interworking take place and where is (are) the appropriate location(s) to perform the necessary adaptations.

- Availability: This kind of cooperation between a group of CSS machines may be organized by them to be possible whenever the central VIDEOTEX service provider is operational, i.e. the availability of this kind of communications channels would not be affected by the non-availability of some external computer or terminal.

- Confidentiality: The cooperation between a group of terminal VT CSS machines may be organized by them in a way such that information is outside of their CSS machines only while it is in transit.

In total, plain VIDEOTEX CSS is likely to be an interesting implementation choice if one of these conditions applies and if the amount of information to be exchanged between cooperating CSS machines is sufficiently small.

4.2.

The External Computer VIDEOTEX CSS Machine Realization

Here, the communications channel between the VIDEOTEX service users cooperating with each other according to the CSS conventions is established by the VIDEOTEX service provider in conjunction with one (or several) external computer(s). Hence, the name "EC" VIDEOTEX CSS. Integrating an external computer into this communications channel allows the latter to provide a much higher value service to its users than it were possible without an external computer. Consequently, the functionality of the users' terminals may be reduced, in this case, to mere typing/displaying functionality — what obviously never is possible in plain VIDEOTEX CSS. In this case, a fully grown CSS machine may even be operated by means of the dumb VIDEOTEX terminals for information users.

EC VIDEOTEX CSS machines are nothing else but implementations of quite ordinary VIDEOTEX applications: Just as an external computer of the VIDEOTEX service would offer accounting/information/... services, it also may offer the CSS service. Thus, for those familiar with using an application on a computer by a VIDEOTEX terminal accessing this computer through the VIDEOTEX service — instead of using this application by a terminal local to this computer— nothing new is to be said about the technical side of this way of realizing CSS machines. In particular, the current CSS machine may be used again on a PC and this PC may also run all the communications software required for interconnecting it as an external computer to the VIDEOTEX system (e.g. the TELES-Btx-EC-Component of TELES_SYS) /10/, as well as perform the mapping between the screen mode terminal assumed by the CSS machine /11/ and a VIDEOTEX terminal actually used (such as the dumb VT terminal) for accessing this CSS machine.

It should be noted, that the communications between different EC VIDEOTEX CSS machines would be very fast in this case: They either are hosted by the same external computer and passing information on its disk between these CSS machines would proceed very fast, or they are hosted in different external computers, which then would exchange information by establishing X.25 connections directly between them (i.e. without going through the VIDEOTEX system) and using these at maximal transfer rate of the network used.

Considering the investments required for EC VIDEOTEX CSS machines, one sees that an external computer is required, in this case, which is able to run the X.25 protocol and the higher layer protocols for VIDEOTEX applications. While, a few years ago, this hardware/software setup was assumed to be expensive, it turned out that this is no longer so — we mentioned above already that TELES_SYS allows to use an ordinary PC for these purposes. Taking a typical PC, an appropriate UNIX-like system on it and the components described in /10/, for example, the total investment for an external computer would be between 10.000.- and 25.000.- ECUs and would suffice for realizing up to several hundred CSS machines. On the CSS user's site, the usual home TV set with VIDEOTEX capabilities and keyboard is sufficient, so no extra-investment may be required there, at all.

5.1.1. The Layer(s) of Interworking

Whenever the (behaviour and/or encoding of the) protocols normally used by two potential communicating systems are not the same on some layer(s) of the OSI architecture, some kind of interworking has to be performed, when they actually do communicate with each other. According to the philosophy of the OSI architecture, interworking should mainly be performed on two OSI layers:

—　**Interworking on the Network Layer:**

General: It is very reasonable to design the Network layer such that it hides the differences between different communications n e t w o r k s from their "users". I.e., the service provided to the Transport layer should — according to the suggestions agreed on in the OSI architecture — already be homogeneous and of high quality, independent of the characteristics of the real underlying networks **(4)**.

In the OSI Network layer design this has been accomplished by splitting the Network layer into three sublayers: the "subnet layer", the "subnet-dependent convergence layer", and the "subnet-independent convergence layer", /27/. The first two sublayers are network specific while the last serves for providing the homogeneous Network service.

CSS-specific: The problem of solving interworking problems on the Network layer is not part of CSS, at all.

—　**Interworking on the Application Layer:**

General: A large variety of application-oriented services is being developed (by various ISO/CCITT committees and other international standardization institutions) which will partly provide similar facilities. Therefore, the question has been raised how the interworking between groups of these application-oriented services can be achieved. Thus, interworking also becomes particularly interesting on the OSI Application layer **(5)**.

CSS-specific: As one of the purposes of CSS is to provide a document exchange service, CSS also uses some communications protocol on the Application layer for actually interchanging documents together with relevant administration informations **(6)**.

On the other hand, various other standardized or private d o c u m e n t e x c h a n g e services (including Telematic and electronic mail services) are already in use or are currently being developed, which m a y or m a y n o t be designed according to the OSI architecture. For those of them which are designed according to the OSI architecture, interworking with CSS will be rather simple because it can be performed layer-specifically **(7)**. In addition,

---

(4) Nevertheless, part of the LAN community has decided to deviate from this agreement and handles some of the interworking problems on the Transport layer by applying the class 4 Transport protocol. In this case the assumption of having a homogeneous high quality Network service is dropped — this high quality communications service is provided as part of the Transport layer service.

(5) Of course, interworking may also have to be performed on those lower OSI layers for which more than one protocol has been developed (or even standardized). It may e.g. be necessary on the Session layer — if both (the BAS as well as the BSS) protocols are in use for some group of interworking applications, /26/. Often this kind of interworking is accomplished by providing more or less extensive negotiation mechanisms at connection establishment time.

(6) The chosen protocol is based on a subset of one of the relevant standards in this area, namely CCITT Recommendation X.430, being part of the MHS Recommendations, /2/. See section 5.2. for more about that.

(7) As opposed to that, in those cases in which the OSI architecture cannot be applied to the protocol(s) of some document exchange service the addi-

fortunately, most members of this "OSI" category of other document exchange services are based on the same (or at least rather similar) Transport, Session, and Presentation protocols as CSS. Therefore, interworking will basically be reduced to adapting the corresponding Application protocols to each other. The remaining problems are more or less severe depending on whether the other protocols are also based on the relevant MHS standards or not.

5.1.2. The Location of Adaptations

The second classification of interworking situations is concerned with where interworking actually is to be performed. The general problem should be clear: Two potential communications partners A (e.g. a CSS machine) and B (e.g. a machine providing some other document exchange service) normally use different protocols (with respect to functionality, interaction behaviour and/or encoding) within their usual communications environment. These differences must be conciliated somehow. Normally, this can be done in one of four ways:

a) B uses the protocol of A,

b) A uses the protocol of B,

c) both "agree" on some common subprotocol or an other (standard) protocol, or

d) both use their usual protocols but a gateway is put in between which has the only purpose of performing the necessary protocol translations.

5.1.2.1. CSS External Adaptations

With respect to the CSS situation, a) is equivalent to let — in case of interworking — the participants of other document exchange systems perform the CSS protocol.

As it is very unlikely that all other document exchange systems would implement the CSS protocol (in addition to their original protocol) this first approach seems to be inappropriate. Even worse, for this approach to work in an other document exchange system, the detailed knowledge of its implementations (more precisely, of its internal interfaces) is required. For many proprietory systems this knowledge would only be available to the proprietors.

5.1.2.2. CSS Internal Adaptations

Case b) is equivalent to let — in case of interworking — the CSS machines use the corresponding other document exchange protocols. This approach will force all CSS machines (at least those which intend to be able to communicate with non-CSS document exchange machines) to also implement all other relevant protocols. At the first glance, this seems to be a rather complex task. But see subsection 5.2. for more about what that means in reality.

Obviously, this approach would be very convenient for the implementors of the non-CSS document exchange machines: For them CSS machines now look like their own machines. Nevertheless, in case of differences between the communications capabilities of the communicating partners, communications restrictions may be unavoidable.

---

tional complexity arises that these other protocols must, first of all, be related to the OSI layers in order to be able to perform adaptations. Thus, in those cases, interworking will often hardly be realizable.

5.1.2.3. Use of a Common Protocol

Case c) has the obvious disadvantage that — in case of interworking — b o t h communications partners must use a protocol which deviates from their usual protocol. But, on the other hand, if this i n t e r w o r k i n g p r o t o c o l were general enough, it could be used in a l l interworking cases (i.e. each system had to implement only two protocols: its own and the interworking protocol — as opposed to cases a) and b)).

Unfortunately, it may be very difficult to achieve an agreement on such an interworking protocol, because of the subsequent reasons:

— Either the interworking protocol would be rather simple. In this case, a number of details, such as communications parameters, etc., will hardly (if at all) be expressable by it, thus restricting communications to some (more or less reasonable) subset of the original capabilities **(8) (9)**.

— Or the interworking protocol could provide some superset of all document exchange services for which interworking is ever intended. In this case, it must be possible to express all possible protocol behaviours, parameters, etc. by means of this protocol. Obviously, such an approach will hardly be realizable.

In addition, in both cases (in particular, in the latter) the interworking protocol probably will need to provide options **(10)**, the usage or non-usage of which must not lead to errors for both partners. Thus, the problem of managing this flexibility will arise — e.g. by providing extensive negotiation mechanisms.

In total, providing some kind of common protocol would support interworking. But interworking in this style requires, on both the cooperating machines, additional implementations which, in turn, requires sufficient knowledge about the implementations of both these machines **(11)**.

5.1.2.4. Use of a Gateway

At the first glance the introduction of a gateway seems to solve most of the above mentioned problems, because the communications partners may use their usual protocols and the gateway will perform the necessary protocol translations for them. Nevertheless, most of the problems mentioned above are only "shifted" to the implementation of the gateway:

— Is it possible to realize some universal gateway which is able to perform the adaptations from each document exchange protocol to each other? Of course, this problem is similar to inventing the u n i v e r s a l interworking

---

(8) As an example, it could happen that an agreement may be achieved only on the common subset of a number of protocols, but on nothing more, and this common subset may be too restrictive for convenient operations on top of it.

(9) A particular protocol of this kind may be the TELETEX Access protocol defined in Recommendation X.430 (also called P_5). The use of this protocol as some "standard" interworking protocol would pose restrictions on the available protocol elements and parameters (namely to those already available in P_5) and would also require to encode all protocol elements as sequences of TELETEX characters.

(10) Without the provision of such options the interworking protocol would be too inflexible.

(11) One might try to by-pass those adaptation problems arising without sufficient knowledge of the implementations by inserting some kind of f i l t e r at the external protocol interface which performs the adaptations to the common protocol. Of course, this filter is nothing else but some gateway. Gateways will be described in the next subsection.

protocol.

— How can protocol incompatibilities (one partner expects something which the other will never issue) be solved? This problem is similar to handling options of some interworking protocol.

In addition, — in case of using a gateway — one has to decide whether an end-to-end connection shall be established between the communicating partners or whether a store-and-forward technique (via the gateway) shall be applied. In both cases, the addressing mechanism will have to be enhanced because of the additional communications step.

One particular gateway has already been developed in this area: the TELETEX Access Unit (TTXAU) defined in CCITT Recommendation X.430. The TTXAU behaves like a TELETEX terminal (using protocol P_5) at one side and like an MHS MTA/UA combination (using the protocols P_1 and P_2, defined in X.411 or X.420, resp.) at the other side. If a TTXAU receives a request for sending a document to an MHS system from (one of) the TELETEX terminal(s) connected to the TTXAU, this document is injected into the MHS system — of course, after performing the necessary encoding transformations. On the other hand, if a TTXAU receives a request for sending a document to a TELETEX terminal from an MHS system then depending on the local PTT,

— either the TTXAU would directly connect to the TELETEX terminal and send the document to it,

— or the document would only be stored for the TELETEX terminal in the so-called "Document Storage" (DS) of this TTXAU. The TELETEX terminal may then fetch it from there by connecting to this TTXAU; this connection must be established by the TELETEX terminal.

In the latter case the communications between an MHS system and a TELETEX terminal are highly asymmetrical.

The availability of the TTXAU interface may raise the question of whether it may also be used as a general interworking gateway (12). Of course, this is possible as long as the non-CSS communications partners restrict themselves to the protocol behaviour and encoding of P_5. I.e. for the non-CSS communications partners this solution would be equal to using P_5 as a common protocol (see case c)) and thus may not always be acceptable — for the reasons mentioned above. Thus, the development of other (more specific) gateways might be a more promising approach.

5.1.3. Consequences for the CSS Interworking Problems

Summarizing the above discussion, at the current point in time, cases b) and d) seem to be reasonable approaches to deal with the CSS interworking problems. Both cases require that the CSS itself provides the adaptations to other document exchange services — either by gateways or by the CSS machines themselves. Thus, as long as the capacity limitations of a CSS machine do not prohibit case b) it will be the simpler solution because of avoiding additional addressing overhead. Nevertheless, in cases of LANs of CSS machines, probably only one gateway machine will be used which is responsible for performing the protocol translations (13).

If some interworking is necessary on the lower (six) layers of the OSI architecture the communications s e r v e r module will simply access the corresponding other communications s e r v i c e module - the communications server module would not be affected. As this aspect already has been discussed in section 3.2., it need not be further elaborated on, here.

---

(12) Obviously, this would be a mixture of cases c) and d).
(13) An alternative approach might be to even provide only one common communications server module for the whole LAN of CSS machines.

As opposed to that, in case of interworking on the Application layer the communications server module itself would be affected. But, as it is almost decoupled from the local document handling functionality of a CSS machine, the other modules of this machine need not be changed **(14)**.

5.2.
Interworking of CSS with Other Document Interchange Services

Until now, the subsequent document exchange services have been identified for interworking (additional services may be added in the future):

— TELETEX terminals

— MHS systems (e.g. TELEBOX, INSEM, COSAC)

— TELEX

— DFN, EUROCOM, KOMEX, SCRIBA, EARN, DIA, TELEMAIL.

As CSS is strongly based on the MHS standards, for all those interworking partners which are similarly close to the MHS standards, interworking will be rather simple.

The particularities of the first three of these interworking situations are briefly outlined below. A more detailed discussion and the description of the remaining interworking situations may be found in /5/.

5.2.1. The CSS Document Interchange Protocol

In order to facilitate the discussion of the interworking between CSS and other electronic mail systems the CSS document interchange protocol is briefly described, first. As has been mentioned in subsection 2.2.2. already, CSS documents have TELETEX document formats and are preceded by an administration page (called "Page Zero"), containing parameters like "originator", "recipient", "submission time", etc. These administration informations are encoded according to X.430 — i.e. in human readable code — by using the number identifiers of the protocol elements and parameters defined therein. The protocol (i.e. its behaviour and the parameter assignment) is strongly based on a small subset of the protocol P_5 defined in X.430: It merely consists of the X.430 protocol elements for sending documents and receiving delivery confirmations, and it is used symmetrically (as opposed to the asymmetric definition of the original P_5). Only those parameters of the corresponding protocol elements are used which are relevant for the CSS. For fetching summaries or documents, additional protocol element encodings have been introduced, because there are no "fetch" commands in the MHS service. Here, the semantically similar X.430 protocol elements for accessing the Document Storage of the TTXAU have been used as a basis.

5.2.2. Interworking with TELETEX

For the interworking of a CSS machine with TELETEX terminals two different protocols may be applied. Of course, in both cases, normally documents which merely consist of characters of the TELETEX repertoire, /19/, wou d be exchanged, only.

---

(14) Nevertheless, interworking cannot always be hidden from the user because it may result in restricted communications capabilities. One particular important example may be the "fetch" commands, which are not available in most of the other document exchange services.

a) **Using the CSS Protocol**

If the CSS document exchange protocol is applied in a communication between a CSS machine and a pure TELETEX terminal, the administration pages must be created or understood, resp., by the human TELETEX user. Therefore, the numeric parameter identifiers are replaced by language-dependent keywords (i.e. the presentation of the protocol is dependent on the language of the TELETEX user).

In addition, as no CSS software is available on the pure TELETEX terminals, delivery confirmations and the answers to "fetch" requests cannot be generated automatically (i.e. it is dependent on the readiness of the human users whether these services would be executed completely).

If the local PTT does not allow that a CSS machine establishes a connection to a TELETEX terminal from outside of this PTT's TELETEX service, either some kind of Document Storage must be provided by this CSS machine (it then acts similarly to a TTXAU) or some gateway via an other PTT allowing this connection establishment may be used (15).

b) **Accessing TELETEX Terminals via a TTXAU Interface**

Nevertheless, interworking with TELETEX terminals as discussed above has the disadvantage that TELETEX users belonging to the "CSS community" would have to use still another access protocol if they would like to interwork with MHS. Thus, an other approach could be to also provide, by a CSS machine, the usual TTXAU interface to TELETEX users - by implementing the TTXAU side of the original P_5 protocol and thus providing a gateway to CSS. Of course, this has the consequence that the "fetch" services are no longer available and that a lot of parameters are included in the protocol elements which are not really necessary.

Thus, in total, the first approach will be the simpler as well as the more powerful one (because of providing "fetch" services) - but for those TELETEX users accustomed to the TTXAU interface the latter is also provided.

5.2.3. Interworking with MHS Systems

In general, interworking with MHS systems would require interworking on the two MHS sublayers:

— on the Message Transfer layer (MTL) with protocol P_1 (as described in X.411), and

— on the Interpersonal Messaging layer (IPML) - often also called User Agent layer (UAL) - with protocol P_2 (as described in X.420).

Thus, the most straightforward way of interworking with MHS would be to implement these two protocols P_1 and P_2 and use them for document exchange instead of the CSS protocol. But implementing both P_1 and P_2 will be a rather complex task. Fortunately, there are two other approaches which will be simpler and thus may aid as a first step towards full MHS compatibility:

— One may again use the protocol P_5 (but, in this case, in the other direction). I.e. the CSS machine behaves itself as a TELETEX terminal and gets access to the MHS world via a (public) TTXAU which performs the necessary adaptations for it. In this case only the TELETEX side of P_5 must be implemented.

---

(15) Providing a Document Storage for all TELETEX terminals with which a CSS machine may communicate does not belong to the current design of a basic CSS machine (see section 7).

— One may only implement protocol P_2 and the Submission and Delivery protocol P_3 (also defined in X.411 and providing "remote" access to the MTL). I.e. the CSS machine gets access to the MHS world via some (public) Message Transfer Agent (MTA) which performs the protocol P_1 for it (16).

In all cases, the "fetch" services will no longer be available as the MHS Recommendations do not provide the fetch functionality.

5.2.4. Interworking with TELEX

Interworking with TELEX may be performed in nearly the same way as with TELETEX. I.e. the informations on the "Page Zero" have simply to be inserted at the beginning of each TELEX document and represented by means of the TELEX character repertoire encodings. Again, it depends on the readiness of the (TELEX) user whether confirmations will be given. Fetching summaries or documents may be difficult because the TELEX service does not provide direct access to some document storage in the TELEX "terminals". Only documents which merely consist of the character encodings of the TELEX repertoire may be transmitted.

6.
CSS CONFORMANCE TESTING

Having a large number of CSS maschines and additional CSS software implemented or modified by different manufacturers and/or software houses, it becomes important to establish a test procedure by which the correct operation of a specific CSS installation/product can be determined. The conformance tests of a CSS maschine/product can be structured according to the functionalities to be tested. The different types of interfaces are:

— the user's functional interface,

— the information presentation/representation interfaces,

— the communications service interfaces,

— the application protocol interfaces.

What is meant by these different types of interfaces and how to test them will be outlined in the subsequent subchapters. We will focus on the user's functional interface, while only a very brief overview will be given about the meanings of the other three types of interfaces. Detailed descriptions of the test methods and the respective tests will be published in a paper to come /25/.

Three notes may help to clarify the context of what is being discussed in this section of the paper.

— These four types of interface of any CSS maschine and the test sequences for them will in any case be public domain, irrespective of by whom the rest of a CSS maschine implementation is provided and what its legal status may be. The CSS Architectural Definition, /1/, does not require the externalization of anything else. Speaking more precisely, it also does not require explicitly the externalization of the latter three types of interfaces — but implicitly it does require this externalization, as one of the consequences of the general philosophy persued by it.

---

(16) This access to the MTL of MHS via protocol P_3 may also be used for CSS-internal communications: The P_3 implementation may simply be viewed as an alternative communications service module which provides access to the "MTL network" for exchanging CSS documents. As a consequence, a CSS machine may be interpreted as some - presently still private - kind of user agent and, thus, the CSS protocol as some private kind of P_2 protocol.

— The technical details and the corresponding tests of these four types of interfaces cover only the basic CSS maschine (as described more precisely in section 7).
It is likely that manufacturer dependent extensions of the basic CSS maschine (e.g. as described in section 7) would have externalized their additional technical details and corresponding tests only as far as ultimately necessary.
In addition to these tests for the correct functioning of extensions to the basic CSS maschine, this very basic CSS maschine may already be designed such that its implementation obeys a variety of internal interfacing rules, the tests of which may be very helpful, for example for tracing bugs to their origins. An example of this type of interfaces of the basic CSS maschine is the "universal interprocess communication interface (UIPC)" as outlined in /7/. Whether this latter type of interface, depending on specific basic CSS maschine designs/implementations, and the corresponding tests should be fully externalized is an open question at the moment.

— Obviously an authority is required which would, firstly approve and extend these test sequences, secondly keep them in a well documented state and distribute them on request, and thirdly run these tests on request and publicly comment on such runs. It may be expected that the initiators of the CSS would try to get some European non-profit organization to play this role, e.g. CEN/CENELEC — at least this were very reasonable. The paper does not go into this issue any further.

Terminating these introductorary remarks to testing of CSS maschines, we would like to emphazise once more that the only purpose of this section of the paper is to provide an initial understanding of what is to be understood by "CSS conformance tests" and to indicate the various dimensions of this huge and complex area.

6.1 Remote Testing

Before we go into discussing how to test interfaces, let us clarify another important issue, namely what is "remote testing".

Remote testing requires some special features to be provided by the remote CSS "maschine under test" (MUT). The term "remote testing" usually is used in the area of protocol testing for checking the communications functionality provided by a protocol implementation. Opposed to that, remote testing of CSS interface means testing of services which may also be local services. For remote testing of the MUT's services from the "test maschine (TM)", the communications services as well as the local services, we need a user of the MUT observing and triggering its local interfaces. Usually there would not be a local user at the MUT who could help us (at the TM) to perform these tests — therefore this local user at the MUT must be simulated. Simulating this local user at the MUT (for remote testing purposes) requires a feature called "remote CSS login". By means of this remote CSS login, a person at the TM — which usually is physically distinct from the MUT — is allowed to

— login at the MUT, and

— to operate the MUT as if it were a normal local user of this CSS maschine.

The prerequisite for applying the remote CSS login obviously is a connection between the MUT and the TM. That connection must provide a transparent communications channel between the TM and the MUT (i.e. all bit patterns are passed unchanged from the TM to the MUT and vice versa). We mention here only two possible means of realizing this connection, namely

1.) a telephone line, with suitable modems on both ends, which would be used asynchronously, and

2.) an X.25 line.

The first alternative makes the computer hosting the TM look to the computer hosting the MUT exactly the same as a local asynchroneous terminal. Thus, it usually offers to the testing person, at the TM, the possibility to act as a local user of the MUT — the only difference to a real local user being that the connection between the TM and the MUT is much longer. A problem arising with this type of connections is that they are neither very fast (about 1200 baud) nor very reliable; in addition, they may be expensive. Some experiences about using this type of connections for testing are to be gained in the pilot phase (see chapter 7). Another disadvantage of this type of connections is that the MUT must provide a second communications interface for testing purposes, besides the interface used for true CSS communications purposes.

The second alternative requires an X.25 implementation in the computer hosting the MUT and in the computer hosting the TM. As the early series of CSS installations will be based on the X.25 (and the TELETEX) service, this requirement will always be met during the CSS pilot phase, at least. In these cases it is possible to use one or more logical channels provided by the computer hosting the MUT for CSS specific communications activities and one of its logical channels for testing purposes.

The remaining requirement is that the X.25 implementation of the computer hosting the MUT allows the incoming call from the TM to access the MUT as a local user. This would surely be so if any user connected to this computer (hosting the MUT) by means of an X.25 connection could act as if he were a local user of it, i.e. if he could access the operating system of this computer as a local user — just as it is the case in the first alternative. This requirement is met, if the (X&T)-component of, TELE-SYS /10/, is taken as X.25 implementation. Setting up the connection between the TM and the MUT would be done by using the CSS command "CONNECT" — irrespective of whether a telephone or an X.25 based Network service will be used (which one actually is used is derived from the name of the MUT). The invocation of the CONNECT command opens, after its execution, a local by-pass of the initiators CSS maschine; but, nevertheless, the latter would preserve all the informations exchanged on this by-pass in a particular document in its store.

The connection between the TM and the MUT that serves for test purposes (i.e. for remotely operating of the MUT) will be called **test connection** in the sequel; the connections between CSS maschines which serve for normal CSS communications activities will be called **communication connections**. After these explanations one sees that the term "remote testing" in the context of CSS, does not refer to some particular kind of test technique conceptually different from local test techniques — it merely expresses the fact that the TM may be physically located somewhere else than the MUT.

Note that, in case of having isolated an error on an MUT which has nothing to do with providing remote CSS login on and the document exchange functionality of this MUT, a fixed version of the concerned part of the code of the MUT may be sent as a document to the MUT across the communications connection. I.e., while testing would be performed by means of the test connection, the latter is of no use for transmitting binary files. Also note that the fixed version may be sent to the MUT as a normal document, but it cannot be installed there across the test connection — simply because the basic CSS maschine does not provide a command having this semantics.

6.2 The User's Functional Interface

At the CSS user's functional interface, the functionality is provided as it is specified in the CSS Architectural Definition, /1/, or more consisely in the CSS Users Manual /12/, both of which describe the user commands provided by a CSS maschine.

Testing (locally or remotely) of the user's functional interface of a CSS maschine (called the MUT) is nothing else but systematically calling the user commands CSS provides (e.g. logon, view, screenedit,...) and checking the results of their executions. In case of remote testing calling and checking will be done across a test connection.

Next we shall briefly outline how to test a specific group of CSS commands — namely those concerned with the document exchange functionality provided by a CSS maschine — by explaining how to test the commands

- send document

- fetch document.

Performing test of the commands concerned with communications between CSS maschines has the special characteristic that three CSS maschines may be involved in their complete and correct execution. I.e., testing may require not only a test connection from the TM to the MUT, but in addition, a third CSS maschine connected to the MUT and a test connection from the TM also to this third CSS maschine. For the explanations given in most parts of this section it is sufficient to assume that the TM and this third CSS maschine are identical; no second test connection is required therefore, in these cases.

Testing these commands will be done in two steps: a passive one and an active one, as seen from the MUT. In the **passive test** the respective CSS command is issued at the TM. In the **active test** the respective CSS command is issued, across the test connection, at the MUT.

In the general case of having a third CSS maschine in the test, also the passive test would be triggered remotely: The respective CSS command would have to be issued, across the second test connection, at this third CSS maschine. The passive as well as the active test can be performed also with only one single computer system hosting two CSS maschines, one being the TM and the other one the MUT. The simplest test configuration (and maybe the most confusing one) is one CSS maschine acting as TM and MUT simultaneously.

Note that in both the latter two cases two network connections may be utilized for realizing a test connection and a communications connection. These two application connections, realized by means of the two network connections, would always interconnect the TM and the MUT, irrespective of whether these are different CSS maschines or not. But, as in both cases only one computer system is involved, the test connection may simply left away. If two CSS maschines participate in a test the tester then would have to deal with both this terminals, if only one CSS maschine act as TM and MUT simultaneously the tester would have only one terminal anyway.

Let us put slightly more technically both uses of both the CSS commands mentioned above.

send document TEST to MUT
(passive test)

A document with predefined content (named "TEST") is send from the TM to the MUT. The abbreviation MUT must be used within the address list of the TM to identify the intended CSS user/maschine (the MUT).

- It is checked locally (TM side), whether the send command terminates correct. I.e. there must be a new entry in the POST-OUT register concerning the document TEST and containing the sender (TM), the recipient (MUT), the initiation time of the send command and the respective action indicator.

- It is checked remotely (MUT side), whether the document was received correct. I.e. the entries in the POST-IN register at the MUT concerning the document TEST must be identical to the entries in the POST-OUT register at the TM concerning that document (except the time indicator). The CSS command "view complete summary in intray with details" issued at the MUT should give the same information about the document name, the subject, the size, the page format and the character repertoire as the CSS command "view complete summary in store with details" issued at the TM, both with respect to the document TEST.

send document TEST to TM
(active test)

A document with predefined content (named "TEST") is send from the MUT to the TM. The abbreviation TM must be used within the address list of the MUT to identify the intended CSS user/maschine (the TM).

— It is checked remotely (MUT side), whether the send command terminates correct. I.e. there must be a new entry in the POST-OUT register concerning the document TEST and containing the sender (MUT), the recipient (TM), the initiation time of the send command and the respective action indicator.

— It is checked locally (TM side), whether the document was received correct. I.e. the entries in the POST-OUT register at the MUT concerning the document TEST must be identical to the entries in the POST-IN register at the TM concerning that document (except the time indicator). The CSS command "view complete summary in intray with details" issued at the TM should give the same information about the document name, the subject, the size, the page format and the character repertoire as the CSS command "view complete summary in store with details" issued at the MUT, both with respect to the document TEST.

fetch document TEST from MUT
(passive test)

A document with predefined content (named "TEST") is fetched by the TM from the MUT. The abbreviation MUT must be used within the address list of the TM to identify the intended CSS user/maschine (the MUT).

— It is checked locally (TM side), whether the fetch command terminates correct. I.e. there must be a new entry in the POST-OUT register concerning the (control)-document that contains the fetch request. That new entry has to contain the sender (TM), the recipient (MUT), the initiation time of the fetch command and the respective action indicator. Furthermore, after the correct receipt of the requested document TEST the entries in the POST-IN register at the TM concerning the document TEST must be identical to the entries in the POST-OUT register at the MUT concerning that document (except the time indicator). The CSS command "view complete summary in intray with details" issued at the TM should give the same information about the document name, the subject, the size, the page format and the character repertoire as the CSS command "view complete summary in store with details" issued at the MUT, both with respect to the document TEST.

— It is checked remotely (MUT side), whether the (control)-document was received correct. I.e. the entries in the POST-IN register at the MUT concerning the (control)-document that contains the fetch request must be identical to the entries in the POST-OUT register at the TM concerning that document (except the time indicator). Furthermore it must be checked whether the requested document TEST was correctly delivered by the MUT to the TM. I.e. there must be a new entry in the POST-OUT register concerning the document TEST and containing the sender (MUT), the recipient (TM), the initiation time of the send command and the respective action indicator.

fetch document TEST from TM
(active test)

A document with predefined content (named "TEST") is fetched by the MUT from the TM. The abbreviation TM must be used within the address list of the MUT to identify the intended CSS user/maschine (the TM).

— It is checked remotely (MUT side), whether the fetch command terminates correct. I.e. there must be a new entry in the POST-OUT register concerning the (control)-document that contains the fetch request. That new entry has to contain the sender (MUT), the recipient (TM), the initiation time of the fetch command and the respective action indicator. Furthermore, after the correct receipt of the requested document TEST the entries in the POST-IN register at the MUT concerning the document TEST must be identical to the entries in the POST-OUT register at the TM concerning that document (except the time indicator). The CSS command "view complete summary in intray with details" issued at the MUT should give the same information about the document name, the subject, the size, the page format and the character repertoire as the CSS command "view complete summary in store with details" issued at the TM, both with respect to the document TEST.

— It is checked locally (TM side), whether the (control)-document was received correct. I.e. the entries in the POST-IN register at the TM concerning the (control)-document that contains the fetch request must be identical to the entries in the POST-OUT register at the MUT concerning that document (except the time indicator). Furthermore it must be checked whether the requested document TEST was correctly delivered by the TM to the MUT. I.e. there must be a new entry in the POST-OUT register concerning the document TEST and containing the sender (TM), the recipient (MUT), the initiation time of the send command and the respective action indicator.

6.3 The Information Presentation/Representation Interface

What is to be tested here, locally and/or remotely, that is the presentation of the informations available at the user interface (i.e. of the CSS functionality as well as of the documents dealt with) and their representation (i.e. the internal coding of the CSS functionality and of the documents dealt with).

6.3.1 The Information Presentation Interface

It is one of the general objectives of the CSS that the outward appearance of the user interfaces of CSS maschines on the various computer systems should be as similar to each other as possible. Thus tests are required to determine whether the MUT's presentation of its user interface is in conformance with the CSS specifications (see /25/ for a detailed specification). If the test is performed remotely (by means of a test connection) the terminal type used at the TM must have at least the same presentation capabilities as the one at the MUT; coding issues of these informations are discussed in the succeeding subsection.

What can not be tested in this way is the implementation of the terminal/printer drivers at the MUT. Performing this kind of test would require another connection between some device at the MUT which is able to scan its actual information presentation and a corresponding screen at the TM displaying this presentation (of the MUT's interface) obtained by scanning the terminal/printer at the MUT.

6.3.2 The Information Representation Interface

All the information exchanged between a CSS user and its maschine goes through its SMT interface (as described in section 5). For these local information exchanges there is no way around this SMT interface, and this holds for the CSS functionality specific informations as well as for CSS document specific informations. The SMT interface prescibes a certain representation of this informations — and the conformance of this representation at the MUT is to be compared with the corresponding representation at the TM. Note that there is the problem to get, across the test connection, at this SMT interface of the MUT. While the two types of interfaces, testing of which is outlined in the previous subsections, are external interfaces, i.e. interfaces between the MUT and a user of it, the SMT interface is an internal interface, i.e. an interface between two modules of the MUT, and therefore not directly accessible for a user. What is requrired to access this kind of interfaces is a CSS command by use of which it is possible to redirect the information exchanged at internal module interfaces. A command having this semantics will be one of the extensions to the basic CSS maschine (see chapter 7 for more about this issue).

Some explanations on testing the SMT seem to be in order. In normal operation it is the task of the SMT module to map SMT codes (exchanged between the user-interface module and the SMT module across the SMT interface) onto output-device dependent codes and vice versa. When testing the (existence and correctness of the) SMT interface of an MUT these internal codings must be made visible to the TM simply by sending the SMT codes across the test connection. In other words: the SMT module at the MUT is replaced by the SMT module at the TM and the SMT codes between this SMT module and the user interface module are exchanged across the test connection.

Having the mentioned CSS command, it will be possible

— to check the correct coding of MUT provided information (e.g. system messages, prompting information,..)

— to check the correct interpretation of SMT coded CSS commands (issued at the TM)

— to check the correct coding of CSS document.

With respect to a document's SMT representation nothing is to be said: It must be identical on both sides, given that the sequence of operations on it has been the same on both sides. With respect to the CSS functionality specific information representation, it is to mention that the internal SMT coding of this information might change from MUT to MUT, depending on the language actually chosen by the user. Nevertheless this internal coding can be checked because in case of testing, the TM knows about what language actually is used.

6.4 The Communications Service Interfaces

A "communications service interface" is the interface between a communications service module and the communications server module of an MUT. I.e., an MUT contains as many communications service interfaces as it accesses communications service modules.

Testing the communications services of an MUT does not mean that we are checking the correct functioning of the corresponding communications service module — this is an issue of its own and will be discussed briefly in subsection 7.3 — but that we are inspecting the communications server module's use of and cooperation with this interface. Performing this test by means of a test connection obviously requires having a particular module "below" the MUT which provides to the latter the communications interface to be tested — i.e. pretends to the MUT to be the real communications service module concerned. As in the case of the information representation interface the communications service interfaces are CSS internal module interfaces, namely between the communications server module and the communications services modules. Therefore testing this type of interfaces will be realized again by means of the CSS command mentioned in 6.3.2 that serves for inter-module I/O redirection. Executing this command will result in logically replacing the respective communications service module by a communications service simulator module.

A presentation problem may arise at the TM if across one single test connection two different types of informations are received namely

—   the user interface information and

—   the communications service interface information.

There is no way to separate both types of information at the TM if they are mixed at the MUT, i.e. if the communications service simulator module maps the communications service interface directly onto equivalent activities on the test connection and vice versa. A possible solution seems to be that the service simulator module writes all informations exchanged at the communications service interfaces into a special file, that is transmitted afterwards as a CSS document from the MUT to the TM.

It is likely that for most of the important communications interfaces international standards or de facto standards (such as ROSE specifications /8/) will soon be available. This "communications service simulator" module then should be able to provide any one of them, at request of its user. The interfaces relevant at present for the CSS are those to the TELETEX service module (realizing T.70 and T.62), to the X.25 based Network service module and to the PSTN based Network service module.

6.5 The Application Protocol Interfaces

When a CSS maschine communicates with another one, or with an entity realizing some different electronic office system (see section 5 for more about this issue), it obeys a certain set of conventions, i.e. it runs a certain application protocol. It is the correct execution, by an MUT, of this kind of application protocol that requires being certified. Distributed Office Applications implemented on top of CSS would run additional and different kind of application protocols — but these are not considered in this paper.

The application interworking protocol maschine for an electronic office maschine must model that part of this electronic office maschine which is visible to a second electronic office maschine (of the same kind as the first one) when communicating with it — i.e., it neither needs to model that part of the functionality of this electronic office maschine designed primarily for local use nor that part of its communications functionality not accessible when interworking with another type of electronic office maschine. Taking a CSS maschine, as example of an electronic office maschine, its application interworking protocol maschine will model the capabilities of the CSS store and access to it by means of the CSS send/fetch commands, but it would neither model the CSS editing functionality nor the remote CSS login functionality (the former being designed primarily for local use, the second probably not accessible when interworking with a not CSS maschine).

In testing these application protocols a type of problems may arise not discussed so far in this paper: The third maschine, i.e. the maschine with which the MUT is communicating, may not be accessible to the TM for performing these tests, because the communications services realized within the TM do not provide access to this third maschine. If the application interworking protocol maschine realized within the MUT is able to model both the CSS send as well as the CSS fetch command when communicating with the third maschine, it is possible to test this interworking simply by triggering both commands at the MUT across the test connection. If the third maschine does not provide any functionality equivalent to the CSS fetch command there is no way to model it at the MUT when interworking with this maschine. In this case the test operator located at the TM has to connect somehow else to the third maschine, e.g. simply by calling a user of it and checking whether the interworking between the MUT and the third maschine works correct with respect to the CSS send command.

7.
CSS IN '85/'86

Currently, i.e. early in '85, CSS is the only fully grown electronic mail system which is

— based on international standards/recommendations for the communications and text areas,

— designed for the PC technology (but suitable for large machines as well),

— adaptable to the different needs of its various groups of users, and

— available today.

In addition, it is distributed at extremely low cost. Thus, CSS has a very good chance to become very popular.

The purpose of this section of the paper is to explain why this chance really exists and what activities are planned to make sure that it will be optimally exploited. This explanation is given in three subsections. The first one briefly compares the state of work on the basic CSS to those of concurrent electronic mail oriented projects. The second one outlines the plans for launching the basic CSS in '85/'86. The last subsection then surveys various extensions of the basic CSS (which are currently being implemented by TELES) which considerably support designing/implementing distributed office applications on top of the basic CSS.

7.1.
The Basic CSS and Concurrent Projects

Let us start with defining what is to be understood by the term "basic CSS" and describing the current state of work on it. In 7.1.2 we then shall go on with relating the basic CSS to several other important concurrent projects.

7.1.1. The Functionality of the Basic CSS and its State of Development

The functionality of the basic CSS has been outlined in the CEC's Architectural Definition of CSS /1/ and is described precisely, from a user's point of view, in the CSS User Manual and in the CSS Text Editor Manual /12, 15/. But four issues are not clarified in these documents although they are crucial for the understanding of the basic CSS machine; therefore, this will be done subsequently.

7.1.1.1. Local I/O

A CSS machine supports, as its terminal interface, the abstract screen mode terminal (SMT) interface /11/. The basic CSS machine contains efficient implementations of the SMT interface only for the usual PC monitors/keyboards, the usual asynchroneous terminals (such as the VT-100) and the monitor/keyboard of the ICL Perq II. As printer the basic CSS machine assumes an EPSON LQ-1500 or a compatible device. See section 2.2.3 and 7.3 for more about this issue.

7.1.1.2. Character Repertoires

The basic CSS machine comes with an "ISO 2022" screen editor, this editor is able to manipulate, in particular, TELETEX documents, i.e. it is a "Γ.61" screen editor. But there are no filters, whatsoever, to enable this CSS editor to work on documents containing other characters than those from the CEC's five standard character repertoires and TELETEX. See subsection 2.2.3 and 7.3 for more about this issue.

7.1.1.3. Communications Services Usable

The basic CSS machine comes with an implementation of the TELETEX protocols. These are to be executed on some arbitrary connection-oriented Network Service, which provides to its user's the ROSE interface for the Layer 3 Service of the OSI Reference Model. The basic CSS machine contains only for one single communications interface, of the computer hosting it, the corresponding (implementation of the) communications service module, namely for the ordinary asynchroneous terminal interface. This allows basic CSS machines to communicate on top of a PSTN (by using appropriate modems). The basic CSS machine does not come with an implementation of an X.25 communications service module — this must be provided, if X.25 connections are required, in some other way (e.g., on a PC, the X&T component of TELES_SYS may be taken for this purpose). See section 3.2.2 and 7.3 for more about this issue.

7.1.1.4. Interworking

The basic CSS machine may interwork with an ordinary TELETEX machine in any of two ways: either as described in /1/ or as described for the TTXAU in X.430 /2/. In addition, it may act on top of a Network Connection, as described in 7.1.1.3 as an ayncrhoneous terminal for any computer system providing access to such terminals. See sections 3.2 and 7.3 for more about this issue.

7.1.1.5. State of Work

The basic CSS machine, as described in this subsection, is implemented completely in C, obeying most of the ROSE coding rules for such implementations, and is highly portable, therefore. Since early '85 this implementation is being tested in selected pilot applications at a number of quite different users. Besides "bug fixing", most of the current work on this basic CSS machine has to do with redesign/reimplementation of parts of it in order to improve its efficiency with respect to both, command execution times and memory space required.

7.1.2. Concurrent Projects

Two quite different kinds of concurrent projects are to be considered here:

- projects aiming at providing an electronic mail (or more precisely: a document handling and exchange) service based on international standards/ recommendations for the communications and text areas, and

- projects aiming at using exactly such a service.

The first kind of projects is not homogeneous. There is a first group of early electronic message services, such as EUROCOM covering the entire EC or TELEBOX covering West Germany; these are designed to look uniformly to all their users (i.e. are not adaptable to the specific needs of specific groups of these users), they have their information stores separate from the users, they do not provide sophisticated editing for multi-lingual documents, they do not provide multi-lingual user interfaces, ... In total, these are services very suitable for occasional exchange of brief messages but hardly usable for professional application for document handling and exchange in an office/administration environment — in particular, if this is an international environment. A second group of services is currently being developed or planned, such as the COSAC system in France or the INSEM system for the CEC's internal use; while these systems seem to be targeted at the professional office/administration application area, they are still in a very infant stage of development. None of these systems will become operational as a fully grown office system in '85 — it is even very unlikely that this can happen in '86. Thus, for at least the next two years, CSS will be the only operational document handling and exchange system based on the relevant international standards/recommendations. During this period of time CSS will have no competitor at all. Finally it should be noted that all the systems mentioned above are designed for mainframes or at least for mini-computers — none of them is targeted at the PC technology, as is CSS.

The second kind of projects comes from the area of international cooperations. Typical examples are the ESPRIT projects or, quite generally, internationally operating companies/administrations launching large activities. The EC based projects would, due to political reasons, prefer an electronic document exchange system based on international standards to a manufacturer specific one. Also a considerable number of projects completely run by private companies may come to the same decision: it seems to provide, to the projects concerned, a maximum of operational flexibility and manufacturer independence as well as of safety about the stability of its technical future. From what has been said in the preceding paragraph, all these projects are potential users of CSS — during the next two years these projects do not have that much a choice.

7.2.
Launching the Basic CSS

It is a serious question whether the open market is really able to accept in large numbers a product which is technologically that advanced as CSS, unless considerable support is granted to those groups of users willing to integrate CSS into their application projects today, and even more, to those organizations willing to integrate CSS into the product line they are actually marketing for the office administration area. In order to avoid taking chances of this kind, the introduction of CSS into the open market will take place via a major "CSS launching activity", which is targeted primarily at these two catalysts for accelerating the general acceptance of CSS **(17)**. The purpose of this subsection is to outline the CSS launching activity, as currently planned, to those parties interested in obtaining this support.

7.2.1. The CSS Launching Fundamentals

The subject of the CSS launching activity is the basic CSS machine implemented in C, as outlined in the preceding subsection.

The period of time for the CSS launching activity is early '85 to the middle of '86, i.e. an 18 months frame of time. The responsibility for the technical part of the CSS launching activity is with the "CSS Launching Team" of TELES in Berlin which basically consists of the designers/implementors of the current basic CSS machine. This is a pretty large group of CSS experts the only task of which is to grant support to the targeted groups, as indicated above. In case of CEC backup, the management of the CSS Launching Team (then to be extended) would be at the CEC's primary contractor for the CSS project, at ICL/EI in Luxembourg.

---

(17) At the time of writing this report, it is not yet clear whether the CEC would allocate some budget to this CSS launching activity or whether it would be based solely on the resources of TELES. (Presently, there are no other technically sufficiently qualified resources available for this urgent task.) While the concept behind the CSS launching activity would not be affected by this decision, it obviously would affect the chances of other distributors of CSS than ICL and TELES to get CSS, right from the beginning, integrated into their product lines. Thus, the question whether the current manufacturer independent CSS machine design/implementation also may be launched into the open market in a manufacturer independent way (more precisely: in a multi-manufacturer way), strongly depends on the budget available for the various porting activities this implies.

7.2.2. The CSS Launching Structure

There is a large number of operating systems and/or hardware systems to which to port the basic CSS machine and which cannot be discussed in this survey paper. Nevertheless, the structure of the CSS launching activity can be considered to be the same for any of these potential ports, whereby only the durations of the phases outlined subsequently are expected to be considerably reduced as the number of ports performed increases. The kernel of the CSS launching activity is based on suitable UNIX versions and UNIX look-alike operating systems initially. By the end of '85 the basic CSS machine should run on the total UNIX family of operating systems.

The 18 months of the CSS launching period are subdivided into a 4—5 months pilot phase, a 7—8 months mass trial phase (both phases together one year), and a 6 months open market introduction phase.

7.2.2.1. The Pilot Phase

In the pilot phase some dozens of CSS users should participate. These users should be highly dedicated to make CSS rapidly operational and should be selected from all the European countries. These CSS users must have a sufficient technical qualification in UNIX technology as well as in communications technology, must be prepared to find out the national particularities when cooperating by means of CSS on top of X.25, and must be so cooperative as to perform all kinds of tests with all kinds of other participants in this CSS pilot phase. In the first two months of this pilot phase the CSS machines delivered by TELES are to be considered as CSS pre-releases, during the second half of this pilot phase a CSS Release 0 should be stabelized. The only communications service used during the first half of this phase is X.25 and, internally to the basic CSS machine, T.70 and T.62 (TELETEX) /18/. During the second half of the pilot phase the PSTN service will be allowed, when necessary.

One of the main goals to be achieved in this phase is to make the basic CSS executable

— on all compatible PCs on the European market,

— in all countries of the European market, and

— on top of all X.25 networks and PSTNs in the European market.

As far as only possible, this CSS community should be extended to as many other micro/mini-systems for the office administration area as possible, if they only belong to the (extended) UNIX family and fulfill the CSS interface requirements concerning X.25, local I/O and local storage.

At the end of this pilot phase there should not only be a community of a couple of experienced CSS users throughout all European countries (which would contitute a treasure of its own already) and a sufficiently efficient and robust version of the basic CSS machine. In addition, there should be an interface test suite, which has been derived from the experience gained during this pilot phase and which would allow to check on any system, whether it provides the required X.25, local I/O and local storage interfaces to the basic CSS machine. Finally, at this time, the multi-lingual CSS system documentation, multi-lingual CSS user manuals and the multi-lingual user interfaces should be available and sufficiently detailed and precise.

7.2.2.2. The Mass Trial Phase

The mass trial phase serves to find out and to provide means for overcoming the difficulties that are likely to arise when CSS is being introduced to and used by a group of ordinary scientists, officers, secretaries, ... While computer science experts of any couleur should feel comfortable with the CSS machine version that results from the pilot phase, it is expected that this will not be so for the rest of the population.

In order to find out where the problems are, a series of application projects of CSS must be initiated where in any of these projects at least some dozens of users are involved. Obviously, the boundary between the pilot phase and the mass trial phase does not need to be very sharp. A typical CSS application project within the ESPRIT community could be initiated already by the middle of the pilot phase — due to the computer science orientation in this community, in particular. On the other hand, a really mass-based CSS application — such as for a large private or public administration — would start, at the beginning of the mass trial phase, with only a small number of CSS machines. The interest of participating (in this mass trial) shown by several large companies/administrations after they have been contacted and provided with information about the CSS project is just excellent — in any of the contacts made.

In total, from a technical point of view nothing new is expected from this phase. As usual, another type of users of a complex system would bring up a type of bugs of the system not found in it by its previous users — and it would be one of the tasks of the CSS Launching Team to help to identify these bugs and to fix them. In addition, it may be expected that improving the efficiency of the CSS machine by its partial redesign/reimplementation — no need to say that this would in no way affect the CSS users — will be a process continuing during the whole CSS launching period.

At the end of the mass trial phase CSS should be in a state where selling it to the open market should be initiated, for mass applications without particular support by the CSS Launching Team. This requires not only a consolidated CSS machine implementation (including a "shock-proof" user interface, a convenient booting system, documentation and user manuals) — this should also be supported by elaborate training material for the different kinds of people running such mass-based office applications.

7.2.2.3. The Open Market Introduction Phase

During the open market introduction phase the CSS Launching Team would support primarily the future CSS distributors. It may be expected that by this time several large European manufacturers as well as independent system houses will already be involved or will be interested in distributing CSS, but they will need technical backup to perform this business. Thus, during this phase the CSS Launching Team usually would not get into direct contact with and would not grant direct support to new groups of CSS users — as it typically was the case in the mass trial phase.

At the end of this market introduction phase the future CSS distributors should have built up their CSS know-how to a degree enabling them to run this business on their own. The CSS Launching Team then would be dissolved.

7.3.
Extensions to the Basic CSS Machine

The basic CSS machine is the appropriate vehicle for launching CSS: it is as simple as a CSS machine fulfilling the CEC requirements (as stated in /1/) can be — and this simplicity is crucial for the success of the CSS launching process. But, this simplicity of the basic CSS machine also causes problems: it does not meet another set of requirements which frequently will arise in applications of the basic CSS machine. The purpose of this subsection is to briefly characterize these additional requirements, to indicate that TELES is working on extensions of the basic CSS machine meeting them, and to provide an idea of when these extensions should be available. Obviously, these TELES extensions would be usable only in conjunction with the TELES design/implementation of the basic CSS machine.

Before discussing these additional requirements/extensions let us emphasize that we are talking about true extensions to the basic CSS machine. As a consequence, it is planned not to install these extensions at a user of the basic CSS machine before it is tested to be fully operational. Therefore, no detrimental effect can result on the CSS launching activity from announcing these extensions: on the contrary, deciding in favour of CSS should be easier for a potential CSS user if he knows these perspectives of the basic CSS machine.

The design/implementation of these extensions is performed by another large group within TELES besides the CSS Launching Team, and thus, takes place concurrently to launching the basic CSS. All the extensions discussed subsequently are expected to become available in '85. Unless otherwise indicated, the sequence in which this will happen depends on the urgency of the various extensions identified during the concurrent CSS launching activity. Therefore, the sequence of the discussion of these extensions in the remainder of this subsection has nothing to do with the sequence of their delivery.

7.3.1. Communications Related Extensions

The communications related extensions fall into three groups, namely

- providing CSS on top of other communications services. This issue has been discussed in detail in section 3 and 4 already. EC VIDEOTEX CSS is considered to be of extreme urgency. Also SNA-based CSS machines should be available by the middle of '85.

- interworking of CSS and other existing/emerging electronic mail services. This issue has been discussed in detail in section 5 already. Currently the interworking with EUROCOM and TELEBOX is considered to be urgent.

- integration into the X.400 series of recommendations. Two issues must be clarified here: the provision and use of "naming authorities" and the definition of CSS machines as a new type of "user agents" on top of the Message Transfer Service. Both tasks require only straightforward types of activities and will be performed early in '85.

7.3.2. Local System Related Extensions

The most important issue concerning local system related extensions is the "common storage server" for a number of individual CSS machines. The requirement arises in a mainframe environment as well as in a LAN or PABX environment. In all three kinds of environments one frequently would have the situation that a number of CSS machines hold, in their individual stores, a number of same documents. If this number or the documents are sufficiently large, it would be very desirable to have only one copy of these documents in a common storage server for these CSS machines. This extension will become available, at least for the mainframe and PABX environment, early in '85.

7.3.3. Application Related Extensions

Concerning application related extensions we shall only go into six of the many issues to be envisiged here. These are

- filters and additional terminal/printer interfaces. These issues have been discussed already in subsection 2.2.3. As these requirements are closely tied to the advent of new devices and/or new codings — such as for other alphabets, for facsimile or photographic information, or for encryption — the related design/implementation activities will probably never terminate completely.

- document standards and editors consistent with them. The most urgent requirements here are the tools for dealing with TELETEX/TELEFAX integrated documents as described in recommendation T.73 /16/ and with FORMEX documents /17/. These are corresponding formatting oriented extensions to the current CSS editors. First implementations should be available by April '85.

- document tracing. In large administrations many documents would travel, while being processed, from the desk/file cabinet in one office to the desk/file cabinet in another office. If this administration would support its offices by CSS machines, these documents would travel through a number of them — because now each of these office workplaces would be modelled by another CSS machine. As a consequence, a document tracing system would be required. It would have primarily a two-fold task: Firstly, to allow to determine, for every document, what way through which CSS machines it has to take and/or has taken. Secondly, to allow to find out rapidly and at any time where a particular document resides. Other tasks of this document tracing system would be to forward documents in due time, to report that this forwarding did not take place,... In a large administration this system cannot be a monolith, but it must be structured hierarchically, obviously mirroring the hierarchy of the administration being supported. Due to the complexity of this system it will not become operational before late '85, at the earliest.

- CSS runtime support system. While a large administration application is running on a number of CSS machines a variety of information exchanges which are not document exchanges (in the original sense of this application) must take place between these CSS machines. These information exchanges may automatically perform updates of the CSS machines' directories (such as access tables or address lists), may gather accounting information or error reports (both being maintained in particular documents in the CSS machines' stores), may distribute new program versions for the CSS machines (to be put into particular documents into the CSS machines' stores), etc. At least the program distribution functionality of the CSS runtime support system should be available at the end of the pilot phase.

- CSS version exchange system. The migration from one CSS version to another one cannot be performed manually in an application or in a part of it consisting of a large number of CSS machines. Manual operation would be far too slow, far too expensive and far too unreliable. An automatic version exchange system would be based on the automatic program distribution system (as described in the preceding paragraph), would perform the migration to a new trial version of several CSS machines in parallel, would run tests checking whether no documents were affected during this migration and whether these trial versions are fully operational, and would then either reset to the old version (if anything went wrong) or flush the old version (otherwise). In addition, the version exchange system must appropriately place gateways between areas of an application working with different CSS versions. The version exchange system should be available by the end of the trial phase.

- programmer's interface. In order to allow CSS users to extend their CSS machines in the particular ways they need, a CSS programmer's interface will be provided. Functionally, this interface will be a superset of the ordinary CSS user interface. It will come together with a sufficient amount of the CSS design/implementation description and thus allow implementing application specific extensions in a more efficient way than it is possible if only the CSS user interface is available.

8.
CSS TECHNOLOGY AND THE
INDUSTRIALLY LESS DEVELOPED AREAS/COUNTRIES

Concerning advanced communications technology, the paper tries to convey a message: in order to fit for the mass market, communications technology must be developed such that it is consistent which the equipment and technology well-established already as well as with the concurrent developments in neighbouring technologies, in particular, with international standards for advanced electronics/computer/text/office technologies. This latter requirement might lead to the assumption that advanced communications technologies meeting it would be attractive, due to this characteristic, only for industrially highly developed areas/countries — that in industrially less developed areas/countries this requirement of consistency with international standards for advanced technologies would not be considered, simply because one would not know that much about them.

This assumption were completely wrong, quite the contrary is true. Requiring consistency of advanced communications technologies with its neighbouring advanced technologies and the international standards is not only a "white man's burden". But, for the industrially less developed areas/countries, this consistency is absolutely indispensable: for their markets only products are suitable that allow to draw maximum advantage from combining, by making use of the respective international standards, several of these advanced technologies. The purpose of this final section of the paper is to briefly explain why this is so. As a demonstration case, again CSS is taken.

Two non-technical issues should be clarified before we go into this technical explanation:

- First, the term "less developed areas" should not be misunderstood as having only a geographical meaning: it may also refer to social or professional or economical areas, not only to geographical ones.

- Second, we do not discuss in this paper the difficult question of how to introduce products of advanced technology into industrially less developed areas/countries. The accompanying efforts required in such cases would go far beyond the launching activities described in the preceding section, and without them these advanced products could not find the intended acceptance in the respective areas/countries. But, for any area/country these measures must be based on an individual investigation of its particularities. Entering into this type of discussions obviously would blow up the frame of this paper.

Let us start with the "cost/performance ratio". Advanced processor and memory technologies, as they are represented by modern PCs, are, from a cost/performance ratio point of view, by far preferable to conventional processor/memory technologies; and the same holds for terminal technology, printer technology, communications interfaces, etc. In addtion, advanced products from these areas are and will be better modularized, allowing a very low price for the base units as well as far reaching extensions capabilities for these base units. Finally, it seems to be reasonable to envisage for most office applications advanced low-cost equipment — in industrially highly developed areas/countries, but in particular so in the less developed ones — and the only way for achieving a low price per unit is to sell/buy large numbers of units; and this would force the manufacturers as well as the buyers to restrict themselves, on the market, on a small number of very competive products. This kind of considerations led to designing CSS such that it is particularly suitable for advanced PC technology.

Another important aspect is "language independence" of document handling in an office system. It is well-known that one of the main drawbacks of conventional computer text systems is their inability to cooperate with a larger number of character repertoires and fonts for them, as they clearly are required for the document handling capabilities of an electronic system designed for a multi-application of multi-national market. In large and highly developed national markets and/or for their dominating applications this does not need to be a problem, but in most future applications of the typical markets of industrially less developed areas/countries this may cause a problem. Namely, either to give up national and/or application specific characteristics and present/represent information in the way the technologically leading edge does, or to wait for more flexible document handling systems to appear on the market. By coming with an ISO 2022 editor (see section 2.2.3) CSS provides this flexibility by allowing complete language/character repertoire/coding independence of document handling.

"Multilinguality" of the user interface is closely related to and as important as language independence. It is a quite general requirement to save potential computer users the extra effort of learning computer languages by making the computers understand (parts of) the respective natural languages — and obviously this requirement is particularly crucial for how fast, in an industrially less developed area/country, computer systems can be applied. CSS meets this requirement by letting the user deliberately select any language for his user interface (initially CSS will come with its user interface in the ten official European national languages, but adding other languages is a trivial activity, due to the design of the current CSS machine).

"Partner presence independence" is going to become another keyword of distributed electronic office systems which are based on heterogenous computer systems. Taking it as given that most of the future office/administration applications will be distributed applications which are realized by means of heterogenous (i.e. multi-manufacturer) computer systems, an important question arises. Namely, how to get documents when they are needed but are not available in the store of the own CSS machine. Consequently, future such office/administration systems must provide the functionality for finding out where needed documents are and for getting these documents, both at any time, whether the partners (having the documents in their stores) would actually be present at their CSS machines for handing them out. Just as in all other cases, this requirement exists already for industrially highly developed environments and is not specific for industrially less developed ones, but it is just specifically important here. With its summary/document fetching capabilities, CSS fully meets this requirement.

Obviously, this subsection does not try to give an exhaustive discussion of the question, whether electronic office products for the mass market would have to meet the same or different sets of requirements, depending on whether they are designed for use in industrially highly or in less developed areas/countries. Instead, it tries to indicate a few, but strong reasons, why the set of fundamental requirements to be met by these products is the same in both cases. CSS is designed precisely with the intention in mind to meet this fundamental set of requirements.

MISSING ACKNOWLEDGEMENTS

The contents of this paper has been developed on the basis of many very constructive discussions with a large number of excellent experts in the areas of standardization and/or product developement of advanced computers/communications/office/text technology. This first version of the paper currently is out for being commented by these experts. It may be expected that a second version will be available by the end of February '85, which then would take into account these comments and would contain a complete acknowledgement.

BIBLIOGRAPHY

/1/ CEC/ESPRIT: The Committee Support System, Architectural Definition, 1984, see footnote on first page.

/2/ CCITT X.400, X.401, X.408–X.411, X.420, X.430: Message Handling Systems, Draft Recommendations, 1984

/3/ ISO DP 8505/8506: Information Processing, Text Communication, Draft Proposals for Message Oriented Text Interchange Systems, 1984

/4/ Schindler, Flasche, Herrtwich: Electronic Office Systems, International Standards/Recommendations/Specifications for Document Exchange and the Committee Support System, in: Proceedings of the "Second International Conference on Introduction of Open Systems Interconnection Standards", Ottawa, 1984

/5/ Schindler et al: The Interworking Capabilities of CSS, TELES Report, in preparation.

/6/ Schindler, Flasche, Herrtwich, Gayda, Piper: CSS Implementation Design Specification, TELES Report, 1984

/7/ Schindler, Engelhardt: The Universal Inter-Process Communication (UIPC) Service and the Committee Support System, TELES Report, 1984

/8/ CEC/ESPRIT/ROSE: Research Open System for Europe, Version 2, 1984

/9/ Schindler, Luckenbach, Steinacker: The X.21 as Universal Digital Service Access Interface, in: Computer Communications, 1982

/10/ TELES-SYS — An Overview, TELES Report, 1984

/11/ Flasche, Schindler: Character Repertoires, Control Functions and Encodings for Screen Mode Terminals - The State of International Standardization, TELES Report, 1984

/12/ Schindler, Hahn, Lubich, Schmidt: CSS User Manual, TELES Report, 1984

/13/ Weißberger: The ISO Way, in: Data Communications, McGraw Hill, 1984

/14/ Marxen: RSPL-Z Language Reference Manual, TU Berlin, FB 20, Technical Report, 1981

/15/ Schindler, Flasche, König, Modic, Salewski: CSS Text Editor Manual, TELES Report, 1985

/16/ CCITT/SGVIII: Recommendation T.73: Document Interchange Protocol for the Telematic Services, 1984

/17/ FORMEX: Format for the Exchange of Electronic Publications, final draft, Office for Official Publications of the European Communities, New Technologies Department, 10/84

/18/ CCITT/SGVIII: Recommendation T.70: Network Independent Basic Transport Service for Teletex, 1980
CCITT/SGVIII: Recommendation T.62: Control Procedures for Teletex and Group 4 Facsimile Services, 1984

/19/ CCITT/SGVIII: Recommendation T.61: Character Repertoire and Coded Character Sets for the International Teletex Service, 1984

/20/ ISO 2022: Information Processing - ISO 7-Bit and 8-Bit Coded Character Sets - Code Extension Techniques, April 1982

/21/ Flasche: Filters in the CSS Context - Changing between Different Internal Representations of CSS Documents, in preparation

/22/ ISO 646: Information Processing - 7-Bit Coded Character Set for Information Interchange, 1982

/23/   ISO/DIS 6429: Information Processing - ISO 7-Bit and 8-Bit Coded Character
        Sets - Additional Control Functions for Character Imaging Devices, Apr.
        1982

/24/   CEPT: Recommendation TCD 6-1: Videotex Presentation Layer Data Syntax,
        Sept. 1983

/25/   Luckenbach: Conformance Testing of CSS Installations, in preparation

/26/   ISO 8327: Information Processing Systems - Open Systems Interconnection -
        Basic Connection Oriented Session Protocol Definition, 1984

/27/   ISO DP 8648: Information Processing Systems - Data Communications -
        Internal Organization of the Network Layer, Oct. 1984

Bildschirmtext und PC: Techniken, Verfahren und Tendenzen
der Weiterentwicklung.

Dipl.-Betriebswirt Helmut Kalt
Leiter der Abteilung Bildschirmtext
im Unternehmensbereich Kommunikatonstechnik
Siemens AG, München

Die englische Research-Firma Butler & Cox Ltd. prognostiziert 1983
für Europa nach dem Start von Bildschirmtext zuerst den Einsatz

- einfacher Schwarz/Weiß- und Farbterminals sowie
- Fernseher und Mikrocomputer mit Decoder.

Sie erwartet jedoch ab 1985 ein europaweites starkes Anwachsen
von:

- Billigcomputern mit Bildschirmtext und
- Arbeitsplatzsystem mit Bildschirmtext.

Diese Entwicklung wird durch die Fakten schon heute bestätigt.
Früher als erwartet zeichnen sich am Markt die kombinierten
Systeme aus Rechner-Leistung und Bildschirmtext als interessante
Alternative zu sonstigen Bildschirmtextgeräten ab. Sie werden
jedoch nicht zuletzt aus Preis-/Leistungs-Gründen die für ein
breitere Anwendung noch interessantere Verbindung von Bildschirmtext und Telefon an Stückzahlen erreichen.

Die Kombination von Bildschirmtext und Rechnerleistung, z.B. in
Personal Computern, hat viele Vorteile für den Bildschirmtext-
Abrufer und den Bildschirmtext-Informationsanbieter sowie bei der
Weiterverarbeitung der Daten im Zusammenspiel mit "Externen
Rechnern" und "Inhouse-Systemen".

Für die Btx-Abrufer liegen die Vorteile:

- in der Vereinfachung und Unterstützung der Informationssuche
- im automatischen Abruf von BTX Informationen
- im automatischen Leeren des Mitteilungs- und Antwortseiten-
  speichers und
- im automatischen Mitteilungsversand.

Darüberhinaus bietet die Kopplung von PC und BTX wesentliche Vorteile durch die Möglichkeit, BTX-Informationen weiterverarbeiten
zu können (Bild 1) sowie in der Unterstützung der Informations-
anbieter (Bild 2).

Gerade der PC eignet sich hervorragend zur Kombination von PC-
orientierter Auftragserfassung und zur Übertragung zum öffentlichen BTX-System oder einem angeschlossenen Externen Rechner.
Auch das Umsetzen von DV-Daten in BTX-Daten ist möglich.

Sobald die Standardisierung weit genug fortgeschritten ist, wird
auch der Bereich der Telesoftware wesentlich intensiver genutzt
werden. Durch die Telesoftware ist es dann möglich, verschiedene
Programmpakete über Bildschirmtext in den PC fernzuladen. Bildschirmtext kann somit das Übertragungsmedium bilden für:

- das Fernladen selten genutzter Programmpakete
- die Aktualisierung der im PC gespeicherten Programme und
- das Laden von Fehlerdiagnose-Programmen.

Für die Realisierung eines BTX-fähigen PC's stehen drei Möglichkeiten zur Auswahl:

- Ankopplung eines Btx-Gerätes an den weitgehend unveränderten PC
  (Zweischirmlösung)

- Einbau eines Hardware-Decoders in den PC oder den BTX-Schirm und
  Nutzung des BTX-Schirms für BTX- und PC-Anzeige (Einschirmlösung).

- Einbau eines Software-Decoders mit und ohne Hardware-Anteil,
  (in der Bundesrepublik ist zumindestens derzeit ein Software-
  Decoder ohne Hardware-Anteil aus rechtlichen und zulassungs-
  technischen Gründen nicht einsetzbar).

Bei der Realisierung von PC und Bildschirmtext stößt man heute
noch auf eine Serie von Problemen, die sowohl in der Hardware wie
auch in den internationalen Standards, Prozeduren und
Vorschriften begründet sind (Bild 3).

Je nach Anwendung läßt sich sowohl eine Ein- als auch eine
Zweischirmlösung realisieren. Eine Zweischirmlösung z.B. zum
Einsatz als Editierstation, eine Einschirmlösung, z.B. für
Dialogfunktionen.

Bei der Siemens-Lösung kommt hinzu, daß der Siemens-PC bei der
Darstellung einem besonders hohen Qualitätsstandard entspricht.
Er arbeitet nicht nur mit 60 Hz Bildwiederholfrequenz, sondern
mit 66 Hz. Für die Zweischirmlösung bedeutet das, daß der
Schwarz/Weiß-PC-Schirm mit 66 Hz arbeitet und der Farbschirm für
Bildschirmtext entweder mit 50 Hz oder umschaltbar mit 60/50 Hz
(Bild 4). Bei einer Einschirmlösung muß demgegenüber ein Drei-
funktionsschirm mit 66/60/50 Hz eingesetzt werden. (Bild 5).

Die einzusetzende Siemens-Software ist so ausgelegt, daß es für
sie keinen Unterschied bedeutet, mit einer Ein- oder Zweischirmlösung bzw. mit den Betriebssystemen MS DOS (Bild 6) oder SINIX
zusammenzuarbeiten.

Die Software läßt eine quasi Parallelverarbeitung zu bei:

- der Übernahme von Btx-Seiten von der Vermittlungsstelle
- der Menusteuerung der angeschlossenen Schirme und
- der Druckerausgabe.

In Zukunft werden zum Betrieb einer Videodisk Telesoftware und
Steuerinformationen vom öffentlichen BTX-System oder Externen
Rechner an den PC übertragen, die ein genaues Ansteuern der
Videodisk ermöglichen.

SIEMENS

■ **Auswerten von Bestelldaten**
— Lagerbestand abbuchen
— Bestellbestätigung schreiben (über Btx)
— Rechnung schreiben
— Adresse in Kundenregister aufnehmen
— Adresse drucken für Versand

■ **Auswerten von Btx-Infos in Bürografik**
— Übernahmen von Zahlenkolonnen
— Umsetzen in verschiedene Bürografiken
— Darstellung in PC-Grafik, bzw.
Btx-Geometric-Grafik

■ **Sortierprogramme**
— Sortieren von Adressen (aus Bestellungen, für Mitteilungen)
● nach PLZ
● nach Branchen
● nach Betriebsgrößen usw.

■ **Bankenprogramme**
— automatischer Abruf der Buchungen
von verschiedenen Banken
— Vergleich mit Rechnungsdateien usw.

Anwendungen PC + Btx —
Btx-Informationen weiterverarbeiten

SIEMENS

■ Komforteditierfunktionen Mosaik-/Bildbearbeitung

■ Programmverwaltungsprogramme
— Suchbaumverwaltung
— Anbindungsverzeichnisse an Schlagwörter
— Statistische Zählung der Vorgänge
Grafik- und Bildverwaltung

■ Dynamischer Bildaufbau/Editor

■ Geometrik/Grafik — Editor

■ Photografik — Editor

■ Videodisk — Editor

▫ Bulkupdate— Übertragung

□ Resonanzerfassung über PC
— Statistikerfassung —

□ GBG — Verwaltung

□ Anwendungen der Abruf- und Steuerprogramme

Anwendungen PC + Btx — Btx-Info Anbieter

1. Hardware:

1.1 Fertige PC-Farbcontroller z. Zt. nicht Btx tauglich

1.2 Bildpunktformate bei PC und Btx sind
meist unterschiedlich

1.3 Unterschiedliche Vertikal-Bildablenkfrequenzen
bei PC-, Btx- und Videodarstellung

2. Internationale Btx-Dienste:

2.1 Viele Darstellungsstandards (Ebene 6)
CEPT-Deutschland (Mosaik)
CEPT-England (evt. Photogr.)
CEPT-Frankreich (Untermenge Mosaik)
CEPT-Österreich (C0 + C2)

2.2 Unterschiedliche Modem (autom. Wahl,
Handwahl, mit/ohne Kennung)

2.3 Unterschiedliche Zugangsprozeduren

2.4 Unterschiedliche Übertragungsprozeduren

2.5 Unterschiedliche Versorgungsspannungen

2.6 Unterschiedliche Sicherheitsvorschriften
VDE, IEC, etc.

Probleme bei Btx + PC-Darstellung auf einem Bildschirm

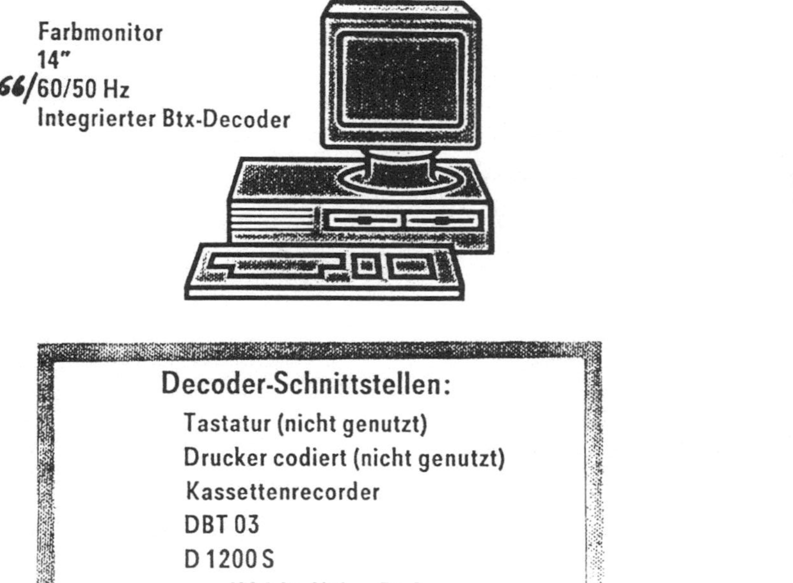

SIEMENS

Farbmonitor
14"
66/60/50 Hz
Integrierter Btx-Decoder

Decoder-Schnittstellen:

Tastatur (nicht genutzt)
Drucker codiert (nicht genutzt)
Kassettenrecorder
DBT 03
D 1200 S
zus. V 24 für Video-Disk
FBAS-Eingang

PC + Btx Einschirmlösung

SIEMENS

s/w-Monitor
12"
66 Hz

Farbmonitor
14"
/60/50 Hz
Integrierter Btx-Decoder

Decoder-Schnittstellen:

Tastatur (nicht genutzt)
Drucker codiert (nicht genutzt)
Kassettenrecorder
DBT 03
D 1200 S
zus. V 24 für Video-Disk
FBAS-Eingang

PC + Btx Zweischirmlösung

PC-D + Btx   Einbettung in Betriebssystem MS-DOS

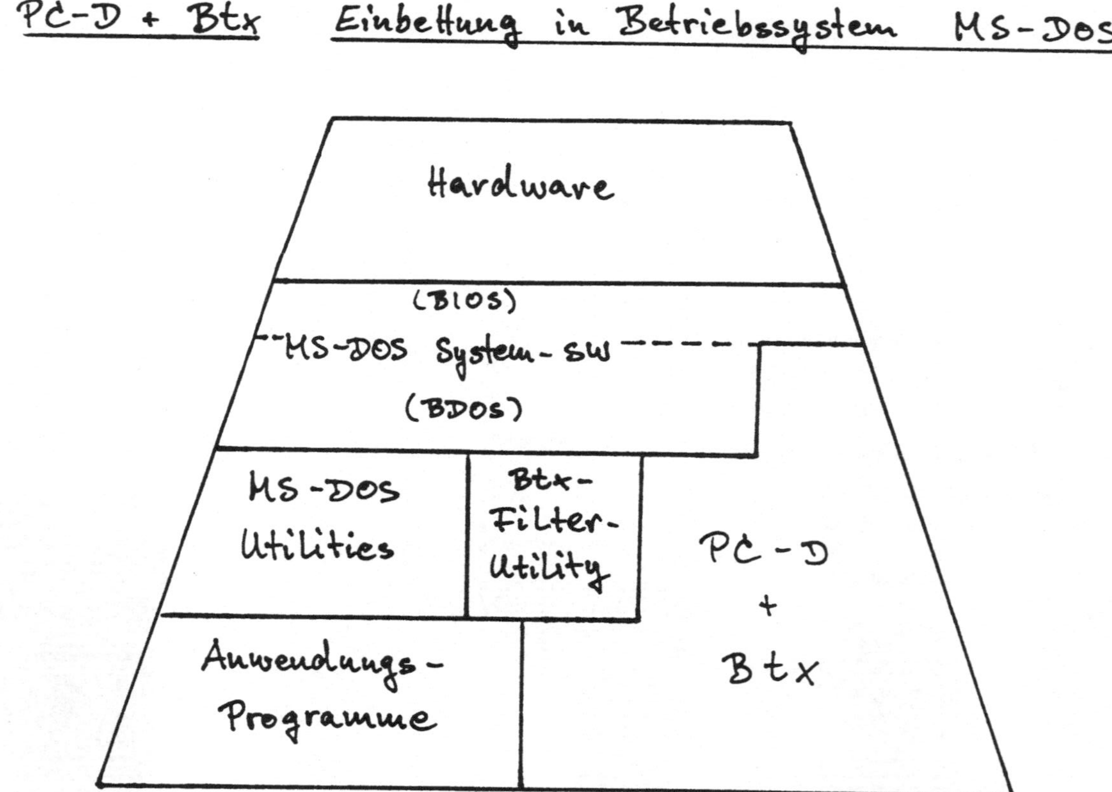

Beziehungen zwischen HW, System-SW und PC-D + Btx

H. Worlitzer, FTZ, Darmstadt

Grafikstandard und CEPT-Geometrik Option:
Perspektiven zur Kompatibilität

1. Evolution des CEPT-Standards
   (Der CEPT-Standard als Grundlage des Btx-Dienstes)

2. Modulare Struktur des CEPT-Standards

3. Randbedingungen und gobale Entwicklungsziele

4. Gestaltung des Geometrik-Modules

5. Gemeinsame Entwicklungen der CEPT und der ECMA

6. Kompatibilität als Voraussetzung für gemeinsame Anwendungen

7. Die gemeinsame Schnittstelle und die Klasseneinteilung der
   Funktionen

8. Ausblick und Wertung

Der CEPT-Standard wurde von den europäischen Fernmeldeverwaltungen
als Grundlage für ein Interworking zwischen den nationalen Videotex
(Btx)-Diensten entwickelt. Da die Videotex-Dienste als offene
Systeme vielfältigste Anwendungen zulassen, war es eine logische
Konsequenz, weitere Module zu definieren, die als Optionen für spezielle Anwendungen innerhalb der Dienste benutzt werden können.
Die CEPT-Geometrik-Option ist als eines dieser Module dafür präde-
stiniert, Computer-Grafiken zu unterstützen. Um die Gemeinsamkei-
ten stärker zu fördern, entschlossen sich die ECMA und die CEPT,
einen einheitlichen Grafik-Standard zu definieren. Das Ergebnis
der Zusammenarbeit ist ein Grafik-Modul, der vollständig kompatibel
zum Grafischen Kern-System ist und eine auf CEPT-Entwicklungen
basierende Kodierung benutzt. Es wird das Ziel verfolgt, gemeinsam
mit nationalen Standardisierungsinstitutionen in der ISO zu einem
weltweiten Standard zu kommen.

The CEPT-Standard was developed by european telecommunications administrations in order to provide a basis for interworking between national videotex services. Videotex services as open systems allow a wide range of applications, therefore it was a logic consequence to define additional modules which may be used as options inside services.
The CEPT-Geometric-Option as one of these modules is qualified for supporting computer-graphics. In order to advance the communalities the organisations of ECMA and CEPT decided for the definition of a unique graphic-standard. The result of this cooperation is a graphic module which is fully compatible to the Graphical Kernel System and which makes use of a coding system based on CEPT developments. It is intended to achieve a world wide standard within ISO by means of close cooperation with other national standardisation bodies.

1. Evolution des CEPT-Standards

Vielen engagiert mitarbeitenden Fachleuten ist ebenso wie einer
durch viele Publikationen informierten interessierten Öffentlichkeit
bekannt, daß der CEPT-Standard auf den in England und Frankreich
entwickelten Alpha-Mosaik-Darstellungsverfahren, nämlich dem 'seriell'
codierten Prestel und dem 'parallel' codierten Antiope aufgebaut
wurde. Die beiden Verfahren führten zur Komposition eines gemeinsamen Darstellungsverfahrens. Durch Addition weiterer Leistungsmerkmale, wie z.B. frei definierbare Zeichen (DRCS), eine große
Farbpalette und Formatwahl wurde der CEPT-Basis-Standard definiert,
der nach der CEPT-Empfehlung T/CD 6-1 das Profil 1 für Videotex-
terminals darstellt. Dieses Verfahren wird als Basis-Standard in
den neu implementierten europäischen Videotexdiensten ebenso wie im
Btx-Dienst der Deutschen Bundespost eingesetzt und dient als Grundlage für die internationale Videotex-Kommunikation. Aber bereits
1981, als der Durchbruch für die Definition des CEPT-Standards auf
der Basis des Alphamosaikverfahrens erreicht wurde, gab es die
Anforderung, weitere Leistungsmerkmale hinzuzufügen.

Man dachte hierbei vor allem an die sich seit längerem in der inter-
nationalen Diskussion befindlichen
- Geometric- und
- Photografic-Darstellungsverfahren,
aber auch   andere Präsentationselemente wie
- Softwaremakros/Telesoftware
- Toncodierung
- Steuerung von Zusatzgeräten
- Bewegungselemente
- etc.
werden in verschiedenen Laboratorien und Institutionen entwickelt.

Einem dieser Präsentationselemente wurde nach dem Alpha-Mosaik-
Verfahren besondere Priorität eingeräumt:
dem "Geometrikmodus". Geometrik spielte ja immer schon in der Video-
texdiskussion eine Rolle und schließlich hatte Kanada ja

bereits das alte Telidon in den 70er Jahren für den Videotexdienst
propagiert und war damit ein Vorreiter dieser Darstellungstechnik.
Inzwischen ist die Bedeutung des Geometrikmodus durch alle Länder,
die Videotex betreiben, oder zukünftig betreiben wollen, präzisiert
und relativiert worden:
In der von AT & T federführend entwickelten "North American Presentation Layer Protocol Syntax" steht das Geometrikverfahren
in einer sehr engen Vermaschung mit dem Alpha-Mosaik-Modus und auch
in Japan ist der Geometrikmodus eine Untermenge des gesamten Videotex-
standards. Ähnlich sahen die Europäer seit eh und je die Rolle des
Geometrikmodus. Frankreich z.B. hat eine Menge Know How über den
Geometrikmodus bereits in den 70er Jahren gesammelt und hier mit
erheblichem Manpower-Aufwand grundlegende Entwicklungen getätigt,
hat jedoch den Geometrikmodus nie als Basisdienst propagiert. Die
DBP hat bereits 1981 während der Funkausstellung Geometriefunktionen
als mögliche Anwendung außerhalb des Alpha-Mosaik-Basis-Modus vorgestellt. Es ist also nicht neu, daß sich die Europäer mit Geometrie-
anwendungen im Videotexbereich beschäftigen, sondern das Engagement
im Geometrikmodus nach der Festlegung von Videotex-Basisfunktionen
zeigt, daß der Geometrikmodus zwar zweitrangig hinter dem Basisdienst steht, da er für die breite Masse der Privatteilnehmer nicht
erforderlich ist, ihm aber trotzdem für den Videotexdienst Bedeutung zugemessen wird, da er für viele Anwendungen interessant erscheint.

Beispielhaft für solche Anwendungen seien hier genannt:
- Businessgrafik,
- Werbegrafik,
- technisch-wissenschaftliche Grafik,
- Design- und Konstruktionsgrafik.

Zieht man in Betracht, daß z.B. der Büro-Kommunikations-Bereich und
Videotex viele gemeinsame Aspekte haben und daß viele Terminals
einige technische Voraussetzungen (ebenso wie der Bereich
der Personalcomputer) für beide Bereiche mitbringen,erklärt sich die
Intensität der internationalen Diskussion über Geometrik-/Grafik-
Funktionen in der Videotex-Umgebung von selbst.

Betrachtet man den Geometrikstandard als eine Option zusätzlich zum
Mosaikstandard für besondere Anwendungen oder für solche Teilnehmer,
die sich ein entsprechendes Terminal leisten wollen, erscheint die
nationale und internationale Festlegung eines einheitlichen Geo-

metrikstandard für den Videotex (Btx)-Dienst als notwendige und
sinnvolle Aufgabe für die Betreiber der Dienste bzw. für die internationalen Standardisierungsorganisationen. Diesem Gedanken trug
die entsprechende CEPT-Arbeitsgruppe auch Rechnung und entwickelte
bereits in den Jahren 1982/83 ein Geometrikverfahren zur Verwendung
als eigenständiges Modul im Videotex-Bereich, das von den Entschei-
dungsgremien der CEPT im Juni 1984 akzeptiert wurde.

2. Modulare Struktur des CEPT-Standards

Bevor das Vorgehen und die Ergebnisse weiter detailliert werden,
erscheint es wichtig, einen Überblick zur Struktur des CEPT-Standards
und die Einordnung des Geometrik-Modus in die Daten-Syntax zu geben.
Der CEPT-Standard war von vornherein in Form einer modularen Struktur
konzipiert, so daß sich die Geometrikoption als eines dieser Module sehr leicht hineinfügen ließ. Eine Übersicht zur Struktur der
CEPT-Datensyntax stellt das folgende Bild dar.

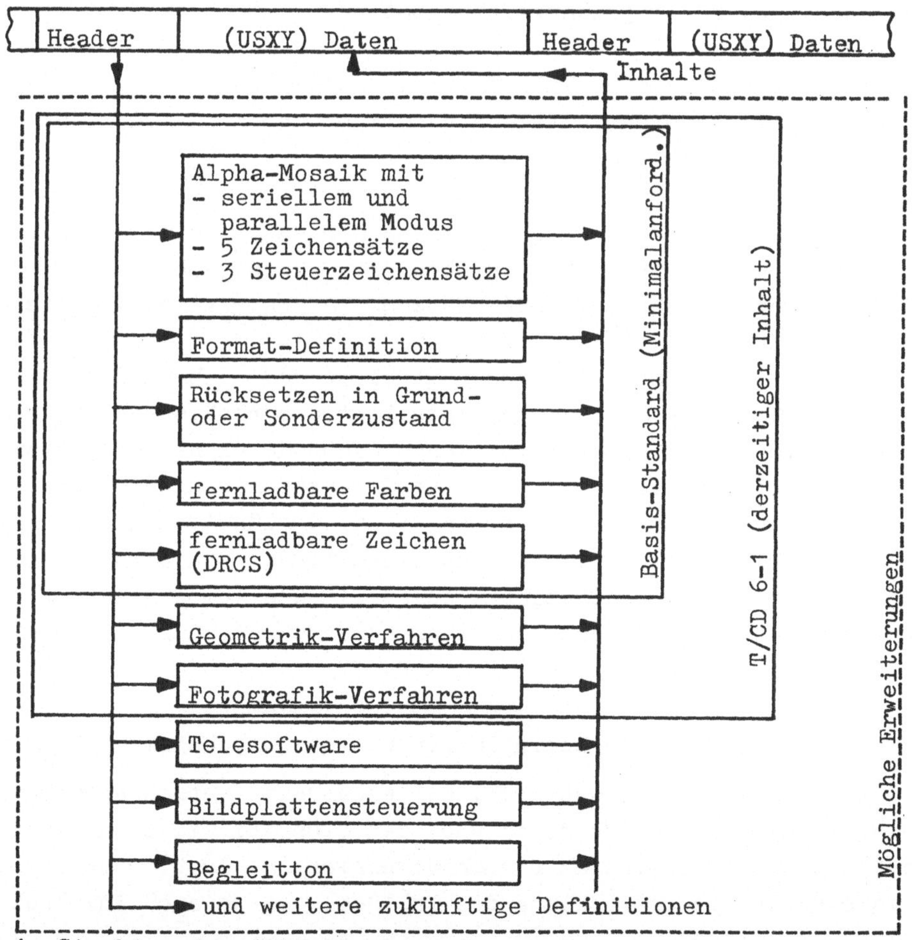

Bild 1: Struktur des CEPT-Videotex-Standard

Der Standard besteht aus mehreren in sich abgeschlossenen Elementen
(Moduln) die durch Identifizierungsmechanismen in Form von Steuer-
zeichenfolgen aufgerufen werden. Die Strukturelemente der Daten-
syntax werden "Viedeotex Präsentation Data Elements (VPDE)" ge-
nannt. Eines dieser VPDE ist jetzt das Geometrikmodul. Durch die
Identifizierung über die Steuerzeichenfolge US (Unit Separator =
Code 1/15), der somit die höchste syntaktische Bedeutung im CEPT-
Standard hat und einem weiteren Code aus Spalte 3 der Codetabelle
wird der Geometrikmodus aufgerufen, so daß das Btx-Endgerät vom
Präsentationsmodul Alpha-Mosaik in das Präsentations-Modul Geometrik-
Darstellung umschaltet.

Da die Unit-Separator-Sequenzen die höchste syntaktische Ebene der
Präsentationsschicht darstellen und die Identifizierung aller auch
zukünftig denkbaren Moduln hierdurch vorgenommen wird, sind diese
Aufrufvorgänge reversibel, wodurch ein Rückaufruf des Alpha-Mosaik-
Basis-Modus jederzeit gewährleistet ist.

3. Randbedingungen und globale Entwicklungsziele

Der CEPT-Geometrik-Modus entstand aus einer anderen Situation heraus
als der Alpha-Mosaik-Modus.

Man unterlag nicht - wie früher - einem horrenden Zeitdruck und zu
diesem Zeitpunkt hatte sich auch noch kein europäisches Land auf
ein bestimmtes Verfahren für die Nutzung in den eigenen Videotex-
Diensten festgelegt.
Zwar gab es situationsbedingt auch Probleme und es bedurfte oftmals
der Kompromißbereitschaft aller beteiligten europäischen Länder,
aber die Entwicklungsaktivitäten waren nicht durch nationale Vor-
gaben und gelenkte wirtschaftliche Vorinteressen eingeschränkt.
Unter der Federführung von Experten der niederländischen Dr.-Neher-
Laboratorien wurde ein Verfahren entwickelt, das vor allem einen
Ausdruck technischer Indikationen darstellt und vom Willen der
Europäer, eine einheitliche von allen unterstützte Lösung zu erreichen, getragen wurde.

Welche Entwicklungsziele beeinflußten nun das Ergebnis?

Als Ausgangssituation ergab sich, daß es bereits verschiedenste Verfahren im Computergrafikbereich gab, die sich teilweise funktional
überschnitten, teilweise aber auch divergierten. Im Videotexbereich
gab es bereits die Entwicklung des Telidon, das ja auch inzwischen

CCITT-Standard war, daneben die Vorlage des AT & T Vorschlages
(Baby-Bell), inzwischen als nordamerikanische Daten-Syntax
bekannt, sowie verschiedene Adressierverfahren für Geometrik,
z.B. die Inkrementalverfahren, entwickelt in Frankreich und in den
Niederlanden. Die ISO arbeitete an einem internationalen Standard
für ein grafisches Kernsystem (GKS), das weitgehend vom deutschen
Institut für Normung (DIN) entwickelt und in der ISO forciert worden
war.

Die Entscheidung fiel zugunsten einer starken Anlehnung an GKS, da
dieses international bereits akzeptiert war, und um hierdurch eine Anlehnung an den Computergrafikbereich, der die Geometrikanwendungen
in Videotexsystem erheblich mitbeeinflussen dürfte, zu erreichen.
Es wäre auch eine Anlehnung an das damalige Telidon möglich gewesen,
aber es war zu diesem Zeitpunkt bereits veraltet (selbst Kanada
stellte sich auf die Übernahme von NAPLPS ein, das leider in der vorliegenden Form völlig inkompatibel zu den existenten europäischen
Verfahren war). Darüberhinaus stellte es ein relativ einseitig ge-
schnürtes Paket dar, das zu diesem Zeitpunkt in keinem internationalen Gremium zur Vorlage gebracht worden war und somit vollständig
dem Einfluß einer einzigen nordamerikanischen Firma unterlag. Der
Inkrementalmodus war sicherlich interessant für verschiedene Anwendungen, aber in seiner Struktur doch sehr begrenzt. All diese
Gesichtspunkte zeigen eindeutig, daß die einzige Möglichkeit darin
lag, sich weitestgehend an GKS anzulehnen. Es sollten nicht nur die
Funktionen, sondern auch die Klassenbildung möglichst weitgehend
übernommen werden.

Neben dieser Grundsatzentscheidung für eine Kompatibilität zur
Computer-Grafik in Form des GKS-Verfahrens unterliegt der CEPT-
Geometrik-Modus einigen weiteren Entwicklungszielen. Insbesondere
soll anderen existierenden Verfahren soweit wie möglich Rechnung
getragen werden, d.h. die Kompatibilität zu anderen Konzepten soll
weitmöglichst aufrechterhalten werden, um ein Interworking bzw.
erforderliche Umkodierungsverfahren zu erleichtern. Darüberhinaus muß das Geometrikverfahren auf die speziellen Videotex-
bedürfnisse zugeschnitten werden. Es soll eine Aufwärtskompatibi-
lität über Designlevel unterschiedlicher Komplexität möglich sein
und ein leistungsfähiges Basiskonzept mit unabhängigen Grundelementen
und Attributen wird für unerläßlich gehalten, um verschiedene Anwendungsgebiete zu erlauben.

Andere Anforderungen gelten der Kodierung. Das Kodierungsschema
soll   einfach und übersichtlich und trotzdem effektiv und damit
kodeeffizient sein.
In diesem Bereich liegen noch die meisten Freiheitsgrade, da für GKS
keine allgemein verwendete Kodierung existiert.

4. Gestaltung des Geometrik-Modules

Der in der CEPT-Empfehlung T/CD 6-1 beschriebene Geometrikmodul
wurde also weitestgehend an das grafische Kernsystem angelehnt, andererseits wurde   in verschiedenen Bereichen der Videotex-
Umgebung Rechnung getragen.

So ist z.B. die Einfügung in die Präsentationsstruktur mit klarer
Abgrenzung zum Alpha-Mosaik-Verfahren ebenso wichtig wie eine redun-
danzfreie Funktionsstruktur, um den Implementationsaufwand in Grenzen
zu halten. Das Bildfenster ist dem Videotex-Bereich entsprechend
auf ein Seitenverhältnis von 4 zu 3 festgelegt, wobei ein Normal-
Koordinaten-Bereich von 0 bis (excl.) 1 horizontal und 0 bis (excl.)
0,75 zum Tragen kommt. Die Kodierung des bisherigen CEPT-Geometrik-
Modus entspricht weitgehend dem bei Telidon   verwendeten Direkt-
Adressierverfahren. Um die Effektivität für viele Anwendungen zu
erhöhen, wurde zusätzlich eine Inkrementaladressierung entwickelt
und in das Verfahren mit aufgenommen.

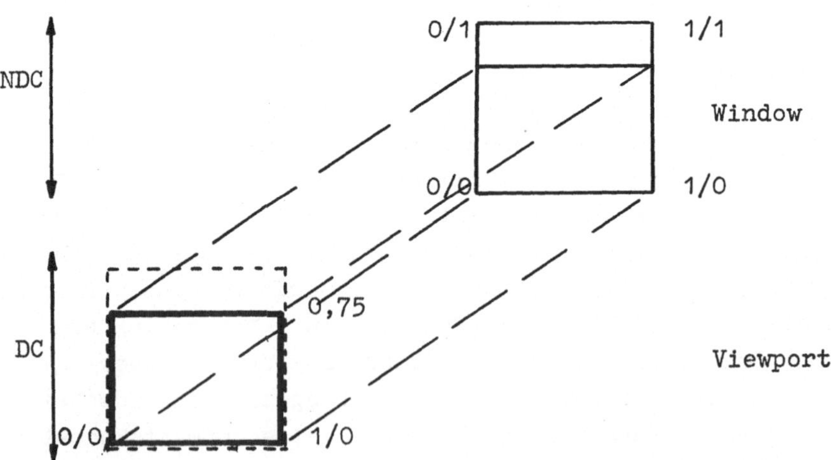

Bild 2: Abbildung des 'Window' im Videotex-'Viewport'

Der CEPT-Geometrik-Modul enthält seinem Anwendungsbereich in der
Videotex-Welt entsprechend ausschließlich Ausgabefunktionen;
Eingabe- und Erfragefunktionen dagegen gehören nicht zum Funktions-
umfang, da die interaktiven Möglichkeiten der Videotex-Systeme auf
das Repertoire der existenten Teilnehmereingabemöglichkeiten begrenzt sind.

5. Gemeinsame Entwicklungen der CEPT und der ECMA

Das CEPT-Geometrikverfahren wurde bereits Mitte 83 den entsprechenden
ISO Gremien vorgelegt, aber erst im April 1984 als die ISO-Arbeitsgruppe TC 97/SC2/WG8 unter Beteiligung von 2 CEPT-Vertretern die
Grundlagen für ein weltweites Bildkodierverfahren festlegen wollte,
wurde der CEPT-Standard konkreter in die Betrachtung einbezogen.
Die Europäische Computer-Manufacturer Association (ECMA) entschloß
sich nach dieser ISO WG 8 Sitzung, einen Standard für ihren Bereich,
der auf dem CEPT-Verfahren aufbaut und somit einen kompatiblen
Grundstock im Computergrafikbereich und im Videotexbereich darstellt,
zu definieren.

Als Basis sollte der Funktionenkatalog aus der CEPT weitgehend übernommen werden und die Kodierung auf diesen Standard angewendet werden.
Eine offizielle Zusammenarbeit beider Gremien startete im Juli 1984
und in mehreren gemeinsamen Arbeitstagungen zwischen Juli 84 und
November 84 erarbeitete man einen Vorschlag, um in der ISO-Arbeitsgruppe die Grundlage für ein einheitliches Kodierverfahren von
Geometrik-/Grafikfunktionen auf GKS-Basis zu legen. Selbstverständlich hat diese Arbeit Rückflüsse auf die bisherigen Ergebnisse der
CEPT, da Einigungen auf weltweiterEbene nur durch Kompromißbereitschaft aller Verhandlungspartner erreichbar sind.

So sind z.B. seitens der CEPT einige erforderliche Ergänzungen in
Anbetracht der Chance auf einen weltweiten Standard bereits weitgehend akzeptiert worden. Diese Ergänzungen müssen selbstverständlich im Zusammenhang mit den Modifikationen, die bereits von der
gemeinsamen CEPT/ECMA Gruppe erarbeitet wurden, in den CEPT-Standard
einfließen. Die existente CEPT-Empfehlung wird also im Teil 2
(Geometrik) entsprechend umgeschrieben und an die erzielten Ergebnisse in der ISO-Arbeitsgruppe angepaßt.

6. Kompatibilität als Voraussetzung für gemeinsame Anwendungen

Von einigen Gegnern dieser Annäherungspolitik zwischen dem Videotexbereich und dem Computergrafikbereich wurde die Frage gestellt,
warum eigentlich Kompatibilität erforderlich sei. Schließlich
handele es sich in beiden Bereichen um völlig unterschiedliche
Anwendungsgebiete und völlig unterschiedliche Welten, die nichts
miteinander zu tun hätten. Äußerlich liege der Unterschied ebenfalls
auf der Hand, der eine Bereich heißt Computergrafik, die Videotex-
welt rede von der Geometrikoption.

Sicher, es sind ursprünglich zwei unterschiedliche Bereiche, aber
beide Bereiche können sich unter der Voraussetzung, daß sie kompatibel sind, in den von ihnen geprägten Anwendungen überlagern und
ergänzen; so kann das Btx-System als Verteilnetz und als Speicher-
medium für viele Grafikanwendungen fungieren und Geometrikanwendungen im Btx-System werden sicherlich auch auf vielen
Computergrafiksystemen nach GKS erzeugt werden. Warum also sollte
nicht alles darangesetzt werden, beide Bereiche an der gemeinsamen
Schnittstelle kompatibel zu machen?

Kompatibilität kann in mehreren Stufen gesehen werden. Als unterste
Kompatibilitätsstufe könnte man die Identifikation von verschiedenen
Elementen oder Moduln eines Verfahrens ansehen, so daß unterschiedliche Level erkannt werden und nicht vorhandene Moduln identifiziert
und erforderlichenfalls nicht dargestellt werden. Bei der Festlegung
eines gemeinsamen Grafik- und Geometrik-Standards ist jedoch eine
höhere Form der Kompatibilität eine Mindestvoraussetzung. Bei der
CEPT/ECMA-Version wurde eine exakte Übernahme der bereits durch GKS
beschriebenen Funktionen gewählt, da die funktionale Kompatibilität
eine Voraussetzung für einen gemeinsamen Standard darstellt.

Die exakte Festlegung gemeinsamer Funktionen stellt bereits einen
großen Schritt in Richtung auf einen einheitlichen Standard dar.
Schließlich sind hierdurch alle Leistungsmerkmale zwischen poten-
tiellen Sendern und Empfängern eindeutig vereinbart und auch dann,
wenn sie unterschiedlich kodiert wären, könnte man
mit begrenztem Aufwand durch Umkodierung alle Informationen verarbeiten. Und genau hierum geht es. Funktionale Kompatibilität bedeutet verlustfreie Verarbeitung bzw. Präsentation der angebotenen
Information, ohne daß Konvertierungen auf höherem Level, z.B. durch
Analyse der Semantik oder durch Scan- und Konvertierprozesse in der

Speicherebene vorgenommen werden müssen.

Wenn aber schon funktionale Kompatibilität, warum dann nicht auch
Kodekompatibilität. Denkbar ist zwar, daß extrem unterschiedliche
Anwendungen auch unterschiedliche Anforderungen an die Kodierung
haben können, aber der Anspruch an den Kode
- eindeutig und redundanzfrei
- kodeeffizient und damit speicher- und übertragungskostenmini-
  mierend
- mit vertretbarem Aufwand verarbeitbar
- universell an mehreren Schnittstellen einsetzbar

zu sein, gilt für die Bereiche Videotex und Computergrafik gemeinsam.
Und erst dann, nämlich wenn alle Funktionen und ihre Kodierungen
gleich sind, sollte man von kompatiblen Verfahren reden, die sich
zu einem gemeinsamen Standard ergänzen und damit gemeinsame Anwendungen auf eine breitere und wirtschaftlichere Basis stellen.
Wenn diese Voraussetzungen gegeben sind, ist es ein leichtes, für
unterschiedliche Anwendungslevel ein Klassenkonzept aufzubauen, das
unterschiedliche Komplexitätsstufen beinhaltet und für die jeweils
höheren Klassen eine hundertprozentige Abwärtskompatibilität darstellt.

7. Die gemeinsame Schnittstelle und die Klasseneinteilung der Funktionen

Grundsätzlich kann der CEPT-Geometrik-Standard als Untermenge eines
Computer-Grafik-Standards gesehen werden. Während in der Computer-
Grafik nicht nur Ausgabefunktionen, sondern vor allem Eingabe-
funktionen und interaktive Erfragefunktionen erforderlich sind,
erfordern die öffentlichen Videotex-Systeme aufgrund ihrer Eigenschaft als offene teilnehmergesteuerte Kommunikationssysteme mit
einem bestimmten festgelegten Applikationsrahmen lediglich die Normung für den Abrufer, nämlich die Ausgabefunktionen. Andererseits
unterliegt die Erzeugung dieser Funktionen wiederum den Konventionen
der Computergrafik bzw. die Übertragung und Speicherung denen des
Videotex-Systemes.
Aus Sicht der Computergrafik enthält das Videotex-System eine
Multi-Workstation-Interface für die Verarbeitung von Ausgabe-Pri-
mitives in normalisierter Form. Aus der Sicht des Videotex-Systemes liegen die GKS-Schicht und die Anwendung im externen Rechner,
während im Videotex-Terminal der Geometrik-Modus als Untermenge
enthalten ist.

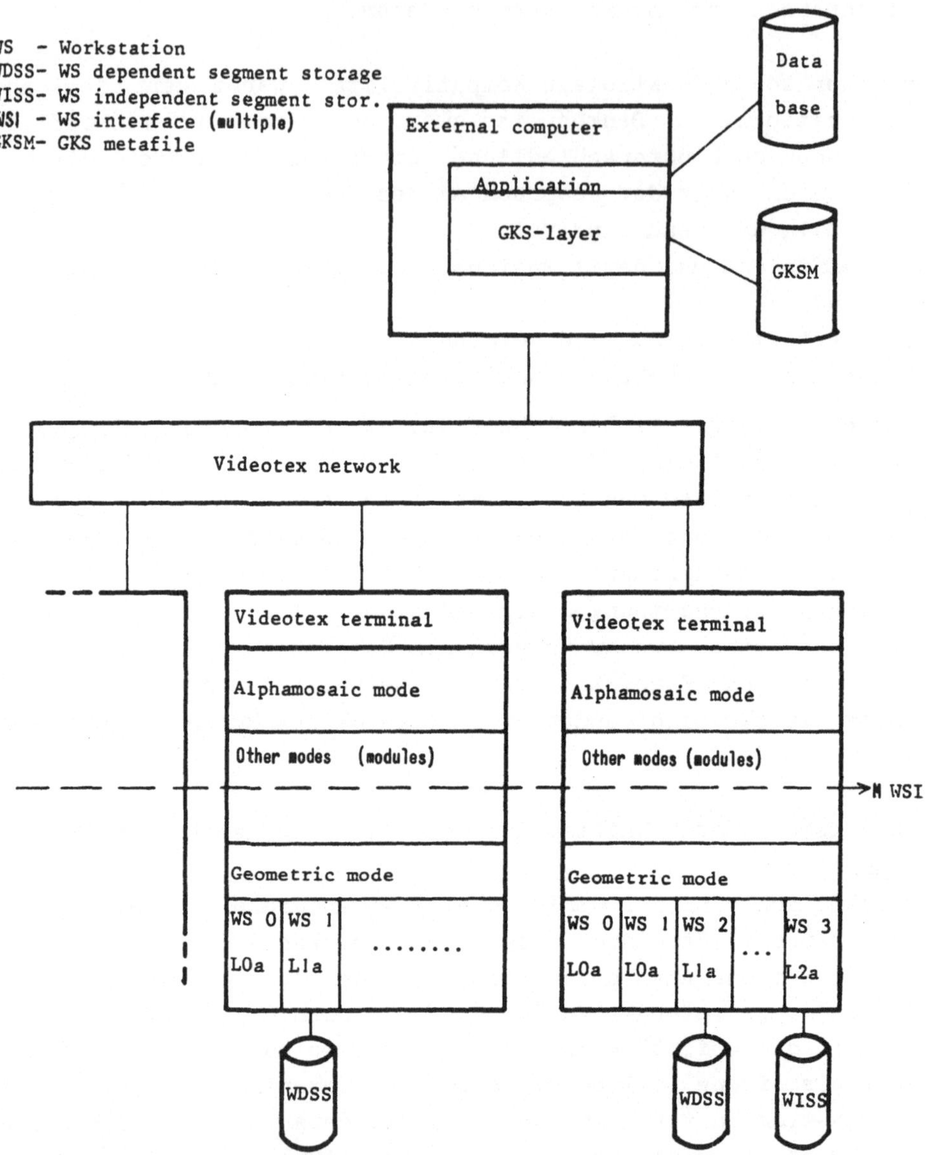

Bild 3: GKS/Graphik in der Videotex-Umgebung

Eine erhebliche Vereinfachung für Videotex-Terminals ist hierbei,
daß das Videotex-Endgerät keine Normalisierungstransformationen
auszuführen braucht, sondern hier lediglich noch die Gerätetrans-
formation zum Tragen kommt.

Eine Übersicht über die in der Computer-Grafik und in der Videotex-
Umgebung gemeinsam verwendeten Funktionen und ihre Klasseneinteilung
gibt die nachfolgende Tabelle.

PRIMITIVES AND LEVELS

PRIMITIVE	LEVEL		
	L0a	L1a	L2a
OPEN WORKSTATION	X		
CLOSE WORKSTATION	X		
ACTIVATE WORKSTATION	X		
DEACTIVATE WORKSTATION	X		
CLEAR WORKSTATION	X		
SET DEFAULTS	X		
ESCAPE	X		
POLYLINE	X		
POLYMARKER	X		
TEXT	X		
FILL AREA	X		
CELL ARRAY	X		
GENERALIZED DRAWING PRIMITIVE:	X		
ARC	X		
ARC CHORD	X		
ARC PIE	X		
CIRCLE	X		
RECTANGLE	X		
ELLIPSE	X		
ELLIPTIC ARC	X		
ELLIPTIC ARC CHORD	X		
ELLIPTIC ARC PIE	X		
SPLINE	X		
INFILL	X		
SET POLYLINE INDEX	X		
SET POLYLINE REPRESENTATION		X	
SET POLYLINE ASPECT SOURCE FLAGS	X		
SET LINE TYPE	X		
SET LINE WIDTH	X		
SET POLYLINE COLOUR INDEX	X		
SET POLYMARKER INDEX	X		
SET POLYMARKER REPRESENTATION		X	
SET POLYMARKER ASPECT SOURCE FLAGS	X		
SET MARKER TYPE	X		
SET MARKER SIZE	X		
SET POLYMARKER COLOUR INDEX	X		

PRIMITIVES AND LEVELS

PRIMITIVE	LEVEL		
	L0a	L1a	L2a
SET FILL AREA INDEX	X		
SET FILL AREA REPRESENTATION		X	
SET FILL AREA ASPECT SOURCE FLAGS	X		
SET FILL AREA INTERIOR STYLE	X		
SET FILL AREA STYLE INDEX	X		
SET FILL AREA COLOUR INDEX	X		
SET PATTERN REPRESENTATION		X	
SET PATTERN REFERENCE POINT	X		
SET PATTERN VECTORS	X		
SET TEXT INDEX	X		
SET TEXT REPRESENTATION		X	
SET TEXT ASPECT SOURCE FLAGS	X		
SET TEXT FONT AND PRECISION	X		
SET CHARACTER EXPANSION FACTOR	X		
SET CHARACTER SPACING	X		
SET TEXT COLOUR INDEX	X		
SET TEXT PATH	X		
SET CHARACTER VECTORS	X		
SET TEXT ALIGNMENT	X		
SET COLOUR REPRESENTATION	X		
SET WORKSTATION WINDOW	X		
SET WORKSTATION VIEWPORT	X		
SET CLIPPING RECTANGLE	X		
UPDATE WORKSTATION	X		
SET DEFERRAL STATE		X	
EMERGENCY CLOSE	X		
CREATE SEGMENT		X	
CLOSE SEGMENT		X	
RENAME SEGMENT		X	
DELETE SEGMENT FROM WORKSTATION		X	
DELETE SEGMENT		X	
REDRAW ALL SEGMENTS ON WORKSTATION		X	
SET HIGHLIGHTING		X	
SET VISIBILITY		X	
SET SEGMENT TRANSFORMATION		X	
SET SEGMENT PRIORITY		X	

PRIMITIVES AND LEVELS

PRIMITIVE	LEVEL		
	L0a	L1a	L2a
ASSOCIATE SEGMENT WITH WORKSTATION			X
COPY SEGMENT TO WORKSTATION			X
INSERT SEGMENT			X
SET COLOUR HEADER	X		
SET DOMAIN RING	X		

8. Ausblick und Wertung

Die Arbeit in den internationalen Arbeitsgruppen, die in enger
Kooperation mit den verschiedenen nationalen Standardisierungsinstitutionen und Dienstebetreibern durchgeführt wird, ist auch
in diesem Bereich dabei, Früchte zu tragen. Standardisierung
kostet sicherlich Zeit und pauschal gilt die Regel, daß der Zeitbedarf zur Größe und dem Gültigkeitsbereich der Gremien korrelliert.
So sind z.B. in den Arbeitskreisen bei der Deutschen Bundespost
oder den Ausschüssen des DIN schneller Ergebnisse realisierbar
als in der ISO. Dieser Zeitbedarf wird jedoch durch die Bedeutung
des internationalen Standards für Innovations- und Investitions-
bereitschaft in neue Systeme und die größere Attraktivität neuer
Kommunikationsdienste und Techniken mehr als aufgewogen. Für den
Bereich der Computer-Grafik und Videotex-Dienste wurden diese
Vorteile von den meisten Seiten gesehen und so ist auch das große
Maß an Kooperationsbereitschaft und der starke Willen der Beteilig-
ten zu sehen, hier zu einem gemeinsamen, weltweit getragenen
Ergebnis zu kommen.

Bedenkt man, daß die direkte Kooperation beider Bereiche etwa
Mitte 1984 begann und daß z.Z. gute Aussichten bestehen, bereits
dieses Jahr Implementationen auf den hier erzielten Ergebnissen
aufsetzen zu können, dürfte auch der Zeitfaktor als positives
Indiz für das Zustandekommen kompatibler Systeme zu bewerten sein.

<u>"Btx als offenes Kommunikationssystem"</u>

E. Danke, BPM, Bonn

Der Vortrag von Herrn Danke wurde Btx-unterstützt
großformatig in Farbe präsentiert. Eine schrift-
liche Fassung existiert nicht und würde den groß-
artigen visuellen Eindruck auch nur sehr unzurei-
chend wiedergeben.

gez. Zorn
(für die Herausgeber)